科学出版社"十三五"普通高等教育研究生规划教材
创新型现代农林院校研究生系列教材
全国农业专业学位研究生教育指导委员会推荐教材

作物育种理论与案例分析

（第二版）

主　编　孙其信
副主编　李保云　鲍印广　倪中福　尤明山

U0249574

科学出版社

北　京

内 容 简 介

本书从作物遗传改良的原理出发，主要以近 20 年来获得国家技术发明奖、国家科学技术进步奖的作物种质和品种的选育为案例，从育种理念、亲本选配、选育过程、品种特性、推广前景、应用效果等方面进行了深入剖析。其中涉及的育种方法主要有杂交育种、回交育种、远缘杂交、单倍体育种、轮回选择、杂种优势利用、生物技术辅助育种等，是作物育种理论联系实际的典范。

本书可作为全国高等农业及相关院校农学学科专业硕士研究生的"作物育种案例分析"教材，也可作为本科生"作物育种学"的补充教材，还可作为相关科研院所作物遗传育种工作者的参考资料。

图书在版编目（CIP）数据

作物育种理论与案例分析/孙其信主编. —2 版. —北京：科学出版社，2022.3
科学出版社"十三五"普通高等教育研究生规划教材　创新型现代农林院校研究生系列教材　全国农业专业学位研究生教育指导委员会推荐教材
ISBN 978-7-03-071623-1

Ⅰ．①作… Ⅱ．①孙… Ⅲ．①作物育种-研究生-教材 Ⅳ．①S33

中国版本图书馆 CIP 数据核字（2022）第 031836 号

责任编辑：丛　楠　赵萌萌／责任校对：杨　赛
责任印制：张　伟／封面设计：迷底书装

科 学 出 版 社 出版
北京东黄城根北街 16 号
邮政编码：100717
http://www.sciencep.com
北京九州迅驰传媒文化有限公司 印刷
科学出版社发行　各地新华书店经销
*
2016 年 6 月第 一 版　开本：787×1092　1/16
2022 年 3 月第 二 版　印张：13 1/2
2023 年 1 月第五次印刷　字数：320 000
定价：69.80 元
（如有印装质量问题，我社负责调换）

《作物育种理论与案例分析》第二版
编委会名单

案例撰写人

小麦品种'农大 211'的选育 ·························· 中国农业大学，尤明山，李保云

小麦品种'矮抗 58'的选育 ·························· 河南科技学院，茹振钢，胡铁柱

'内麦'系列品种的选育 ·················· 四川省内江市农业科学院，黄辉跃，王相权

小麦品种'金禾 9123'的选育 ········· 河北省农林科学院遗传生理研究所，王海波，赵和

小麦品种'农大 1108'的选育 ·························· 中国农业大学，刘志勇

玉米杂交种'农大 108'的选育 ·························· 中国农业大学，许启凤，张旭

玉米杂交种'郑单 958'的选育 ·························· 河南省农业科学院，朱卫红

耐密型玉米杂交种'辽单 565'的选育 ·················· 辽宁省农业科学院，王延波

杂交水稻'汕优 63'的创制与利用 ·························· 中国农业大学，刘凤霞

油菜育种理论与案例分析 ·························· 河南省农业科学院，文雁成

杂交油菜'秦优 7 号'的选育 ·················· 陕西省杂交油菜研究中心，李殿荣

异花授粉作物的轮回选择——以玉米为例 ·················· 中国农业大学，陈绍江，刘晨旭

'矮败小麦'育种技术体系的建立与应用 ·················· 中国农业科学院，刘秉华，杨丽

玉米单倍体育种 ·························· 中国农业大学，陈绍江，刘晨旭

小麦单倍体育种——'花培 5 号'的选育 ·················· 河南省农业科学院，海燕，康明辉

'矮孟牛'的创造与利用 ·························· 山东农业大学，鲍印广

小麦远缘杂交与'小偃 6 号'小麦品种的选育 ·················· 中国农业大学，杨凯，李保云

小麦-簇毛麦 6VS/6AL 易位系在小麦育种中的应用 ·············· 南京农业大学，陈佩度，王秀娥

转基因抗虫杂交棉——'鲁棉研 15 号' ·············· 山东棉花研究中心，李汝忠，韩宗福

甘薯体细胞杂交方法创制甘薯育种新材料·················· 中国农业大学，翟红

第二版前言

自新中国成立以来，特别是自改革开放以来，我国作物育种工作取得了举世瞩目的巨大成就。但是，如何培养一大批既掌握现代育种理论又懂得作物育种技术的新型人才，是当前我国也是世界作物育种教育所面临的问题。为了加强和改进作物育种专业育种技术方面的应用性教育并满足作物育种学科专业硕士的培养要求，我们组织编写了《作物育种理论与案例分析》教材。

《作物育种理论与案例分析》（第二版）在第一版的基础上进行了案例内容的增减。增加的案例包括杂交水稻'汕优 63'的创制与利用、油菜育种理论与案例分析、'矮孟牛'的创造与利用、小麦远缘杂交与'小偃 6 号'小麦品种的选育。这些案例的增加，为读者学习和借鉴提供了更多的方便。

这些案例的撰稿人大部分是成果的第一完成人或品种的选育者，他们从育种理念、亲本选配、选育过程、品种特性、推广前景、应用效果等方面进行分析，深入剖析育种过程或育种技术的应用效果，为今后相关作物育种工作提供了宝贵经验。通过对本教材的学习，读者可全面了解作物品种的选育过程，学会应用作物育种学基本原理和方法解决育种实践中的问题，提高理论联系实际的能力。

本版教材在修订过程中，得到了中国科学院遗传与发育生物学研究所李振声院士及其课题组的老师们，以及山东农业大学李晴祺教授的悉心指导，特此感谢。中国农业大学研究生院和农学院对本教材的编写和出版给予了大力支持，在此表示感谢。

限于编者的学识水平和经验，书中不足和疏漏之处在所难免，诚挚希望读者批评指正，以便再版时修正。

编　者
2021 年 10 月

第一版前言

  自新中国成立以来，特别是自改革开放以来，我国作物育种工作取得了世界瞩目的巨大成就。但是，如何培养一大批既掌握现代育种理论又懂得作物育种技术的新型人才，是当前我国，也是世界作物育种教育的迫切需求。为了加强和改进作物育种专业育种技术方面的应用性教育和满足作物学科专业硕士的培养要求，我们组织编写了《作物育种理论与案例分析》教材。

  《作物育种理论与案例分析》是一本在我国农业生产上有影响力的农作物品种培育案例分析的教材。本书以作物育种原理和育种方法为主线，内容包括：作物育种群体及遗传分析群体；作物杂交育种的理论基础及其育种案例分析；作物回交育种的理论基础及其育种案例分析；作物杂种优势的理论基础及其育种案例分析；轮回选择的理论基础及其育种案例分析；单倍体育种的理论基础及其育种案例分析；远缘杂交的理论基础及其育种案例分析；分子生物学技术及其育种案例分析。根据所选品种培育过程中所用育种方法的特点，将所选 19 个作物品种的选育案例和 3 个育种材料的创新案例分别穿插在不同章节，方便读者学习和借鉴。

  本书涉及的 19 个作物品种均为我国农业生产主产区的主推品种或未来可能大面积推广的品种，其中 4 个品种曾获国家科学技术进步奖一等奖，即小麦品种'矮抗 58'、小麦品种'轮选 987'、玉米杂交种'农大 108'、玉米杂交种'郑单 958'；14 个曾获国家科学技术进步奖二等奖，即玉米杂交种'辽单 565'、杂交油菜'秦优 7 号'、小麦的'内麦'系列品种、'洛麦 23'、'石麦 15'，棉花品种'鲁棉研 15 号'等；2 个曾获国家技术发明奖二等奖，即小麦-簇毛麦远缘杂交、高油玉米。这些案例的撰稿人大部分是成果的第一完成人或品种的选育者，他们从品种特性、亲本选配、选育过程、选育理念、推广前景等方面进行分析，深入剖析这些品种的育种过程或育种技术的应用效果，为今后相关作物育种、科研和教学单位提供有益的经验和切实的指导作用。通过本教材的学习，读者可全面了解作物品种的选育过程，学会应用作物育种学基本原理和方法解决育种实践中的问题，提高理论联系实际的能力。

编 者

2015 年 12 月

目　　录

第一章　绪论………………………………………………………………………1

　第一节　作物育种目标………………………………………………………1

　　一、高产…………………………………………………………………………2

　　二、优质…………………………………………………………………………5

　　三、稳产…………………………………………………………………………6

　　四、适宜的生育期………………………………………………………………6

　　五、适应农业机械化作业………………………………………………………6

　第二节　主要作物育种成就…………………………………………………7

　　一、矮秆、耐肥、高产作物品种的培育和推广………………………………7

　　二、杂交水稻的选育与推广……………………………………………………8

　　三、杂交玉米的推广利用………………………………………………………9

　　四、抗虫棉的推广利用………………………………………………………10

　　五、作物育种方法和技术的综合应用………………………………………11

　第三节　主要作物育种展望………………………………………………12

　　一、进一步加强作物种质资源工作…………………………………………12

　　二、积极开展作物育种理论与方法的研究…………………………………12

　　三、加强育种单位间的协作…………………………………………………12

第二章　作物品种群体及遗传作图群体………………………………14

　第一节　作物品种群体……………………………………………………14

　　一、纯系（自交系）品种……………………………………………………14

　　二、杂交种品种………………………………………………………………17

　　三、群体品种…………………………………………………………………17

　　四、无性系品种………………………………………………………………19

　第二节　作物遗传作图群体………………………………………………20

　　一、初级作图群体……………………………………………………………21

　　二、次级作图群体……………………………………………………………21

　　三、高级作图群体……………………………………………………………22

第三章　作物杂交育种的理论基础及其育种案例分析………………25

　第一节　作物杂交育种的理论基础………………………………………25

　　一、基因重组…………………………………………………………………25

　　二、基因累加…………………………………………………………………25

三、基因互作 ··· 26

第二节 小麦品种'农大211'的选育 ·························· 27

一、'农大211'的特征特性 ···································· 28

二、'农大211'的组合配制和选育过程 ················ 28

三、'农大211'的育种理念 ···································· 29

四、'农大211'的推广前景 ···································· 30

第三节 小麦品种'矮抗58'的选育 ·························· 30

一、'矮抗58'的特征特性 ···································· 30

二、'矮抗58'的组合配制和选育过程 ················ 32

三、'矮抗58'的育种理念 ···································· 33

四、'矮抗58'的推广及应用前景 ························ 34

第四节 '内麦'系列品种的选育 ······························ 34

一、品种简介 ··· 35

二、'内麦8号''内麦9号''内麦10号''内麦11''内麦836'
'内麦316'的组合配制和选育过程 ················ 38

三、'内麦8号''内麦9号''内麦10号''内麦11''内麦836'
'内麦316'的系谱 ·· 41

四、'内麦'系列品种的育种理念 ························ 42

五、'内麦'系列品种的推广成果 ························ 43

第四章 作物回交育种的理论基础及其育种案例分析 ·········· 45

第一节 作物回交育种的理论基础 ··························· 45

一、回交群体中纯合基因型比例 ························ 45

二、回交群体中轮回亲本基因回复频率 ············ 46

三、回交消除不利基因连锁的概率 ···················· 47

第二节 作物回交后代的选择方法 ··························· 47

一、显性单基因控制性状的回交转育 ················ 48

二、隐性单基因控制性状的回交转育 ················ 48

三、数量性状的回交转育 ···································· 49

第三节 小麦品种'金禾9123'的选育 ···················· 51

一、'金禾9123'的特征特性 ······························ 51

二、'金禾9123'的组合配制和选育过程 ············ 52

三、'金禾9123'的育种理念与体会 ···················· 53

四、'金禾9123'的推广前景 ······························ 54

第四节 小麦品种'农大1108'的选育 ···················· 54

一、'农大1108'的特征特性 ······························ 55

二、'农大1108'的组合配制和选育过程 ············ 55

三、'农大1108'的育种理念 ······························ 56

　　四、'农大1108'的推广前景 ·· 58
　第五节　胚乳性状的回交转育 ·· 58
　　一、小麦高分子质量谷蛋白亚基的回交转育 ······················· 58
　　二、甜玉米的回交转育 ·· 59
　　三、糯玉米的回交转育 ·· 60
　第六节　雄性不育性状的回交转育 ··· 61
第五章　作物杂种优势的理论基础及其育种案例分析 ················ 64
　第一节　作物杂种优势的形成机制 ··· 64
　　一、杂种优势产生的原因 ·· 64
　　二、基因差异表达与杂种优势 ·· 66
　第二节　作物杂种优势的利用方法和途径 ································ 66
　　一、作物杂种优势利用必需的基本条件 ··································· 66
　　二、不同繁殖方式作物杂种优势利用的特点 ··························· 67
　第三节　玉米杂交种'农大108'的选育 ···································· 68
　　一、'农大108'培育过程 ·· 68
　　二、'农大108'培育过程中的创新点 ······································ 69
　第四节　玉米杂交种'郑单958'的选育 ···································· 70
　　一、'郑单958'的特征特性 ··· 70
　　二、'郑单958'的组合配制和选育过程 ··································· 71
　　三、'郑单958'的选育理念 ··· 72
　　四、'郑单958'的推广前景 ··· 73
　第五节　耐密型玉米杂交种'辽单565'的选育 ························· 73
　　一、品种来源和选育过程 ·· 74
　　二、'辽单565'的特征特性 ··· 74
　　三、'辽单565'产量表现 ·· 76
　　四、与国内外同类品种比较 ·· 76
　　五、成果创新点 ·· 77
　第六节　杂交水稻'汕优63'的创制与利用 ······························ 77
　　一、'汕优63'的创制 ··· 78
　　二、'明恢63'的遗传分析及推广应用 ···································· 83
　　三、'汕优63'的遗传分析及推广应用 ···································· 86
　　四、经验与启示 ·· 88
　第七节　油菜育种理论与案例分析 ··· 88
　　一、我国油菜生产与育种概况 ·· 88
　　二、成果（品种或创新的种质资源）概述 ································ 93
　　三、与国内外相近品种（或资源）的比较 ······························ 109
　　四、经验与启示 ·· 110

第八节　杂交油菜'秦优7号'的选育 ……………………………………111
　　一、'秦优7号'的特征特性 ………………………………………112
　　二、'秦优7号'的组合配制年代和选育过程 ……………………113
　　三、'秦优7号'的育种理念 ………………………………………115
　　四、'秦优7号'的推广应用 ………………………………………116

第六章　轮回选择的理论基础及其育种案例分析 ……………………126
　第一节　轮回选择的理论基础 ………………………………………126
　　一、Hardy-Weinberg定律 ………………………………………126
　　二、选择和基因重组是群体进化的主要动力 …………………126
　第二节　异花授粉作物的轮回选择——以玉米为例 ………………127
　第三节　'矮败小麦'育种技术体系的建立与应用 …………………129
　　一、太谷核不育小麦 ……………………………………………130
　　二、'矮败小麦' ……………………………………………………137
　　三、'矮败小麦'轮回选择技术体系 ……………………………139
　　四、'矮败小麦'在小麦育种中的利用 …………………………142

第七章　单倍体育种的理论基础及其育种案例分析 …………………144
　第一节　单倍体形成机制 ……………………………………………144
　　一、单倍体的类型 ………………………………………………144
　　二、单倍体产生的途径和方法 …………………………………145
　　三、单倍体的二倍化 ……………………………………………147
　第二节　玉米单倍体育种 ……………………………………………147
　　一、玉米单倍体诱导 ……………………………………………148
　　二、玉米单倍体鉴定 ……………………………………………149
　　三、玉米单倍体筛选的自动化 …………………………………151
　　四、玉米单倍体加倍方法 ………………………………………152
　　五、玉米单倍体育种中的其他问题 ……………………………154
　　六、玉米单倍体育种程序 ………………………………………155
　第三节　小麦单倍体育种——'花培5号'的选育 …………………156
　　一、育种目标 ……………………………………………………156
　　二、小麦单倍体育种程序 ………………………………………156
　　三、'花培5号'的选育过程 ……………………………………157

第八章　远缘杂交的理论基础及其育种案例分析 ……………………159
　第一节　远缘杂交的理论基础 ………………………………………159
　　一、完全异源双二倍体 …………………………………………159
　　二、不完全异源双二倍体 ………………………………………159
　　三、异染色体体系 ………………………………………………160
　　四、单倍体 ………………………………………………………161

五、雄性不育材料 ·· 161

第二节　小黑麦的选育 ··· 161

第三节　'矮孟牛'的创造与利用 ··· 163

一、'矮孟牛'的创造 ··· 164

二、'矮孟牛'的遗传分析 ··· 167

三、'矮孟牛'的利用 ··· 171

四、经验与启示 ·· 174

第四节　小麦远缘杂交与'小偃6号'小麦品种的选育 ················ 175

一、小麦远缘杂交在小麦遗传改良中的作用 ···························· 175

二、'小偃'系列小麦品种的选育 ··· 176

三、'小偃6号'选育的案例分析 ·· 182

四、经验与启示 ·· 184

第五节　小麦-簇毛麦6VS/6AL易位系在小麦育种中的应用 ········ 185

第九章　分子生物学技术及其育种案例分析 ·························· 189

第一节　分子生物学技术辅助育种的理论基础 ·························· 189

一、作物细胞工程辅助育种的理论基础 ···································· 189

二、作物转基因技术 ··· 190

三、分子标记辅助选择育种 ·· 191

第二节　转基因抗虫杂交棉——'鲁棉研15号' ························· 194

一、'鲁棉研15号'的特征特性 ·· 194

二、'鲁棉研15号'的选育思路 ·· 195

三、'鲁棉研15号'的选育经过 ·· 196

四、'鲁棉研15号'的育种理念 ·· 196

五、'鲁棉研15号'的推广前景 ·· 197

第三节　甘薯体细胞杂交方法创制甘薯育种新材料 ··················· 198

一、原生质体融合 ·· 198

二、融合原生质体培养及植株再生 ·· 201

三、再生植株的杂种性鉴定 ·· 201

四、体细胞杂种植株的形态鉴定 ··· 201

五、体细胞杂种植株的抗旱性鉴定 ·· 201

六、体细胞杂种薯块的产量与品质鉴定 ····································· 202

第一章 绪 论

现代作物育种工作是在一定的科学理论指导下进行的有计划、有目的的科学实践活动。从其遗传学本质来说，作物育种学是改变作物遗传特性以提高其经济性状的科学；从其性质来说，作物育种学是一门人工选择（artificial selection）与自然选择（natural selection）相结合的人工进化（artificial evolution）的科学。

农业生产的一个最大特点是采用现代高产、优质、稳产的优良品种（improved variety）。从作物的生产构成成本来看，优良品种的成本投入只占农业生产总投入的5%～10%；但从对农业生产的贡献率来说，却占到农业生产总贡献（因素为水、肥料、农药和品种）的30%～60%，且越是发达区域，优良品种的贡献越大。例如，在美国的玉米生产中，优良品种的贡献率甚至可达到80%以上；而在我国，优良品种的贡献率还不到60%。

预计到2030年，中国消费者对粮食的基本需求量为7.2亿t。要完成这一粮食生产目标，每年的粮食单产要增加2%～2.5%，这对作物育种工作来说是一个很大的挑战。

现代作物育种工作总体来说是一个人工创造变异、选择变异、稳定变异的过程。其中变异是选择的基础，遗传是选择的保证，选择是淘汰不良变异、积累优良变异的手段。

现代作物育种工作中的每一项活动都有坚实的科学基础。遗传学揭示了作物性状的遗传变异规律，育种家可以通过基因重组创造新的遗传变异，可以通过基因突变获得新的基因，甚至可以通过改变染色体数目产生新的作物。

总之，作物育种学是以进化论、遗传学为基础的综合性应用科学。此外，还涉及多门其他学科，如植物学、植物生理学、生物化学、植物病理学、农业昆虫学、农业气象学、生物统计与实验设计、分子生物学、计算机科学等。

第一节 作物育种目标

作物育种目标（breeding objective）是选育作物优良品种的设计蓝图，是对选育的优良品种应具备哪些优良性状的具体要求。作物育种工作中的一系列具体操作，如有目的地搜集作物品种资源，有计划地选择亲本和配制组合，确定选择标准、鉴定方法和培育条件等，都是围绕明确而具体的作物育种目标开展的。因此，作物育种目标的正确与否是决定作物育种工作成败的关键。

就目前我国农业生产现状而言，作物育种的总体目标包括高产、优质、稳产（抗多种生物逆境、非生物逆境和适应性广）、适宜的生育期等，这也是现代农业对作物优良品种的要求。随着农业现代化的发展，作物优良品种还要能适应农业机械化作业的要求。

一、高产

高产（high yield）是现代农业对作物优良品种的基本要求。随着全球人口数量持续增加，耕地面积不断减少，培育具有高产潜力的作物优良品种将一直是作物育种的主要目标。

为了提高作物优良品种的产量潜力，作物育种工作中需要关注以下几方面的问题。

（一）产量因素的合理组合

作物产量是按单位土地面积上的产品数量计算的，是由单位面积上的株数和单株产量构成的。作物种类不同，其产量构成因素也有差异，主要表现在单株产量的组成上。作物各个产量因素的乘积便构成作物理论产量。不同作物产量构成因素详见表 1-1。

表 1-1 不同作物产量的构成因素（王璞，2004）

作物种类	代表作物	产量构成因素
禾谷类	水稻、小麦、玉米、高粱等	每亩穗数、每穗实粒数、粒重
豆类	大豆、绿豆等	每亩株数、每株有效荚数、每荚实粒数、粒重
薯类	山芋、马铃薯、甘薯	每亩株数、每株薯块数、单薯重
棉类	棉花	每亩株数、每株有效铃数、每铃籽棉重、衣分
油菜类	油菜	每亩株数、每株有效分枝数、每分枝有效角果数、每角果粒数、粒重
烟草类	烟草	每亩株数、每株叶数、单叶重
麻类	黄麻、洋麻	每亩株数、每株重、出麻率
甘蔗类	甘蔗	每亩株数、单株茎重
绿肥	苜蓿、紫云英	每亩株数、单株鲜重

在其他因素不变的条件下，提高其中的一个或两个因素，或几个因素同时提高，均可提高单位面积的作物产量水平。实际上，作物某些产量因素之间常呈负相关，即一个因素的提高会导致另一个因素的下降。因此，作物高产的关键是各种产量因素的合理组合，从而得到产量因素的最大乘积。

在制定作物育种目标时，应在充分分析现有作物品种产量构成因素的基础上，找出决定产量的关键因素，围绕关键因素进行遗传改良，实现产量突破。例如，在北方寒冷干旱地区，小麦单位面积成穗数是决定高产的主要因素，因此要求选育耐寒性好、分蘖力强、成穗率高的多穗型品种；在温暖湿润地区，要求选育穗粒数多和穗重大的大穗型品种。在稳产的基础上要进一步高产时，可在一定穗数的基础上，同步增加穗粒数和粒重，选育中间型品种。近年来，在玉米育种中，育种家改变了过去只追求大穗、大粒的做法，选育出了紧凑型耐密植的玉米杂交种，通过提高单位面积穗数实现了产量的大幅度提高。

（二）合理的源、流、库关系

作物产量是光合同化产物转化和贮藏的结果。作物高产品种主要表现在不仅同化产物多，转运能力强，而且贮藏器官充足。这就是所谓的"源、流、库"学说，或称"源、流、库协调"学说。

源是指作物光合产物供给源或代谢源，即制造和提供养料的器官或组织。它包括作物的功能叶，绿色的茎秆、叶鞘、穗轴、芒、角果及子叶，其他非绿色种皮、胚乳等器官。对作物品种而言，其个体和群体的叶面积大，光合效率高，源才能充足。

流是指作物控制养料运输的根、叶、鞘、茎中的维管束系统。其中穗颈维管束可看作源通往库的流通道。韧皮部是同化产物运输的通道，其输导组织的发达程度是影响同化产物运输的重要因素。

库是指作物产品器官的容积和接纳营养物质的器官（或能力），如作物的根、茎、幼叶、花、果实及发育的种子等，包括代谢库和贮藏库。代谢库是指大部分输入的同化产物被用来进行组织细胞的构建和呼吸消耗的器官，如生长中的根尖和幼叶等。贮藏库是指大部分输入的同化产物被用来贮藏的组织和器官，如禾谷类作物的籽粒，棉花的棉铃及籽棉，甜菜的块根，薯类作物的块根、块茎等。

库容量随不同作物种类而异，如禾谷类作物的库容量是指单位面积上的穗数、每穗颖花数和籽粒大小的上限值；薯类作物库容量取决于单位面积上的块茎（或块根）数和薯块大小的上限值。

库接纳营养物质的贮藏能力也因作物不同而异。禾谷类作物取决于灌浆期的长短和灌浆速度的快慢。有人认为，未来实现玉米超高产育种目标的关键在于通过灌浆期和灌浆速度的相互补偿来提高玉米灌浆期籽粒的生产潜力。

从源与库的关系来看，源是产量库形成和充实的物质基础。从源、流与库的关系来看，库和源的大小对流的方向、速率和数量都有明显的影响，对流起着"拉力"和"推力"的作用。源、流、库在作物代谢活动和产量形成中构成统一的整体，三者的平衡状况决定作物产量的高低。

目前，稻、麦等禾谷类作物的一些矮秆品种一般比高秆品种高产，其原因之一就在于矮秆品种的同化产物转运分配到穗部的比例大，收获指数高，如水稻高秆品种的谷草比为 1∶（1.2～1.5）；矮秆品种的谷草比为 1∶（0.8～1.0）。总之，作物同化产物的运输和分配对作物产量高低的影响是很大的。

（三）理想株型

作物株型一般分为叶型、茎型、穗型和根型等。叶型和茎型明显影响田间作物群体结构状况及其生长的小气候，进而影响其产量。因此，育种家对作物株型的考查着重于其叶型和茎型。例如，玉米从株型上可分成两大类型：平展型玉米和紧凑型玉米。平展型玉米，叶片平展，外伸广阔，每个单株都占据了较大的面积，一般种植密度在3000～3500 株/亩[①]，其中下部叶片尚能得到足够的光照，保证植株可正常生长发育至成熟，最高产量可达 600kg/亩。如果进一步增加种植密度，会导致中下部叶片受光不足，光合作用效能降低，总产量不但不会增加，反而还要降低。紧凑型玉米，株型十分

---

① 1 亩≈666.7m^2

紧凑，上部叶片向上挺举，中下部叶片较平展，单株所占面积比平展型玉米小，种植密度可达 4000～4500 株/亩，有的甚至达到 6000～7000 株/亩及以上，而单株产量不比平展型玉米差，从而保证了玉米的产量。李登海在近 1hm^2 试验地上种植'掖单 12 号''掖单 13 号'两个紧凑型玉米品种，亩产达到 1008kg，创造了中国夏玉米的最高产量。可见，株型对作物的产量至关重要。

株型改良的一个重要内容和主要突破口是矮化育种。在群体密度较大时，株高过高的作物品种会因肥水较高而发生倒伏。倒伏常带来严重后果，包括降低产量、降低品质、影响机械收割等。与高秆品种相比，矮秆品种表现出较强的抗倒伏能力，可加大作物种植密度，增加单位面积株数，提高肥料利用效率。除此之外，矮秆品种的经济系数较高，往往具有更高的产量潜力。但是，对作物而言，并不是越矮越好。育种家需要通过试验，确定不同作物适宜的株高。近年来，作物矮化育种使得水稻品种的株高降到 90～100cm，小麦品种的株高降到 70～90cm，玉米品种的株高降到 120～150cm，高粱品种的株高降到 120～160cm 等。

理想株型是高产品种的形态特征。尽管不同作物所要求的理想株型不完全相同，但多涉及株高、叶形、叶姿、叶色、叶片的分布及分蘖和主茎的关系、穗子的长相等。理想株型育种的目的是把理想的性状整合在一个植株上，以获得最有效的光能利用率和最大限度的光合产物转运和贮藏能力。禾谷类作物的理想株型是矮秆、半矮秆，株型紧凑，叶片挺直、窄短，叶色较深等。棉花的理想株型是株型紧凑，主茎和果枝的节间短，果枝与主茎的角度小，叶片大小适中、着生直立等。

自 Donald（1968）提出理想株型概念后，国内外许多学者探讨了不同作物的理想株型及株型指标。研究表明，茎型，即节间长度及其空间分布直接影响叶片的空间分布和作物的抗倒伏能力。20 世纪中期，"绿色革命"利用"矮化基因"使得小麦耐肥、抗倒伏性增加，植株矮化，产量潜力大幅度提高。但在降低株高的同时，冠层内叶片的空间分布被压缩，叶面积密度增大，群体通风透光不畅，易发病虫害，进而造成减产。国内外学者对小麦株型指标及其与基因型、环境的关系进行了广泛深入的研究。与此同时，叶型，即叶片形态及其空间分布也备受关注。研究表明，叶面积、叶倾角及其垂直分布是影响冠层光分布的重要因素，因此叶型成为表征作物冠层结构与功能的重要指标（张文宇等，2012）。

国际水稻研究所推出了可发挥较大经济、社会和生态效益的水稻品种。该品种具有以下优点。一是具有理想株型，①分蘖少（只有 6～10 个分蘖），但都是有效分蘖，且穗大（每穗籽粒 200～250 粒）；②茎秆粗壮坚硬，根系发达，不易倒伏；③叶片厚而挺拔，叶色深绿，可充分吸收和利用光能，叶片的光合作用效率比高产品种'IR72'高10%～15%。二是稻株生物量和谷草比高，稻株生物量达 21t/hm^2，其中 60%为稻谷，40%为稻草；而传统水稻品种的生物量仅为 10t/hm^2，其中 30%为稻谷，70%为稻草；现代高产水稻品种的生物量也只有 20t/hm^2，其中谷草比为 1∶1。三是稻谷单产高，单产高达 12.5t/hm^2，在相同的土、肥、水条件下，比高产水稻品种的产量（10t/hm^2）高出 25%。若普遍种植（1.5 亿亩），可使水稻年产增加 1 亿 t 以上。按照以稻米为主食的亚洲国家人年均消费 200kg 计算，这部分增产的稻米至少可为 4.5 亿人提供年需口粮。

四是适于密植，株冠繁茂（汪开治，1996）。

（四）高光效

作物一生所形成的全部干物质中，90%～95%是由光合作用通过碳素同化过程所生产的；而其余 5%～10%是通过吸收土壤中各种养分所形成的。从生理学角度来看，作物的产量可用下列公式计算。

产量＝生物产量×收获指数＝净光合产物×收获指数

＝（光合强度×光合面积×光合时间－呼吸消耗）×收获指数

由此可见，从光效率角度来看，光合面积、光合强度、光合时间和呼吸消耗 4 个方面是决定作物产量的主要因素。高产作物品种应该具有光合能力较强、呼吸消耗较低、光合机能保持时间长、叶面积指数大和收获指数高等特点。

20 世纪 60 年代的"绿色革命"时期，主要粮食作物小麦和水稻的矮秆和半矮秆品种的选育，为解决当时的粮食安全问题做出了很大的贡献。作物矮化育种使作物群体的叶面积指数和收获指数有了很大提高。随着群体加大和叶面积指数增加，作物群体郁蔽，茎秆细弱，会发生倒伏，并易受病虫害侵染。虽然通过提高叶面积指数和收获指数还可使作物产量有所提高，但其潜力已经不大了。因此，作物品种的进一步遗传改良应以提高光能利用率作为主攻方向。

目前，农作物的光能利用率还很低，一般只有 1%～2%或更低。据估算，如果小麦、水稻的光能利用率提高到 2.4%～2.6%，亩产就可达 1000kg；玉米的光能利用率提高到 5%，亩产就可达 1600～2000kg。所以，通过提高农作物的光能利用率来提高农作物产量的潜力是很大的。作物高光效品种应具有光合强度高、光补偿点低、二氧化碳补偿点低、光呼吸消耗少、光合产物转运率高、对光不敏感等生理特征，以及有利于光能利用的形态特征，如叶片上举、着生位置合理、相互遮光少、色深、绿叶时间长等。

二、优质

随着农业现代化的进展和人们生活水平的日益提高，消费者要求新育成的作物品种应具有更好、更全面的产品品质，所以高产是要求保证一定品质基础的。

作物品质是一个综合的概念，是指作物的某一部位以某种方式生产某种产品或作某种用途时，人类或市场对它们提出的要求，它们在加工或使用过程中所表现的各种性能，以及人类在食用或使用时人体感觉器官对它们的反应。简而言之，作物品质通常是指作物产品对人类要求的适合程度，也就是人们常说的对"最终产品"（end use）的适合程度。适合程度好的品种称为优质品种。因此，谈到作物品质，是和其最终用途分不开的。

无论是从满足国内人民消费需要，提高人民营养水平来说，还是从扩大我国贸易出口来说，注重作物品质遗传改良是提高我国农作物生产优势和商品优势的重要途径之一。一个作物品种，如果其产品品质达不到消费者的要求，即使产量再高，也会成为其从生产优势向商品优势转化的重大障碍。因此，选育高产、优质的作物新品种是作物育种永恒的主题。

人们对农作物产品的品质要求是多样化的。例如，小麦分为优质强筋专用小麦（要求较高的蛋白质、干面筋和湿面筋含量，较强的面筋强度）、优质中筋专用小麦和优质弱筋专用小麦（要求较低的蛋白质、干面筋和湿面筋含量，较弱的面筋强度）三大类；玉米分为优质饲料专用玉米、淀粉发酵工业专用玉米、爆裂专用玉米、高油玉米、糯玉米、甜玉米等；大麦可分为啤酒大麦、饲用大麦、食用大麦三种类型；大豆分为高蛋白大豆和高油大豆，高蛋白大豆主要用于食用，高油大豆主要用于榨油。因此，作物品质是多方面的、比较复杂的性状。

三、稳产

作物在生产过程中常常会受到各种不利环境条件的影响，导致产量和品质的不稳定。这些逆境条件可分为病虫害威胁导致的生物逆境和不良土壤、气候条件引起的非生物逆境。在作物生产过程中，防止作物病虫害最经济、安全、有效的措施是使用抗病虫品种。

作物稳产的另一个表现是广泛的适应性。适应性是指作物品种对不同生产环境的适应范围及程度。一般适应性强的作物品种不仅种植地区广泛、推广面积大，而且可在不同年份和地区间保持产量稳定。作物育种中对适应性的选择多采用"穿梭育种""异地选择"等方法。广适性作物品种一般都对日照长度不敏感，对温度的适应范围较宽。

四、适宜的生育期

不同地区的光温条件、栽培制度不同，对作物生育期的要求各异。理想的作物品种既要能充分利用当地生长期的光温资源，获得高产，又要能满足当地的复种需要，还要能避免或减轻当地某些自然灾害的危害，也就是要充分考虑作物品种的最适生育期。

在很多情况下，适当早熟是我国许多地区高产、稳产的重要条件。尤其是随着某些作物的向北推移及耕作制度的发展变化，要求育种家选育出生育期短的作物品种。例如，我国高纬度的东北、西北地区的北部及某些丘陵地区，无霜期短，需要选育生育期短的作物品种；有的地方（如黑龙江、吉林、内蒙古）还有周期性的低温冷害，也需要选育生育期短的作物品种；华北、黄淮平原地区为了提高复种指数，也需要早熟作物品种，以便倒茬和复种。

作物早熟还有利于避免或减轻某些自然灾害的危害。例如，北方广大麦区，在小麦灌浆、成熟期间常遇到干热风，使小麦青干，粒重降低而减产，品质变劣。选用早熟小麦品种，就可避免或减轻其危害；在南方和北方的某些地区，9~10月秋雨连绵，常使棉花烂铃，玉米烂穗，选用早熟的棉花、玉米品种，便可防止或减轻其危害；在西北旱塬地区，早熟的玉米杂交种由于抽雄、授粉早，可避免"伏旱晒花"的威胁等。

五、适应农业机械化作业

为了发展现代农业，提高农业劳动生产率，实现农业机械化是必由之路。机械化栽培管理对作物性状有特殊的要求，因此在制定作物育种目标时要充分考虑选育满足和适应机械化要求的作物新品种。

适应农业机械化作业的作物品种应该是株型紧凑的品种。对禾谷类作物而言，株高一致，秆硬不倒，生长整齐，成熟一致，穗部位整齐适中；对棉花而言，不"脱裤腿"，不打尖，不去杈，铃部位集中，棉花成熟时苞叶自然脱落，含絮力不太强等；对大豆来说，荚部位集中，不裂荚，不落粒；对块根（甘薯）和块茎（马铃薯）作物而言，要求块根或块茎集中等都是适应农业机械化作业的作物品种类型。

第二节　主要作物育种成就

现代作物育种学是在孟德尔遗传规律被重新发现以后建立起来的应用科学。在作物主要育种目标性状遗传规律的指导下，国内外作物育种家在主要作物品种选育上取得了很大成就。

一、矮秆、耐肥、高产作物品种的培育和推广

20 世纪中期，一些发达国家和墨西哥、印度、菲律宾、巴基斯坦等许多发展中国家开展利用"矮化基因"（dwarfing gene）培育和推广以矮秆、半矮秆、耐肥、抗倒伏的高产水稻和小麦新品种为主要内容的育种工作，其目标是解决发展中国家的粮食问题。当时有人认为这些育种成就对世界农业生产产生了深远的影响，犹如 18 世纪蒸汽机在欧洲所引起的产业革命一样，故称为"第一次绿色革命"（the first green revolution）。

在"绿色革命"中，有两个国际研究机构做出了突出贡献。一个是国际玉米小麦改良中心（The Centro Internacional de Mejoramientode Maizy Trigo，CIMMYT），以诺贝尔和平奖获得者布劳格为代表的小麦育种家，利用具有日本'农林 10 号'矮化基因（Rht-$B1$ 和 Rht-$D1$）的品系，与抗锈病的墨西哥小麦进行杂交，育成了 30 多个矮秆（dwarf）、半矮秆（semi-dwarf）小麦品种，其中有些品种的株高只有 40～50cm，同时具有抗倒伏、抗锈病、高产的突出优点。另一个是国际水稻研究所（International Rice Research Institute，IRRI），该所成功地将我国台湾省'低脚乌尖'（dee-geo-wu-gen）品种所具有的矮秆基因导入高产的印度尼西亚品种'皮泰'中，培育出第一个半矮秆、高产、耐肥、抗倒伏、穗大、粒多的奇迹稻'国际稻 8 号'（IR8）品种。此后，又相继培育出'国际稻'（IR）系列良种，并在抗病害、适应性等方面有了改进。上述品种在发展中国家迅速推广开来，并产生了巨大效益。墨西哥从 1960 年开始推广矮秆小麦，短短 3 年间达到了小麦总种植面积的 35%，总产接近 200 万 t，比 1944 年提高了 5 倍，并部分出口。印度实施"绿色革命"发展战略，1966 年从墨西哥引进高产小麦品种，同时增加了化肥、灌溉、农机等投入，至 1980 年促使粮食总产量从 7235 万 t 增至 15 237 万 t，由粮食进口国变为出口国。菲律宾从 1966 年起结合水稻高产品种的推广，采取了增加投资、兴修水利等一系列措施，于 1966 年实现了大米自给。在推广"绿色革命"的 11 个国家中，水稻单产 20 世纪 80 年代末比 70 年代初提高了 63%，解决了发展中国家粮食自给问题。

"绿色革命"在某些国家推广后，曾使粮食产量显著增长，但不久就逐渐暴露出了

其局限性，主要是其导致化肥、农药大量使用和土壤退化。20世纪90年代初，又发现其高产谷物中矿物质和维生素含量很低，用作粮食时常因维生素和矿物质缺乏而削弱了人们抵御传染病和从事体力劳动的能力，最终使一个国家的劳动生产率降低，经济的持续发展受阻。因此有人提出了"第二次绿色革命"的设想，主要目的在于运用国际力量，为发展中国家培育既高产又富含维生素和矿物质的作物新品种。迄今，已发现一种既高产又能从贫瘠土地中吸收锌并将其富集于种子中的小麦种质和一种富含 β-胡萝卜素（维生素A的前体）的木薯种质。

针对发展中国家存在的儿童蛋白质-能量营养不良（protein-energy malnutrition），一项旨在提高粮食作物中微量营养元素含量的国际计划——粮食作物强化（HarvestPlus）（提高粮食作物微量营养元素含量，进而改善人体微量营养元素的摄入量，这种新的营养补充途径被称为生物强化）在全球启动，国际 HarvestPlus 第一阶段的目标集中在水稻、小麦、玉米、木薯、甘薯、大豆等作物上，目标元素为铁、锌等；第二阶段将扩大到大麦、香蕉、高粱、花生、土豆等作物上。2004年 HarvestPlus-China 项目在中国设立，由此推动了我国高维生素 A 源玉米育种及利用、高铁锌小麦选育、铁富集水稻新品种选育和高类胡萝卜素甘薯品种选育等工作。

二、杂交水稻的选育与推广

早在1926年，美国的 Jones 就提出水稻存在杂种优势。之后，印度的 Kadem、马来西亚的 Broun、巴基斯坦的 Lim、日本的冈田子宽都提出过水稻杂种优势现象，但都未被成功利用。水稻杂种优势的首次成功利用是由美国人 Henry Beachell 在1963年于印度尼西亚完成的，Henry Beachell 并由此获得了1996年的世界粮食奖。由于 Henry Beachell 的设想和方案存在着某些缺陷，其杂交稻无法进行大规模的推广。1968年日本新城长友培育出'65A'不育系，并实现粳稻"三系"配套，但未能在生产上应用。之后，美国、印度、菲律宾等国家也相继开展此项研究，但都未能完成"三系"配套。

自1970年袁隆平、李必湖发现"野败"后，我国培育出'珍汕97A'不育系，先后成功完成籼稻"三系"配套和粳稻"三系"配套，并首次在世界上大规模推广自花授粉作物的杂交种。自20世纪70年代我国大面积推广杂交水稻以来，杂交水稻的种植面积占水稻总面积的比例从1976年的0.14%增加到现在的50%，我国这一巨大成就的取得，受到了国际上的高度评价，被誉为"农业上的又一次绿色革命"。

自1979年我国的杂交水稻首次走出国门，在美国开花结果开始，截至目前，全球已有东南亚、南亚、南美洲、非洲的30多个国家和地区研究或引种杂交水稻，国外杂交水稻种植面积正在不断扩大。杂交水稻不仅解决了中国人的吃饭问题，还为世界减少饥饿人群做出了卓越的贡献。

由于对世界粮食生产的贡献，袁隆平相继获得联合国教育、科学及文化组织科学奖、美国"世界粮食奖"、以色列"沃尔夫奖"、联合国粮食及农业组织"世界粮食安全保障奖"等多项世界奖项，并荣获美国科学院外籍院士荣誉。国际同行称他为"杂交水稻之父"。

20世纪80年代，袁隆平完善了杂交水稻发展"三步走"的研究设想，即在杂交水稻制种方法上由"三系"到"两系"再到"一系"，在优势水平上由品种间到亚种间再到远缘杂种优势利用。1995 年，"两系"法杂交水稻研究在中国宣告成功，第二年开始大面积推广，平均产量比"三系"增长了 5%～10%。

1987 年 7 月 16 日，李必湖的助手邓华凤在安江农校籼稻"三系"育种材料中找到一株光敏核不育水稻，不育株率和不育度都达到了 100%，不育期时间长，育性转换明显、同步，命名为"安农 S-1 光敏不育系"。之后，广亲和基因和光（温）敏核不育基因的相继发现和研究，促使"两系"法亚种间杂交水稻培育成功。广亲和基因的利用，使籼粳杂种优势利用成为可能，有效地解决了过去一直不能解决的籼粳杂交结实率低的问题；利用光敏核不育材料培育成光敏核不育系，使杂交水稻由"三系"变为"两系"。

水稻杂种优势利用从"两系"到"一系"，需要水稻具有无融合生殖特性。如果发现一个杂种优势比较强的杂交组合，就可以通过种子的无融合生殖获得具有与母本一样基因型的后代群体，而不再需要"三系"或"两系"来生产杂交种。

在水稻"两系"法成功后不久，袁隆平又提出了超级杂交稻分阶段实施的战略目标：把塑造优良的株型与杂种优势利用有机结合起来，提出了旨在提高光合作用效率的超高产杂交水稻选育技术路线。目标是第一期（1996～2000 年）亩产 700kg，第二期（2001～2005 年）亩产 800kg，第三期（2006～2010 年）亩产 900kg。2012 年 9 月 24 日，国家杂交水稻工程技术研究中心表示，由袁隆平院士领衔的"超级杂交稻第三期亩产 900kg 攻关"通过现场测产验收，以百亩片加权平均亩产 917.72kg 的成绩突破第三期攻关目标。

1976 年以来，杂交水稻被推广至世界各地大面积种植，为世界粮食安全做出了突出贡献。

中国是杂交水稻的最大受益国，每年杂交水稻推广面积为 1533 万～1600 万 hm²，约占全部水稻面积的 50%，而产量占水稻产量的 60%。1995 年中国稻谷产量 1.8 亿 t，杂交水稻产量超过 1 亿 t。1976～1996 年，全国水稻累计种植面积超过 2 亿 hm²，增产粮食近 3 亿 t，相当于扩大了近 5000 万 hm² 的水稻种植面积。

从 1995 年开始，菲律宾把发展杂交水稻作为解决粮食问题和发展经济的战略决策来抓。2005 年杂交水稻种植面积达 37 万 hm²，平均产量为 6.5t/hm²，比全国水稻平均单产高 80%。2008 年，菲律宾政府为了实现稻米自给 92.8%的目标，把杂交稻种植计划从 40 万 hm² 提高到 50 万 hm²。

印度尼西亚多年粮食不能自给，是世界最大的大米进口国。2001 年，首批中国杂交稻在印度尼西亚 5 个省 10 个试验点种植，单产普遍达到 8t/hm² 以上，最高达 12t/hm²，而原来的常规水稻只有 4.5t/hm²。

马来西亚稻米产量多年来增长缓慢，造成大米短缺，自给率只有 60%左右，每年需花费巨额外汇进口大米。引进"超级杂交稻"为马来西亚实现稻米自给带来了希望。

三、杂交玉米的推广利用

玉米是第一个在生产中大规模利用杂种优势的作物。杂交玉米的创造者 East、Shull 和 Jones 为杂交玉米的推广利用做出了巨大贡献。

1906~1908 年，East 和 Shull 不谋而合地进行了玉米自交和杂交试验，发现把不同的自交系进行杂交，杂交种却产生了意想不到的、暴发式的生长势和产量优势。在 1908~1918 年的 10 年间，East、Shull 和他的同事 Hance 等虽然不断培育出新的自交系，但对如何提高母本自交系的产量却一直没有任何突破。所有研究杂交玉米生产的科学家都被这个难题困扰，他们绞尽脑汁，煞费苦心，始终一筹莫展。

这一难题最终被 East 的学生 Jones 解决了。1917~1918 年，Jones 进行了玉米双交试验，发现无论从植株的长势，还是从秋天的收成来看，都得到了令人满意的答案。双交种比单交种一点也不逊色。1921 年推广了第一个生产用的双交种'磨石-黎明'，它是由 4 个亲本（即 4 个自交系）合成的。1920~1925 年，Wallace 培育出有名的玉米双交种'Copper Cross'，并于 1924 年获玉米推广金奖。

自 1921 年 Jones 培育出第一个玉米双交种开始，到 1933 年正式推广玉米双交种，这十余年间美国玉米产量并没有显著增长。20 世纪 30 年代中期，杂交玉米在美国玉米总种植面积中只占 1%。但到 1959 年，已占到了 94.9%（表 1-2）。

表 1-2　1960 年以前美国杂交玉米种植面积占全美国玉米总种植面积的百分数（%）

地区	1933 年	1938 年	1942 年	1947 年	1959 年
艾奥瓦州	1		98		
堪萨斯州		3		75	
得克萨斯州				24	
肯塔基州			5	75	
全美国	0.1				94.9

我国真正利用玉米杂种优势是在 20 世纪 50 年代后期至 60 年代，现在杂交玉米的推广面积已接近 100%。

中国农业大学许启凤教授培育的'农大 108'是 2002 年获得国家科学技术进步奖一等奖的玉米杂交种，因其出色的适应性、抗逆性和稳产性而在全国得到广泛的种植，于 2000~2004 年成为我国玉米的主栽品种，最大年推广面积达 5000 万亩；2000 年审定的紧凑型玉米杂交种'郑单 958'，自 2004 年以来成为我国玉米种植面积最大的品种，连续入选和被农业部（现为农业农村部）发布为主导品种，并获得 2007 年国家科学技术进步奖一等奖。至 2014 年，'郑单 958'年推广面积已达 7000 万亩，成为我国自主培育的继'农大 108'后又一高产、优质玉米杂交种。

四、抗虫棉的推广利用

20 世纪 80 年代，棉铃虫的为害对世界的棉花生产造成了很大损失，国内外相继开展了转基因抗虫棉的研究。到目前为止，中国、美国、澳大利亚等国已在生产中大面积推广抗虫棉。

1981 年，美国 Schnepf 和 Whiteley 首次从苏云金芽孢杆菌（*Bacillus thuringiensis* subsp. *kurstaki*）中分离并克隆了 *Bt* 基因。美国 Agrocetus 公司克隆了与 δ-内毒素有关的片段，利用农杆菌介导法首次将其导入棉花中，使棉株能形成自身的杀虫蛋白。1988

年，美国 Monsanto 获得改造后的转 *Bt* 基因抗虫棉；1989 年，温室鉴定杀虫效果良好；1990～1992 年的大田试验结果表明，转 *Bt* 基因抗虫棉治虫效果很好；1995 年正式申请并通过美国国家环境保护局的批准登记；1996 年正式开始大面积商品化种植；1998 年将 *HXN* 基因与 *Bt* 基因同时转入一个品种中，得到了既抗虫又抗除草剂的棉花品种；1999 年得到了双价转基因抗虫棉。到目前为止，美国岱字棉国际技术公司已在世界上十多个主产棉国推广和种植其转基因棉花，包括澳大利亚、南非、津巴布韦、墨西哥和印度等。

20 世纪 90 年代前期，我国发生大面积棉铃虫灾害，一些棉区的棉花亩产降幅达80%。正是从那时，我国开始种植国外的转基因抗虫棉品种。

我国转基因抗虫棉的培育起步较晚，但发展很快。目前，我国已成为世界上第二个拥有 *Bt* 杀虫基因自主知识产权和自主培育转基因抗虫棉新品种的国家。在转基因重大专项的支持下，2008～2009 年新培育并审定转基因抗虫棉品种 28 个，推广面积达 1.12 亿亩。2008 年国产抗虫棉市场份额达到 90%（图 1-1）；2009 年达到 93%，净增效益 130 亿元，减少农药用量 5.6 万 t。截至 2014 年，国产抗虫棉市场份额已达到 99%，彻底摆脱了美国抗虫棉的垄断（图 1-1）。

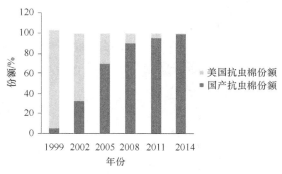

图 1-1 中美抗虫棉份额变化图

五、作物育种方法和技术的综合应用

目前，我国推广的大部分农作物品种是用常规育种方法培育而成的。随着作物育种中特殊材料的发现及生物技术在现代农业生产中的应用，越来越多的作物品种选育过程涉及分子育种和分子设计育种的理念。

不同作物雄性不育性的发现及对其研究的深入，为自花授粉作物和常异花授粉作物杂种优势利用创造了条件。到目前为止，已在几十种大田作物和蔬菜上成功利用了杂种优势。其中，我国杂交水稻、杂交油菜的选育和推广已处于国际领先地位。

通过远缘杂交结合细胞学鉴定可创造新物种，如小黑麦、八倍体小偃麦、小麦及其近缘物种的异附加系、异代换系、易位系等育种材料。一些易位系材料在作物育种中发挥了重要作用，如小麦与黑麦之间的 1BL/1RS 易位系在国内外小麦育种中得到了广泛应用，衍生了大批小麦优良品种。

作物有性杂交结合花药培养是缩短育种年限的有效方法，到目前为止，已在 250 多种高等植物中获得成功应用。其中小麦、玉米、大豆、甘蔗、橡胶等近 50 种植物的花粉再生植株由我国科技人员在国际上首先培育成功，并培育出小麦、水稻、烟草等作物的多个花培品种，已在生产中大面积推广应用。

诱变结合育种后代选择是提高变异率的有效方法之一，也是培育作物新品种和创造变异的方法。截至 2009 年，我国在 45 种植物上培育出的突变品种有 800 多个。诱变育种已成为提高农业经济效益的重要手段之一。

转基因技术给作物育种开辟了一条崭新的途径。在全世界范围内，转基因作物种植面积从 1996 年首次商业化种植的 170 万 hm^2 增加到 2018 年的 1.917 亿 hm^2，增长了近 112 倍，种植转基因作物的国家从 6 个增加到 26 个。此外，还有 44 个国家许可转基因作物产品进口，先后共有 70 个国家批准了 24 种转基因作物的应用。截至 2018 年，99% 以上的转基因作物种植面积集中在大豆、玉米、棉花和油菜 4 种作物上，分别占全球转基因作物种植面积的 50%、31%、13% 和 5%。4 种作物的转基因品种种植面积占各作物总种植面积的比例为：大豆超过 3/4、棉花超过 1/2、玉米超过 1/4、油菜超过 1/5。从转基因性状来看，主要是抗除草剂和抗虫。抗除草剂的大豆、玉米、油菜、棉花、甜菜、苜蓿占 47%；抗虫作物占 12%；其他 41% 是双价或三价转基因作物。

我国大面积应用的转基因作物主要是抗虫棉。从 1997 年抗虫棉被批准种植以来，其种植面积不断上升，到 2009 年，抗虫棉种植面积已占到棉花总种植面积的 68%。2009 年 11 月 27 日，农业部批准了两个转 *Bt* 基因水稻、一个转植酸酶基因玉米的安全证书，为转基因主粮作物的商业化应用奠定了基础。

第三节　主要作物育种展望

随着人口迅速膨胀，耕地面积逐年减少，粮食增长日趋缓慢，自然灾害频繁发生，饥饿危机与日俱增，21 世纪粮食安全问题已成为国际社会关注的热点。根据联合国可持续发展世界首脑会议消息，到 2030 年世界人口将增加到 80 亿，我国人口将增至 16 亿，粮食需求量将由现在的 5 亿 t 左右增加到 6.4 亿～7.2 亿 t，净增 1.4 亿～2.2 亿 t。粮食增加量的 70% 需依赖单产量的提高，所以作物育种工作者需在以下几个方面开展工作。

一、进一步加强作物种质资源工作

除继续收集国内外作物种质资源并加以妥善保存外，还需要有计划地对已有作物种质资源进行更全面、系统的鉴定，筛选出具备优异性状的材料，研究性状的遗传特点。同时，在已有资源的基础上，进一步创造出便于作物育种利用的新种质。

二、积极开展作物育种理论与方法的研究

为使作物育种工作更有预见性，国家在长远发展规划中加强了作物品种设计、种质创新、重要基因挖掘、育种新技术、新品种选育等方面的工作，特别是产量、抗性、品质、杂种优势等方面的分子生物学基础研究。加强作物常规育种技术与分子育种和分子设计育种的结合。

三、加强育种单位间的协作

作物育种的主要工作内容是选择产量高、品质好、抗逆和抗病虫等的种子，这些性状除与基因型有关外，还与环境有很大关系。除此之外，不同地区之间，由于生态条件、生产水平和经济条件不同，需要的作物品种类型也不相同。因此加强育种单位

间的协作，一方面可以广泛开展作物育种材料、技术的交流，联合开展作物育种材料的鉴定；另一方面有助于充分利用可能的遗传变异，促进作物育种工作的高效开展。

任何一个在生产上发挥重大作用的作物品种都凝聚着育种家多年的劳动，其成功经验值得借鉴。自新中国成立 70 多年来，中国粮食产量大约按 1.5%的速度递增。在未来十年时间里，作物育种家还需要不断努力，实现主要作物品种更新 2~3 次，才有可能满足到 2030 年中国 6.4 亿~7.2 亿 t 粮食的基本需求。在作物育种过程中，通过对主要作物育种成功案例进行深入分析来积累经验，提高作物育种效率，更好地为解决我国的粮食安全问题服务。

主要参考文献

潘家驹. 1994. 作物育种学总论. 北京：中国农业出版社.

孙其信. 2011. 作物育种学. 北京：高等教育出版社.

汪开治. 1996. 国际水稻所将推出理想株型水稻新品种. 中国农技推广，4：26.

王璞. 2004. 农作物概论. 北京：中国农业大学出版社.

张天真. 2003. 作物育种学概论. 北京：中国农业出版社.

张文宇，汤亮，姚鑫锋，等. 2012. 基于过程的小麦株型指标动态模拟. 中国农业科学，45（12）：2364-2374.

Chahal GS, Gosal SS. 2002. Principles and Procedures of Plant Breeding. Pangbourne: Alpha Science International Ltd.

Donald CM. 1968. The breeding of crop ideotypes. Euphytica, 17 (3): 385-403.

第二章　作物品种群体及遗传作图群体

作物在长期进化过程中，形成了有性繁殖和无性繁殖两种主要繁殖方式。其中大多数作物采用有性繁殖，通过种子繁殖后代。由于作物花器官构造特点、开花习性和授粉方式不同，育种群体结构的相应变化各异，深入了解不同授粉方式下作物的遗传规律和群体特点，对有效开展作物育种工作具有重要的指导意义。

第一节　作物品种群体

作物繁殖方式不同，其育种群体遗传特征和品种群体遗传组成随之而异。根据群体遗传组成，作物品种一般可分为纯系（自交系）品种、杂交种品种、群体品种和无性系品种，不同品种类型的育种方法和选择方法也有所不同。

一、纯系（自交系）品种

纯系品种（pure line variety）是指群体中个体基因型纯合、群体同质的品种类型，是对突变或杂合基因型进行连续多代的自交加选择而得到的同质纯合群体，包括自花授粉作物的纯系品种、常异花授粉作物的纯系品种和异花授粉作物的自交系等。我国生产上种植的自花授粉作物（如小麦、大麦、大豆、花生等）和常异花授粉作物（如棉花、高粱等）的纯系品种都属于这一类型。异花授粉作物经多代强迫自交加选择而得到的纯系，如玉米的自交系也属于这一类型。

自花授粉作物纯系品种主要通过选择育种、杂交育种、回交育种、远缘杂交、诱变育种和单倍体育种等方法，加上人工选择培育而成。

常异花授粉作物纯系品种的育种方法基本上与自花授粉作物相同。值得注意的是，在杂交育种时，应对亲本进行必要的自交纯合和选择，以提高杂交育种的成效。

异花授粉作物的自交系则需在严格的隔离条件下，经多代强迫自交加选择而得到。在利用自交系配制杂交种和进行自交系繁殖时应特别注意严格隔离，防止天然异交和生物学混杂，以保持品种和自交系的纯度。

无论是自花授粉作物、常异花授粉作物的纯系品种，还是异花授粉作物的自交系，均要具备优良的农艺性状，如高产、优质、抗病虫、抗逆境、抗倒伏、生态适应性强等。因此，要拓宽育种资源，采用不同的育种方法，使基因发生重组和突变，扩大性状变异范围，并在性状分离的后代大群体中进行单株选择，选育出具有较多优良基因的品种。可见，创造丰富的遗传变异和在性状分离的大群体中进行单株选择是自交系品种育种的一个重要特点。

　　纯系（自交系）品种群体采取了自交（自花授粉作物和常异花授粉作物）和强迫自交（异花授粉作物）的方法，使作物品种群体中各个体基因型基本纯合，遗传性状稳定，性状表现较一致。

（一）自交的遗传效应

　　自交的遗传效应主要有杂合体后代基因分离，后代群体的遗传组成迅速趋于纯合；淘汰有害隐性纯合体，可以改良群体的遗传组成；获取不同纯合基因型，保证品种的纯度和物种的相对稳定性。

　　1. 杂合体后代基因分离　　两个基因型纯合的亲本杂交，F_1 中 100% 为杂合体。以后随着自交代数的增加，杂合体的比例越来越小，纯合体的比例越来越大（图 2-1）。

　　以一对等位基因（A 和 a）为例，F_1（Aa）自交产生 F_2。F_2 群体的遗传组成为：$1/4AA + 1/2Aa + 1/4aa$，其中纯合体（AA 和 aa）和杂合体（Aa）各占 1/2。若继续自交，杂合体（Aa）又产生 1/2 的纯合后代；而纯合体（AA 和 aa）只能产生纯合的后代。这样每自交一代，杂合体减少 1/2，纯合体增加 1/2。

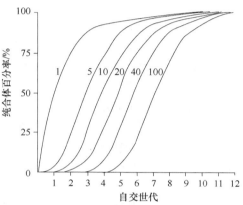

图 2-1　自交导致基因纯合体百分率的变化

　　若以 H_n 和 M_n 分别代表群体中杂合体和纯合体的比例，则自交 n 代（F_{n+1}）后，杂合体比例为 $H_n = (1/2)^n$；纯合体比例为 $M_n = 1 - H_n = 1 - (1/2)^n$，其中 AA 和 aa 基因型各占一半，即 $1/2[1-(1/2^n)] = (2^n-1)/2^{n+1}$（表 2-1）。

表 2-1　杂合体（Aa）连续自交其后代基因型频率和基因频率的变化

自交代数	基因型频率			杂合体（Aa）比例	纯合体（AA 和 aa）比例	基因频率	
	AA	Aa	aa			A	a
0（F_1）	0	1	0	1	0	1/2	1/2
1（F_2）	1/4	1/2	1/4	1/2	1/2	1/2	1/2
2（F_3）	3/8	1/4	3/8	1/4	3/4	1/2	1/2
3（F_4）	7/16	1/8	7/16	1/8	7/8	1/2	1/2
⋮	⋮	⋮	⋮	⋮	⋮	⋮	⋮
n（F_{n+1}）	$(2^n-1)/2^{n+1}$	$1/2^n$	$(2^n-1)/2^{n+1}$	$1/2^n$	$1-1/2^n$	1/2	1/2

　　2. 淘汰有害隐性纯合体　　杂合体通过自交，使等位基因纯合，隐性有害性状表现出来，从而被淘汰，群体的遗传组成得到改良。在杂合状态下，隐性基因常被显性基因掩盖而不能表现出来。自花授粉作物由于长期自交，隐性性状可以出现，其有害的隐性性状已被自然选择和人工选择淘汰。但是异花授粉作物由于长期杂交，一般是杂合体，一经自交，由于等位基因的分离和重组，有害的隐性性状表现出来，如玉米自交后

代出现白苗、黄苗、花苗、矮生等不利性状，引起自交衰退。通过具有这些性状植株的淘汰，控制不利性状的隐性基因也随之被淘汰了。

3．获取不同纯合基因型　杂合体通过自交，等位基因发生分离和重组，自交后代群体中出现多个不同的纯合基因型。例如，对有两对基因杂合的杂交种 *AaBb* 而言，通过长期自交，会出现 *AABB*、*AAbb*、*aaBB* 和 *aabb* 4 种纯合基因型。无论开始时杂合基因型的数目有多少，通过不断自交，后代个体纯合基因型比例不断提高，群体中的遗传组成逐渐达到平衡，这时群体由不同的纯系组成，纯系个数为 2^n（n 为原来处于杂合状态基因的对数）。

（二）自交纯系群体的理论基础——Johannsen 纯系学说

纯系学说（pure line theory）是丹麦植物学家 Johannsen 于 1903 首次提出的，其试验基础源于严格自花授粉作物菜豆的自交试验。

1901 年春季，Johannsen 从市场上购买了菜豆（*Phaseolus vulgaris* L.）品种'公主'（princess）。这些菜豆种子有轻有重，参差不齐，轻的仅 15cg[①]，重的可达 90cg。选择不同粒重的豆粒分别播种，发现重粒后代的平均粒重比轻粒后代的平均粒重重，自交后代的粒重维持了亲代的水平，说明在这种情况下选择是有效的。根据自交后代株系的表现，Johannsen 从中挑选由 19 个单株后代构成的 19 个纯系，它们的平均粒重有明显差异。因为菜豆是严格的自花授粉作物，每粒种子的基因型都应是纯合的，所以 Johannsen 称单粒种子的自交后代为纯系。结果表明，不同纯系间的平均粒重有明显的差异，轻种子产生轻种子后代，重种子产生重种子后代。然而在一个纯系内，豆粒虽也有轻有重，并且呈连续分布，但其平均粒重与亲代几乎没有差异（表 2-2）。因此，一个纯系内的种子粒重变异是不遗传的，选择无效；而原始群体是多个纯系的混合物，不同纯系间的变异至少部分是遗传的，选择有效。

表 2-2　纯系中不同亚系种子及亚系子代的平均粒重（cg）

纯系中不同亚系的平均粒重	亚系子代的平均粒重			
	2 号系	3 号系	13 号系	15 号系
20	55.8	49.2	47.5	45.0
30	55.0	48.2	45.0	45.0
40	56.5	49.5	45.1	44.6
50	54.9	45.9	45.8	36.9
平均	55.55	48.20	45.85	42.88

为了验证上述结果，1902～1907 年 Johannsen 连续 6 年在每个纯系内分别选重粒和轻粒种子播种，发现每代由重粒种子长出的植株所结种子的平均粒重，都与由轻粒种子长出的植株所结种子的平均粒重相似（表 2-3）；而且各个纯系虽经 6 代的选择，但其平均粒重仍分别和各系开始选择时大致相同。这说明，纯系内选择是无效的。

① 1ng＝10^{-9}g

表 2-3　在菜豆纯系内对籽粒平均粒重的选择效果

世代	亲本籽粒的平均粒重/cg			子代籽粒的平均粒重/cg		
	最轻	最重	相差（重－轻）	由最轻亲本选出的	由最重亲本选出的	相差（重－轻）
1	60	70	+10	63.15	64.85	+1.70
2	55	80	+25	75.19	70.88	−4.31
3	50	87	+37	54.59	50.68	−3.91
4	43	73	+30	63.55	63.64	+0.09
5	46	84	+38	74.38	70.00	−4.38
6	56	81	+25	69.07	67.66	−1.41

由以上试验结果可以看出：①在自花授粉作物原始品种群体中，通过单株选择繁殖，可以分离出一些不同的纯系，表明原始品种群体为各个纯系的混合群体，通过个体选择从中分离出各种纯系，这样的选择是有效的。②在同一纯系内继续选择是无效的，因为同一纯系内各个体的基因型是相同的，同一纯系内的变异，一般是由环境因素引起的表型变异，而这种变异是不遗传的。以上两点即为纯系学说的基本论点。

（三）纯系品种群体的特点

无论是自花授粉作物的纯系品种、常异花授粉作物的纯系品种，还是异花授粉作物的自交系，每个纯系都来自一个纯合体的自交后代，所以自交纯系群体的特点为群体同质，个体基因型纯合。

但要注意，纯系品种群体中个体基因型纯合是相对的。一方面，自然界虽然存在着大量的自花授粉作物，但是绝对的自花授粉几乎是没有的，总有一定程度的天然杂交，从而引起基因的重组。另一方面，纯系内有可能发生各种自发的突变，导致基因型杂合。

二、杂交种品种

杂交种品种（hybrid cultivar）是在严格选择亲本和控制授粉的条件下生产的各类杂交组合的 F_1 植株群体。杂交种品种群体内个体间基因型是一致的，个体基因型是高度杂合的。杂交种品种不能稳定遗传，F_2 将发生基因型分离，导致产量下降，所以在生产上只利用 F_1 种子，F_2 及以后世代的种子一般不利用。

杂交种品种是自交系间杂交或自交系与自由授粉品种间杂交，或雄性不育系与恢复系杂交产生的 F_1。它们的基因型是高度杂合的，群体又具有不同程度的同质性，表现出很高的生产力。其中由两个不同的自交系杂交得到的单交种品种群体的特点为群体同质，个体基因型杂合；其他类型的杂交种品种群体的特点为群体存在不同程度的异质，个体基因型杂合。杂交种品种近交或自交有衰退现象。

三、群体品种

群体品种（population cultivar）的遗传较为复杂，其特点是群体异质，个体间性状存在不同程度的差异，个体基因型一般为杂合。因作物种类和组成方式不同，群体品种包括以下 4 种。

（一）异花授粉作物的自由授粉品种

异花授粉作物的自由授粉品种是指通过人工选择，使植株间在保持本品种基本特征的基础上，在生产、繁殖过程中由品种内植株间随机传粉所形成的品种群体。群体内各个体间存在不同程度的异质性，个体基因型是杂合的，但群体保持着本品种的一些主要特性，可以区别于其他品种，如玉米、黑麦等异花授粉作物的地方品种都是自由授粉品种。

异花授粉作物的自由授粉品种的育种特点包括：①多代强迫自交，可培育自交系；通过配制杂交种，可利用杂种优势。②保持原品种群体的基因频率、基因型频率（遗传组成）和群体的遗传平衡，保持原品种的种性。③可对其进行群体改良。通过淘汰不良的基因和基因型，选择和保留优良的基因和基因型，改变原品种群体的遗传组成，创建新的遗传平衡群体。要保持原品种群体的遗传组成不改变，一定要在大群体下实现充分自由授粉、随机互交、不进行选择、不出现机械混杂和生物学混杂及避免发生遗传漂移。对异花授粉作物品种进行群体改良时，可根据表型进行多代的混合选择，或根据表型进行选择，再经后裔试验选择和保留优良的后代（基因型）混合成新的群体，或选育优良的综合品种，或通过轮回选择改良群体等。

（二）异花授粉作物的综合品种

综合品种（synthetic cultivar）是由一组经过测交鉴定，农艺性状优良、配合力较高的自交系，在隔离或人工控制授粉条件下，以等量种子混合播种，随机交配组成的遗传平衡群体。综合品种的遗传基础复杂，个体基因型杂合，群体异质，但具有一个或多个代表本品种特征的性状。异花授粉作物的综合品种在遗传上处于平衡状态，其群体的基因频率和基因型频率在一定条件下保持不变，因而在生产上可连续使用一定年限。综合品种在繁殖时，要严格隔离，并尽可能让其在较大群体中自由随机授粉，避免发生遗传漂移和削弱遗传基础，以保持群体的遗传平衡。

（三）自花授粉作物的杂交合成群体

杂交合成群体（composite cross population）是自花授粉作物的两个或两个以上品种杂交后繁殖出的分离的混合群体，将其种植在特别的环境条件下，主要靠自然选择的作用，使其逐渐形成一个较稳定的群体。杂交合成群体实际上是一个多种纯合基因型混合的群体。这种群体的特征是个体基因型纯合，群体异质，但主要农艺性状的表现差异较小，是一种特殊的异质纯合群体。

（四）多系品种

多系品种是若干纯系品种种子混合后进行繁殖的后代，可以用自花授粉作物的几个近等基因系（near isogenic line）的种子混合繁殖成为多系品种。由于近等基因系具有相似的遗传背景，只在个别性状上有差异，因此多系品种也可被认为是一种特殊的异质纯合群体，它保持纯系品种的大部分性状，而在个别性状上得到改进。实际上多系品种包括若干个不同的基因型，而每一个植株的基因型是纯合的。多系品种常见于作物抗病虫品种中。为了能在较长时期内保持作物对某种病害（虫害）的抗性，利用携带抗该病（虫）不同生理小种（或生物型）抗性基因的近等基因系合成抗病（抗虫）的多系品种，对减轻病害（虫害）具有良好的效果。还可根据病害生理小种（害虫生物型）组成的变化，经常调配多系品种中携带不同抗性基因的近等基因系的混合比例，以维持其较长时期的抗病性。到目前为止，国外在小麦、燕麦和棉花上应用了抗病多系品种。Puente 等（1959）在墨西哥育成的抗秆锈病小麦多系品种和美国于 1968 年在艾奥瓦释放的抗冠锈病燕麦多系品种，在减轻病害方面都取得了成功。

四、无性系品种

无性系品种（clonal cultivar）是由一个无性系或几个近似的无性系经过无性繁殖而成的品种类型。由于无性繁殖没有完整的世代交替，不经过基因重组，因此后代群体不发生分离，纯合材料后代仍保持纯合，杂合材料后代不发生分离，为作物杂种优势利用提供了很大方便。无性系品种的基因型由母体决定，表现型和母体相同。许多薯类作物和果树品种都属于这类无性系品种。

用营养体繁殖的无性系品种的基因型由作物种类及来源而定，如甘薯为异花授粉作物，其无性系品种的基因型是杂合的，但二者表现型是一致的；马铃薯是自花授粉作物，其无性系品种如果来自自交后代，则基因型是纯合的，如来自杂交后代，则基因型是杂合的，但它们的表现型都是一致的。大部分无性繁殖作物，无论是自花授粉作物，还是异花授粉作物，其品种基因型大多呈杂合状态。

在适宜的自然和人工控制条件下，无性繁殖作物也可进行有性繁殖，进行杂交育种。因此，可以采用有性杂交和无性繁殖相结合的方法进行无性繁殖作物育种。这时，无论是自花授粉的马铃薯，还是异花授粉的甘薯，由于它们的亲本原来就是遗传基础复杂的杂合体，因此杂交种 F_1 就有很大的分离，但其种子不宜直接用于生产。在存在广泛变异的 F_1 实生苗（由无性繁殖作物种子长出的植株）中，选择优良个体进行无性繁殖，迅速把优良性状和杂种优势固定下来，再通过比较、鉴定和选择培育成新的无性系品种。这种把有性杂交和无性繁殖结合起来的实生苗育种，是改良无性繁殖作物的一种有效途径，也是无性繁殖作物较其他类型作物杂交育种年限短的主要原因。此外，利用无性系品种自交，淘汰不良基因后产生自交系，再进行自交系间的杂交可获得更大的杂种优势。但在此过程中可能出现自交不亲和及自交严重退化现象，因而可进行 1～3 次株系内的近交，选出优良的近交系再进行不同近交系间的杂交或与其他亲本进行杂交。

无性系品种在繁殖过程中会有突变，主要为芽变（即体细胞发生突变）。芽变发生后，可在各种器官和部位表现变异性状，一旦出现有利的突变即可选留，利用营养体繁殖把芽变迅速固定下来。还可用理化因素进行诱变处理提高突变率。选择和保留有利突变体，建立无性系，再通过系统的鉴定和比较即可扩大繁殖，培育成优良的无性系品种，这种育种方法称为芽变育种。芽变育种是营养体无性系品种选育的一种有效方法，国内外都曾利用芽变选育出一些甘薯、马铃薯、甘蔗等无性系品种。

另外，花药培养、花粉培养及体细胞杂交技术也可用于无性繁殖作物的选育。无性繁殖作物进行繁殖时无须进行隔离，但需要进行必要的选择，淘汰机械混杂或自然变异的弱株和劣株，以保持品种的种性。无性繁殖作物品种因感染病毒发生退化时，可通过茎尖与分生组织培养进行脱毒，通过生产无毒种苗加以解决。

也有人根据作物品种群体遗传背景和基因型的不同，将作物育种群体分为同质纯合型群体（自花授粉作物和常异花授粉作物的纯系品种群体、异花授粉作物的自交系群体）、同质杂合型群体（包括杂交种群体、无性系品种群体）、异质杂合型群体（主要包括自由授粉品种群体、综合品种）、异质纯合型群体（主要包括杂交合成群体和多系品种群体）。

第二节　作物遗传作图群体

遗传作图是指应用遗传学技术构建能显示基因以及其他特征序列在基因组上位置的图。根据遗传重组测验结果，推测基因间或基因与其他特征序列间的距离而得到的图谱称为遗传连锁图谱。在作物中，许多重要的育种目标性状，如产量、蛋白质含量、淀粉含量等均为数量性状。找到影响这些数量性状的基因位置可以帮助人们更为精确地绘制遗传图谱，从而应用现代分子技术更好地操纵、控制这些基因，为作物遗传改良提供理论基础。

用于构建遗传连锁图谱的作图群体有多种。根据作图群体的特点，可分为初级作图群体、次级作图群体和高级作图群体。初级作图群体主要有临时性群体 F_2、F_3、回交（back cross，BC）一代 BC_1 等；次级作图群体主要有加倍单倍体（dihaploid，DH）、重组近交系（recombinant inbred line，RIL）等；高级作图群体主要有在初级群体基础上得到的近等基因系（near-isogenic line，NIL）、回交重组自交系（backcross inbred line，BIL）、渗入系（introgression line，IL）、染色体片段渗入系（chromosome segment introgression line，CSIL）、染色体片段代换系（chromosome segment substitution line，CSSL）或单片段代换系（single segment substitution line，SSSL）等。各作图群体的特点如表 2-4 所示。

表 2-4　遗传连锁图谱作图群体的特点

作图群体类型	群体名称	分离群体遗传背景	染色体互作	有无遗传背景干扰	定位准确性、灵敏性	适宜研究内容
初级作图群体	F_2、F_3、BC_1	很复杂	有	有	不精确，不灵敏	基因初定位
次级作图群体	DH、RIL	较复杂	有	有	较精确，较灵敏	基因初定位
高级作图群体	NIL、BIL、IL、CSSL、CSIL、SSSL	在亲本间有差异的染色体区段发生分离	无	无	精确，灵敏	基因精细定位，为基因图位克隆奠定基础

　　构建一个作图群体，首先要考虑的是被研究的性状在父本与母本之间要表现多态性，且具有稳定遗传性；其次需要考虑的是作物的繁殖方式。

　　对于自交亲和作物（包括自花授粉作物、常异花授粉作物和异花授粉作物），作图群体主要有 F_2 群体、BC 群体、DH 群体、RIL 群体、NIL 群体、BIL 群体、IL 群体、CSSL 群体、CSIL 群体或 SSSL 群体；而对于自交不亲和作物，作图群体主要有 F_1 群体，也可有 BC 群体、DH 群体、RIL 群体、NIL 群体、BIL 群体、IL 群体、CSSL 群体或 SSSL 群体。

一、初级作图群体

　　以 F_2 群体为例，由两个基因型不同的纯合双亲杂交产生 F_1；F_1 自交得到的 F_2，所构成的群体称为 F_2 群体。在构建 F_2 群体时，两亲本在所研究的性状上存在较大差异，表型水平（如形态或抗病性）上的多态性或 DNA 标记多态性能够被鉴定出来。F_2 群体内的各个体在所研究的性状上表现为正态分布，大部分介于双亲之间。F_2 群体中各个体之间性状的不同是由遗传物质的分离和重组引起的。对每个共显性标记来说，期望的分离比是 1：2：1。因为 F_3 群体在遗传上与 F_2 群体不同，所以该群体类型不易被保留。但对于像甘薯、马铃薯等无性繁殖作物来说，可以用组织培养来保存 F_2。还有一个保存 F_2 群体的特殊方法，就是将其保存在 F_3 群体资源池中。但 F_2 的性状评价只能通过测交进行，即通过将每个 F_2 个体与不同测交亲本测交获得后代的平均表现来评价。

　　为了构建一个全基因组遗传图谱，需考虑图谱中每个基因位点的分辨率、工作量和可行性等方面因素，F_2 群体包括 100 个以上个体。

　　对于数量性状位点（QTL）的作图，至少需要 200 个个体。对于有图位克隆基因要求的作图群体，需要培育数千个个体的分离群体。

　　F_2 群体构建过程如图 2-2 所示。

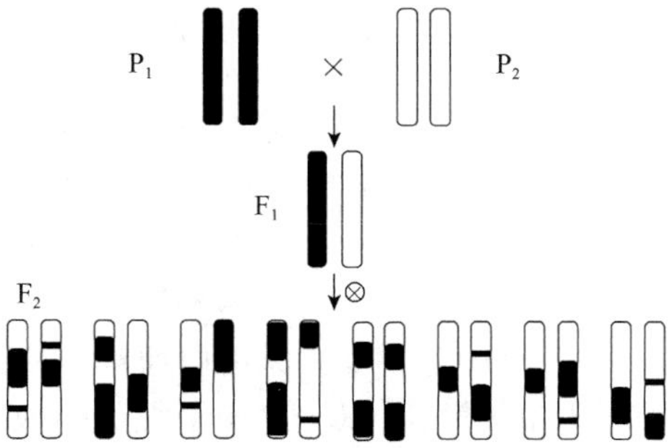

图 2-2　F_2 群体构建过程示意图

二、次级作图群体

（一）重组近交系群体

　　对于自交亲和作物来说，RIL 群体可通过自交产生。RIL 群体的构建方法是单粒传法（single seed descent，SSD），即两亲本杂交获得 F_1；F_1 自交获得 F_2；在 F_2 单株上各取一粒种子繁殖成 F_3；在 F_3 每株仍取一粒种子繁殖成 F_4；用同样的方法得到 F_5～F_9；提取 F_5～F_9 各单株 DNA，并进行鉴定，看各单株基因位点是否纯合；收获纯合单株，下一代种成株系（纯系），由同一组合不同株系构成的群体即为 RIL 群体。

　　RIL 群体的构建还可以采用混合法，即 F_2 的种子各种成一行，称为 $F_{2:3}$（就是 F_3）家系。以后从 $F_{2:3}$ 开始，群体总行数不变，每行混收；下一年从中随机取出种子种成一行，直到 F_8 或 F_9；提取 F_8 或 F_9 单株 DNA，并进行鉴定，看其基因位点是否纯合，然后收获纯合单株，下一代种成株系。

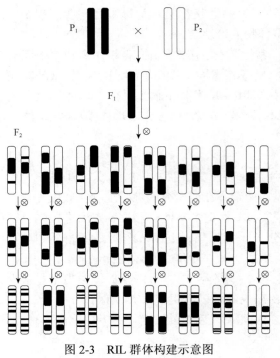

图 2-3　RIL 群体构建示意图

RIL 群体的构建过程如图 2-3 所示。由于纯合同质的重组自交系的遗传构成不再发生改变，因此重组自交系的后代几乎不再分离。

RIL 群体的优点之一是构成了一个永久的资源，能够不断繁殖，并可与其他研究单位分享；优点之二是 RIL 群体在到达完全纯合之前，经过了数次减数分裂，重组的频率要高于 F_2 群体。所以，利用 RIL 群体所做的遗传图谱的分辨率要高于利用 F_2 群体所做的遗传图谱。

（二）加倍单倍体群体

DH 是由含配子染色体数目的个体（单倍体）经人工诱导加倍或自然加倍后产生的染色体数目加倍的个体。DH 植株自交产生 DH 系。由同一组合后代不同 DH 系组成的群体即为 DH 群体。

单倍体可以通过花药培养、远缘杂交产生，也可以自发或利用孤雌生殖诱导系诱导产生。例如，利用小麦花药培养可以产生小麦单倍体；利用小麦（作母本）与玉米（作父本）杂交也可以获得小麦单倍体；利用玉米孤雌生殖诱导系（作父本）可以诱导玉米（作母本）产生玉米单倍体等。单倍体植株的染色体组能自发加倍，产生加倍单倍体（DH）；单倍体植株也可通过施用秋水仙碱产生加倍单倍体。如果是从单倍体组织诱导产生的愈伤组织，愈伤组织细胞内的染色体数目时常会在内源有丝分裂时自发加倍，通过体细胞胚产生加倍单倍体，DH 系特点为个体基因型纯合，群体同质。DH 群体构建过程如图 2-4 所示。

从 DH 群体的构建过程来看，DH 群体不存在残留异质性问题，是一种可用于遗传作图的永久群体。该类群体已在小麦、大麦和水稻遗传图谱构建上成功应用。

三、高级作图群体

（一）近等基因系群体

为了分析亲本 P_1 中控制某数量性状（如产量或蛋白质含量等）的某个 QTL 在亲本 P_2 背景中的效应，需要通过回交的方法构建 NIL 群体。具体做法是，先将 P_1 和 P_2 杂交，得到的 F_1 再与亲本 P_2 不断回交。其中亲本 P_1 是某 QTL 的供体亲本（非轮回亲本），亲本 P_2 是受体亲本（轮回亲本）。详细过程如图 2-5 所示。在回交过程中，每次从回交后代筛选由供体提供的目标 QTL（前景选择）。其间可以利用分子标记对其他位点的背景进行选择（背景选择），加快近等基因系构建过程。

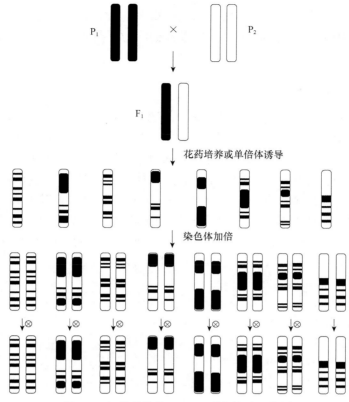

图 2-4 加倍单倍体（DH）群体构建示意图

通过回交方法构建的 NIL 群体，除在目标 QTL 方面不同外，株系之间的其他遗传背景相同。NIL 群体由通过标记辅助选择的回交后代株系构成。为了固定前景 QTL，在回交完成后，需要自交 2 代。如果目标 QTL 不同近等基因系间在相应表型上表现不同，则认为该表型差异是目标QTL 作用所致。

（二）染色体片段渗入系

作物中的一些优良性状，如控制高产、优质、抗病、抗逆等的基因可能来源于栽培物种远缘的相关物种，甚至是野生物种。

为了评价远缘或野生物种微小染色体片段在栽培物种中的渗入效应，需要构建外源染色体片段渗入系文库，创制能够产生含有不同外源染色体片段渗入系（CSIL），也称外源基因渗入文库。外源基因文库是通过高代回交的方法建立的，其中栽培物种为受体亲本，远缘或野生物种为供体亲本。回交得到的渗入系与栽培物种相似，但拥有远缘

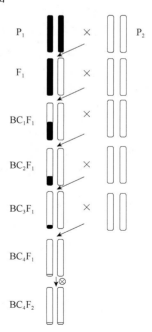

图 2-5 近等基因系（NIL）群体构建示意图

物种 DNA 片段，回交后代有可被鉴定出来细微表型的效应。对所有目标性状进行表型评估，将可揭示回交渗入的 DNA 片段对观测性状的正向效应。渗入片段可以通过分子标记进行鉴定。

（三）单片段代换系

两亲本杂交后，用亲本之一进行回交，在 BCF$_2$ 和 BCF$_3$ 分离群体中，对回交群体的个体用已定位在不同染色体上的标记（如 SSR）进行鉴定，保留某一染色体区段为非轮回亲本，并要求这一区段尽量短（如 5cM），而除此区段外的染色体均为轮回亲本染色体，这样就可构建包括非轮回亲本所有染色体区段的单片段代换系群体。

单片段代换系（SSSL）群体和 RIL 群体有着不完全一样的用途。QTL 初步定位一般用 RIL 群体就可以。但要精细定位的话需要构建较大的 RIL 群体或 SSSL 群体才行。

SSSL 群体构建费时费力，但一劳永逸，是目前 QTL 定位精度最高的群体。SSSL、NIL 和 IL 群体在研究单个 QTL 上是相似的。

（四）永久 F$_2$ 群体

永久 F$_2$ 群体主要用来分析基因显性效应和上位性效应，其构建过程是：①用单粒传法获得 RIL（如 200 个）；②给每一个 RIL 单独编号（1～200）；③用特定的 RIL 群体进行组合（如 1-101、2-102、3-103、4-104 等），获得若干 F$_1$，即相当于最初双亲的 F$_2$。由于 RIL 中的个体基因型纯合，可以永久保存，而 F$_2$ 也可以重现，因此称为"永久 F$_2$ 群体"。

对于自交不亲和性作物而言，构建上面的群体比较困难。由于自交不亲和性物种不能产生纯合系或者难以自交，因此只能用杂合的亲本产生作图群体，如 F$_1$ 群体，或者回交株系（BC）。例如，甘薯、马铃薯、苹果树、梨树或者葡萄树等，不同栽培品种之间的杂交 F$_1$ 可以用作基因型分析。建立杂交群体时，来自双亲的不同等位基因贡献给 F$_1$ 个体，分子标记之间的连锁可以通过双亲产生的遗传图谱来估算。

主要参考文献

郝建华，强胜. 2009. 无融合生殖——无性种子的形成过程. 中国农业科学，42（2）：377-387.

刘庆昌. 2015. 遗传学. 北京：科学出版社.

孙其信. 2011. 作物育种学. 北京：高等教育出版社.

张天真. 2003. 作物育种学概论. 北京：中国农业出版社.

Meksem K，Kahl G. 2010. 植物基因组作图手册. 康定明，华金平，译. 北京：中国农业大学出版社.

Puente F, Fidencio, Borlaug NE. 1959. Row distance and lodging in wheat. Agric Tec En Mexico, 7 (2): 1-40.

第三章　作物杂交育种的理论基础
及其育种案例分析

作物杂交育种是指用基因型不同的亲本材料通过有性杂交获得杂种 F_1，继而对杂种后代进行选择，以培育符合生产要求的作物新品种的育种方法。

与自然变异相比，通过人工控制的有性杂交产生可供选择的遗传变异，对作物育种工作来说具有更大的自主性和创造性。在现阶段，虽然新的作物育种技术能够实现更广泛的基因源之间的交流，但通过有性杂交实现基因重组仍然是产生遗传变异的主要途径。

作物杂交育种是国内外广泛应用且卓有成效的一种育种方法。到目前为止，各国用于生产的主要作物优良品种绝大多数是用杂交育种法育成的。以小麦为例，近 20 年来，荣获国家科学技术进步奖的 18 个小麦品种中，有'矮抗 58''济南 17''农大 1108''偃展 4110''西农 979'等 15 个品种是用杂交育种方法育成的。就棉花品种来说，世界主要产棉国家都在运用杂交育种法选育优良品种。例如，美国著名的品种'岱字棉 15''珂字棉 100''爱字棉'系列、'PD'系列，苏联的'塔什干'，埃及的'吉扎'系列都是采用杂交育种育成的。我国近代种植面积在 0.67 万 hm^2 以上的陆地棉品种大部分也是由杂交育种方法育成的。

第一节　作物杂交育种的理论基础

有性杂交可使分属不同亲本的有利基因结合于一个杂交组合中，以后随着世代的演进，由于基因重组、基因累加和基因互作，杂交后代群体出现性状分离。育种家在这一过程中，选择出符合作物育种目标且纯合稳定的重组类型。

一、基因重组

基因重组是指非等位基因间的重新组合。在作物杂交育种中，通过杂交，使分散在不同亲本中控制不同有利性状的基因重新组合在一起，形成具有不同亲本优点的后代。通过基因重组能产生大量的变异类型，但只产生新的基因型，不产生新的基因。

基因重组的细胞学基础是：在性原细胞第一次减数分裂时，同源染色体彼此分离，非同源染色体自由结合，同源染色单体之间发生交叉互换。

二、基因累加

基因累加是指几个非等位基因共同决定着某一性状的表现，而且每一个基因都只起部分作用。通过基因累加效应，从后代中选出受微效多基因控制的某些数量性状超过亲本的个体。例如，控制玉米株高的基因有 3 对，假设为 *A-a*、*B-b* 和 *C-c*，其中 *A*、*B* 和 *C* 为显性基因，表现型为玉米株高较高；*a*、*b* 和 *c* 为隐性基因，表现型为玉米株高较矮。这 3 对基因为非等位基因，当玉米基因型为 *AABBCC* 时，株高最高；当玉米基因型为 *aabbcc* 时，株高最矮；基因型为 *AABBcc*、*AAbbCC*、*aaBBCC*、*AAbbcc*、*aaBBcc* 和 *aabbCC* 的株高介于最高和最矮之间，这就是非等位基因间的累加效应。

三、基因互作

生物是一个有机整体，任何性状都不是孤立的、单一的。在作物中，仅受一个基因控制的性状非常少。一个性状的表达往往受到多个基因相互作用的影响。

基因互作是指非等位基因之间通过相互作用影响同一性状表现的现象。在作物杂交育种中，杂交后代中所选个体的突变性状是通过非等位基因之间互作产生的。

在控制作物质量性状的基因中，常见的 6 种基因互作类型为互补作用（complementary effect）、累加作用（additive effect）、重叠作用（duplicate effect）、显性上位作用（epistatic dominance effect）、隐性上位作用（epistatic recessiveness）和抑制作用（inhibiting effect）（表 3-1）。

表 3-1　基因互作类型及其杂交 F_2 群体分离比例

基因互作类型	杂交 F_2 群体分离比例	相当于自由组合比例
互补作用	9 : 7	9 : （3 : 3 : 1）
累加作用	9 : 6 : 1	9 : （3 : 3） : 1
重叠作用	15 : 1	（9 : 3 : 3） : 1
显性上位作用	12 : 3 : 1	（9 : 3） : 3 : 1
隐性上位作用	9 : 3 : 4	9 : 3 : （3 : 1）
抑制作用	13 : 3	（9 : 3 : 1） : 3

1. 互补作用　两对独立遗传基因分别处于纯合显性或杂合显性状态时，共同决定一种性状的发育；当只有一对基因是显性或两对基因都是隐性时，则表现为另一种性状，F_2 产生 9 : 7 的性状分离比例。

2. 累加作用　两对独立遗传基因同时为显性时产生一种性状；单独为显性时能分别表现相似的性状；同时为隐性时表现为第三种性状，F_2 产生 9 : 6 : 1 的性状分离比例。

3. 重叠作用　两对或多对独立基因对表现型能产生相同的影响，F_2 产生 15 : 1 的性状分离比例。重叠作用也称重复作用，只要有一个显性重叠基因（表现相同作用的基因）存在，就能表现出目标性状。

4. 显性上位作用

上位作用：一对基因可以影响另一对非等位基因的效应。这种非等位基因间的相互作用方式称为上位作用。

显性上位：在上位作用中，一对显性基因对另一对显性基因起遮盖作用，并表现出自身所控制的性状。在这里起抑制作用的基因是显性基因，F_2 的性状分离比为 12 : 3 : 1。

5．隐性上位作用　　在两对互作的基因中，其中一对隐性基因对另一对基因起上位性作用，F_2 的性状分离比为 9：3：4。

此上位作用与显性作用不同，上位作用发生于两对不同等位基因之间；而显性作用发生于同一对等位基因的显隐性基因之间。

6．抑制作用　　在两对独立基因中，其中一对显性基因本身并不控制性状的表现，但对另一对基因的表现有抑制作用，这对基因被称为显性抑制基因。F_2 的性状分离比为 13：3。

在作物杂交育种中，由于基因的超亲分离，尤其是那些和经济性状有关的微效基因的分离和累加，在杂交后代群体中不仅能够获得集亲本优良性状于一体的新类型，还可能出现性状超亲类型，或通过基因互作产生亲本所不具备的新性状的类型。在这一过程中，育种家选择什么样的亲本材料配制杂交组合，以及在分离世代中如何选择出最具生产潜力的基因型无疑是决定作物育种成败的关键。

第二节　小麦品种'农大211'的选育

'农大 211'小麦品种是通过杂交育种选育而成的，属冬性小麦品种，抗寒性强。幼苗半匍匐，苗色深绿，叶片丛立，长势健壮。株高 75cm 左右，旗叶上冲，株型紧凑；茎秆柔韧，抗倒伏性好。穗层整齐，穗纺锤形，长芒，白壳。籽粒短圆形，白粒，中等角质，千粒重 43g 左右。条锈高抗，叶锈免疫，白粉病中感。成熟期同'京 411'，属中早熟品种。落黄好。品质性状表现：蛋白质含量（干基）16.35%，湿面筋含量 35.9%，沉降值 24.1mL，吸水率 59.9%，面团形成时间 2.4min，稳定时间 1.7min（2006 年农业部谷物品质监督检验测试中心测定）。产量性状表现：分蘖力强，成穗率高，千粒重稳定；产量三要素协调，丰产、稳产性好。一般每亩成穗数 42 万～48 万，穗粒数 26～30 粒，千粒重 43g 左右。在中上等肥力的地块上，正常年份亩产 400～500kg，好年份亩产可达 600kg。2004年，在北京市南郊房辛店村创造了北京京郊小麦的单产之最，亩产达 690kg，千粒重达 47g。'农大 211'生产试验田和田间落黄表现见图 3-1 和图 3-2。

图 3-1　'农大 211'的生产试验田　　　　图 3-2　'农大 211'的田间落黄表现

一、'农大 211' 的特征特性

'农大 211' 小麦品种表现出以下特征特性：①品种稳定性强，适应性广，自育率高，开花和散粉习性好；②抗旱，抗干热风，在近几年的生产种植中，经受住了旱、热等考验；③抗常见小麦病害，除轻感白粉病以外，对田间所有的病害都有一定的抗性；④生长整齐，可观赏性强。

二、'农大 211' 的组合配制和选育过程

中国农业大学于 1989 年配制 '农大 211' 杂交组合，亲本组合为 '农大 3338' × 'S180'，选育过程见表 3-2。

表 3-2　'农大 211' 选育过程

年份	世代或育种进程	工作内容
1989	'农大 3338' × 'S180'	以 '农大 3338' 为母本，'S180' 为父本配制单交组合；按组合点播 F_1 种子
1990	F_1	F_1 田间表现很好；收获 F_1 植株上的种子（即 F_2 种子）；点播 F_2 群体（约 1000 粒）
1991	F_2	F_2 群体在田间表现分离；根据育种目标性状要求共选择 58 个单株；按组合单株收获、考种，选留 38 个单株种子（F_3）；按组合和株系点播 38 个 F_2 株系的 F_3 种子，形成 F_3 群体
1992	F_3	F_3 群体在田间表现为：不同株系表现不同，同一株系内有分离；共选择 168 个 F_3 单株；按组合、株系单株收获、考种，选留 153 个单株种子（F_4）；按组合和株系点播 153 个 F_3 株系的 F_4 种子，形成 F_4 群体
1993	F_4	在 153 个 F_3 株系中，第 121 个 F_3 株系是被选中株系之一；该株系性状表现整齐一致，农艺性状、产量性状、抗病性状、丰产性均很好。具体表现为：单位面积成穗多，穗中等大小，多花多实，穗型完整，穗层较齐；综合抗病性好，在人工诱发条锈、叶锈病的情况下，表现出条锈病高抗，叶锈病接近免疫，中抗白粉病；熟相喜人，成熟前的穗、穗下节颜色金黄，叶片失绿正常，表现出很好的生育后期适应性；矮秆，平均植株高度在 75cm 左右；籽粒灌浆好，千粒重约 42g，籽粒大小均匀，籽粒卵圆，硬度较高；田间行号为 3291
1994～1996	3291 产量比较试验	3291 的产量比较试验中在株高和丰产性上极好（3291-0-0-0）
1997～1999	1）3291 北京市区域试验 2）系统选择	北京市区域试验株高和丰产性表现很好 在 176 个株系中，发现了植株高度矮于 '农大 3291'，穗层整齐度高于 '农大 3291'，丰产性好于 '农大 3291' 的若干株系，行号 3458 株系（3291-0-0-0-128）就是其中之一
2000～2002	'农大 3458' 产量比较试验	北京市区域试验株高和丰产性表现很好 2001 年，'农大 3458' 通过北京市农作物品种审定委员会审定
2003～2005	'农大 3458' 北京市区域试验	在 '农大 3458' 中选出红粒系统
2007		农大 3458（后取名 '农大 211'）通过北京市农作物品种审定委员会审定，并获国家植物新品种保护权
2008		'农大 211' 通过天津市农作物品种审定委员会品种认定
2009～2014		被北京市和天津市同时列为小麦政府补贴品种

三、'农大 211' 的育种理念

（一）强优势组合的利用

'农大 211' 的亲本组合是 '农大 3338' × 'S180'，该组合是中国农业大学在进行杂种小麦研究时测配出来的优势最强的组合。

（二）双亲的选择

父本 'S180' 是中国农业大学小麦育种组的高代品系，其亲本组成是 '冀麦 2号' × （'丰抗 13' × '08433'）。'S180' 表现高秆、晚熟，但丰产性很好。

母本 '农大 3338' 是中国农业大学培育的一个高产恢复系，其亲本是一个提型小麦恢复基因的累加组合：（'7660' × '小偃恢'）× [（'R5' × '矮东 3 号'）× （'京双 2 号' × '洛夫林 13'）]，其中 '7660' × '小偃恢' 来自河北藁城区农业科学研究所；'R5' 来自南斯拉夫，原产于美国，是带有茹科夫斯基小麦（AAAAGG）恢复源的提型不育系恢复材料。经过两次改良得到了（'R5' × '矮东 3 号'）× （'京双 2 号' × '洛夫林 13'）恢复系。这个恢复系农艺性状和丰产性表现都很好。

选择 '农大 3338' 作亲本的原因是 '农大 3338' 具有显性矮秆基因 $Rht21$，其后代植株高度稳定；对赤霉素反应迟钝；亲本和后代植株高度表现稳定，生长整齐，受环境影响小；一般配合力高，与其他品种配制组合的超标优势为 17.86%～42.74%；落黄好；抽穗和成熟都较早且繁茂。

（三）杂交育种后代处理方法的综合运用

1. 衍生系统法的应用　　衍生系统法，就是由一个杂交后代的 F_2 或 F_3 个体产生的后代群体，分别称为这个组合的 F_2 或 F_3 衍生系统。

在杂交育种中，一般是在杂交后代 F_3 系统中做出以下操作：①选择一些综合农艺性状和产量性状非常突出，且主要性状已经趋于稳定的株系进行正常的产量比较试验；②对于一些在产量性状表现突出的株系，进行小区产量比较试验，连续 3～5 年（代），此时的世代已经进入 F_6～F_8；③再进行一次单株或单穗选择，下一季种成株系或穗系；④从上述株系和穗系中选择优良的系统，继续参加产量比较试验，在试验中可以将原来的母系作为特殊的对照进行比较，选出更为优异的新系。

'农大 211' 是在原 '农大 3291' 的后代群体中选育成功的。'农大 3291' 是一个 F_3 系统，经过品种比较和繁殖，此杂合群体直接参加了小麦品种的区域试验，表现合格，通过了小麦品种管理机构的审定。所以，'农大 211' 的地区广适性与系谱法和衍生系统法的结合利用有一定关系。

2. 系统选择法的应用　　在 '农大 3291' 参加北京市区域试验的同时，对其进行了系统选育，从中选择出矮秆、高产、稳产、抗病品种 '农大 211'。

四、'农大 211' 的推广前景

2011 年，'农大 211' 的播种面积占到了北京市小麦总播种面积的 41.4%；2013 年，则占到了 62%。

第三节 小麦品种 '矮抗 58' 的选育

针对我国黄淮麦区小麦普遍存在的倒伏、冻害、旱害、病害等突出问题，河南科技学院开展了矮秆高产、多抗广适小麦新品种的选育及应用研究，育成矮秆高产、多抗广适、优质中筋小麦突破性品种 '矮抗 58'（审定名 '百农 AK 58'，简称 '矮抗 58'）。该品种成功地解决了小麦高产大群体易倒伏、矮秆品种易早衰、高产不优质、高产性与广适性难以结合的技术难题，实现了高产、稳产、矮秆抗倒不早衰、抗逆、抗病、适应性广、优质中筋、稳定性好等特性的有机结合，是近 30 年我国小麦育种取得的一项重大技术突破。自 2009 年以来，'矮抗 58' 连续多年被农业部列为全国主导品种。截至 2020 年 8 月，累计种植面积达 3 亿多亩，增产小麦 140 多亿千克，增效 300 多亿元，创造了巨大的经济效益和社会效益，为国家粮食核心区建设做出了重要贡献。

'矮抗 58' 属半冬性小麦品种，中熟，成熟期比对照 '豫麦 49' 晚 1d。幼苗半匍匐，叶色淡绿，叶短上冲，分蘖力强。株高 70cm 左右，株型紧凑，穗层整齐，旗叶宽大、上冲。穗纺锤形，长芒，白壳，白粒，籽粒短卵形，角质，黑胚率中等。平均亩成穗数 40.5 万，穗粒数 32.4 粒，千粒重 43.9g。苗期长势壮，抗寒性好，抗倒伏性强，后期叶功能好，成熟期耐湿害和高温危害，抗干热风，成熟落黄好。接种抗病性鉴定结果显示，'矮抗 58' 高抗条锈病、白粉病和秆锈病，中感纹枯病，高感叶锈病和赤霉病。田间自然鉴定结果显示，'矮抗 58' 中抗叶枯病。2004 年和 2005 年品质测定结果发现，'矮抗 58' 容重分别为 811g/L、804g/L，蛋白质（干基）含量分别为 14.48%、14.06%，湿面筋含量分别为 30.7%、30.4%，沉降值分别为 29.9mL、33.7mL，吸水率分别为 60.8%、60.5%，面团形成时间分别为 3.3min、3.7min，稳定时间分别为 4.0min、4.1min，最大抗延阻力分别为 212E.U.、176E.U.，拉伸面积分别为 40cm^2、34cm^2。

一、'矮抗 58' 的特征特性

（一）高产、稳产

'矮抗 58' 在 2003～2005 年两年国家黄淮冬麦区南部区域试验中比对照 '温麦 6 号'（'豫麦 49'）分别增产 5.36% 和 7.66%，且达极显著水平。2004～2005 年参加国家生产试验，平均亩产 507.6kg，比对照 '温麦 6 号' 增产 10.1%，居参试品种第一位。50 亩攻关田连续 4 年亩产超过 715kg，最高亩产 788.2kg；3 年 52 点次万亩生产示范基地平均亩产超 600kg（图 3-3，图 3-4）。2010 年鹤壁市 3 万亩连片平均亩产 611.6kg，创国内同面积高产纪录。

'矮抗 58' 亩成穗数 45 万左右，最高达 58.5 万；最大叶面积指数 11.59；旗叶光补

图 3-3 '矮抗 58'成熟期大田表现　　　　　图 3-4 '矮抗 58'抽穗期大田表现

偿点为 43.32μmol/（m^2·s）±4.46μmol/（m^2·s），光饱和点
为 1273.14μmol/（m^2·s）±15.93μmol/（m^2·s），最大光合速
率为 31.72μmol/（m^2·s）±0.62μmol/（m^2·s），群体光合速
率高；强光下日净光合速率/光合有效辐射强度日变化拟合系
数为 0.91，显著高于对照'温麦 6 号'的 0.59 和'周麦 18'
的 0.79；收获指数高达 0.50。

（二）矮秆抗倒不早衰

'矮抗 58'株高 70cm 左右，重心较低，茎秆坚韧，基部
机械组织发达，弹性好，生产应用至今从未发生大面积倒伏
现象；具有 *Rht-D1b*＋*Rht8* 矮秆基因组合（图 3-5）。

图 3-5 '矮抗 58'单株

'矮抗 58'根系生长速度快，根量大，水平和垂直根系均发达，耐旱耐湿，后期叶
功能好，抗干热风，成熟落黄好，不早衰，籽粒灌浆充分。

（三）抗逆、抗病、适应性广

'矮抗 58'有以下特点：①苗期长势壮，越冬期处于单棱或二棱期，抗冻能力强，
经受住了 2008～2009 年的大范围低温考验，在黄淮南部麦区安全越冬；拔节期处于雌
雄蕊分化—药隔形成阶段，抗晚霜冻能力强。②根系生长快，根量大。越冬期根深达
2.4m 以上，较对照品种同期根深增加 30～40cm，耐旱性强。2008～2009 年和 2010～
2011 年黄淮麦区分别遭遇严重的冬春连旱和长期低温，该品种受影响不明显，仍表现
高产、稳产。③综合抗病性好，高抗条锈、秆锈和白粉病，中抗纹枯病。携带抗条锈基
因 *YrZH84*，高抗白粉病流行小种 Bg1、Bg2、Bg4、E05、E09 和 E23。④早播无冻
害，晚播不晚熟，广泛适宜于河南中北部、安徽北部、江苏北部、陕西关中地区、山东
菏泽等麦区中高等水肥地、早中茬种植。

（四）优质中筋、品质稳定性好

'矮抗 58'籽粒饱满均匀，容重高，硬质白粒，高分子量麦谷蛋白亚基（HMW-
GS）组成为 1、7＋8、5＋10。据农业部种植业管理司有关中国小麦质量报告，其属优

质中筋品种，且品质稳定。该品种蒸煮品质好，2011 年农业部小麦质量现场鉴评面条评分为 88.0，为面条小麦第一名。

二、'矮抗 58' 的组合配制和选育过程

'矮抗 58' 亲本组合 ['周麦 11' × ('温麦 6 号' × '郑州 8960')] 于 1989 年配制。在选育过程中，对杂交后代分离群体连续采用多项逆境胁迫、定向选育，选育过程如下。

1996 年夏：以 '温麦 6 号' 为母本，'郑州 8960' 为父本进行第一次杂交。

1997 年夏：以 '周麦 11' 为母本，以单交组合 '温麦 6 号' × '郑州 8960' 的 F_1 为父本进行复交，组合编号为 '97（11）'。

1997～2002 年进行了以下操作。

1）连年极早播种，人为造成年前低温胁迫、纹枯病胁迫。

1997～2002 年连续多年于 9 月 25～30 日播种（比正常播种提前 10～15d），使杂交后代群体在低温来临之前快速发育，人为造成冬前纹枯病重发和越冬期低温危害，有利于选择抗寒和抗纹枯病的单株。

2）拔节期大肥大水，促进节间伸长，人为造成倒伏胁迫。

连续多年在小麦拔节期对杂交后代群体多浇水、多施肥，促进其基部 1、2 节间长度增加，有利于选择节间短粗的抗倒单株。

3）连续混合接种，创造田间高湿环境，人为造成病害胁迫。

对杂交后代群体进行条锈病、叶锈病多小种混合接种，形成多种病害暴发条件，有利于选择综合抗病性强的单株。

4）旱涝交替，人为造成土壤水分胁迫。

1997～2001 年，通过浇水调节，对杂交后代群体实施旱涝交替选择，有利于选择既耐旱又耐湿的单株。

5）对高代品系进行 pH 4.0～9.0 的水培处理，测定不同 pH 下叶片干重增长量和根长增长量，筛选出在 pH 6.5～9.0 环境中生长旺盛的优良品系。

6）对高代品系进行幼穗发育节律观察比较，选择与黄淮地区气候相吻合，具有"前慢、中稳、后快"发育节律的优异品系（单棱期—二棱中期为 82d；二棱末期—雌雄蕊分化期为 36d；药隔形成期—大小孢子形成期为 33d）。

2002～2003 年：品系比较试验，同时参加国家预试。

用系谱号为 '97（11）0-45-2-2'、上年田间区号为 '5245～5248' 的品系参加品种比较试验，在条锈病大发之年，抗病性表现突出；同时进行稀播繁殖，平均亩产494.5kg，较对照 '豫麦 49'（亩产 424.5kg）增产 16.5%，综合表现突出。按照田间种植区号及品种性状，将田间种植区号为 '5245' ～ '5248' 的品系定为 '矮抗 58'。

2003～2004 年：'矮抗 58' 参加国家黄淮南片区域试验（冬水 B 组），平均亩产574kg，比对照 '豫麦 49' 增产 5.36%，且达极显著水平。

2004～2005 年：'矮抗 58' 参加国家黄淮南片区域试验（冬水 B 组），平均亩产532.68kg，比对照 '豫麦 49' 增产 7.66%，且达极显著水平，居第一位。

2004～2005 年：'矮抗 58'参加国家黄淮南片生产试验（冬水 B 组），14 点汇总，14 点增产，平均亩产 507.6kg，比对照'豫麦 49'增产 10.07%，且达极显著水平，居第一位。

'矮抗 58'在国家区域试验中，表现出高产、抗倒伏、抗寒、抗病、广适性。2005 年 9 月，通过国家农作物品种审定委员会审定（国审麦 2005008）。

三、'矮抗 58'的育种理念

'矮抗 58'培育者运用"增穗壮秆强根系，优化品质聚抗性"的高产小麦育种策略，创造性地设计出了多性状聚合技术路线。

首先，以多穗大群体实现高产，以减少每排小穗籽粒数实现优质，解决"优质不高产，高产不优质"的矛盾。

在'矮抗 58'选育过程中，以亩成穗数为主导，连续选择小叶多穗类型，增加亩成穗数，提高丰产性。'矮抗 58'亩成穗数 45 万左右，最高可达 58.5 万，亩产潜力 700kg 以上。通过对小麦籽粒品质的长期研究发现，小麦穗子每排小穗基部的两个籽粒品质最好，第三个籽粒品质开始下降，第四个籽粒品质急剧下降。'矮抗 58'每排小穗一般为 2～3 个籽粒，保证了面粉品质。

其次，通过降低株高、提高茎秆质量、增强抗倒伏性、强化根系性状选择，解决矮秆易早衰问题。在培育过程中，将材料力学应用到农作物育种中，使小麦茎秆基部刚性强，上部弹性足，承压能力和抗扭曲能力足以支持 700kg 以上的亩产量。

在'矮抗 58'选育过程中，应用根系观察箱、根系观察墙和地下根系观察走廊，通过研究根系时空动态变化，选择出生长速度快、根量大、色泽鲜亮、水平根系和垂直根系均发达的根系类型。通过对地上植株性状和地下根系性状进行同步选择，培育出的'矮抗 58'根系活力好，后期叶功能好，成熟期耐湿害和高温危害，抗干热风，籽粒灌浆充分，解决了小麦矮秆品种易早衰的技术难题。

最后，通过聚合抗逆、抗病性状，增强广适能力。采用连年早播，利用自然逆境、人工模拟极端低温等方法连续多代选择幼苗抗寒能力强的品系；通过多病原混合接种鉴定，强化选择抗条锈病、白粉病、纹枯病等综合抗病性强的品系；通过水旱交替法和酸碱适应性鉴定法，选育出耐湿耐旱、对酸碱性土壤适应能力强的优良品系。聚合抗冻、抗病、耐旱等多种优良性状，优化优质基因组合，选择籽粒均匀一致的结实类型，增强高产品种'矮抗 58'的稳产性和广适性，解决了高产品种稳产性与广适性难以结合的技术问题。

（一）品种创新方案

根据黄淮麦区生态特点和品种需求，制定出"增穗壮秆强根系，优化品质聚抗性"高产小麦育种策略，即以多穗大群体实现高产；以降低株高、提高茎秆质量实现强抗倒伏性；强化根系性状选择，解决矮秆易早衰问题；选择优质基因及籽粒均匀一致的结实类型，提高品质及其稳定性；聚合抗逆、抗病性状，增强广适能力。综合运用主要病害接种诱发、连续多代旱涝交替鉴定选择、根系耐酸碱鉴定等多项逆境胁迫定向选育措施，实现优中选优。

（二）亲本选配

将育种目标落实到具体性状上：'矮抗 58'表现半冬性，中早熟，多穗，株高 70cm 左右，茎秆坚实，抗条锈病、纹枯病和白粉病，大田亩产 550～600kg，高水肥条件下具有亩产 700kg 的产量潜力。

根据优缺点互补原则，综合分析育种目标和亲本性状，在对'百农'系列小麦品种和黄淮小麦优异种质系谱分析及丰产性、抗倒性、抗非生物逆境、抗病性遗传规律研究的基础上，选用'百农 791'衍生的半冬性品种'温麦 6 号'（群体大、成穗率高、丰产性好、半矮秆）、'百农 3217'衍生的弱冬性旱地品种'郑州 8960'（小叶、抗冻、耐旱、广适性）和'南阳 75-6'衍生的春性早熟品种'周麦 11 号'（根系活力好、抗病、耐湿）复合杂交，构建分离大群体，打破不良性状连锁，实现多亲本优良性状聚合。'矮抗 58'系谱如图 3-6 所示。

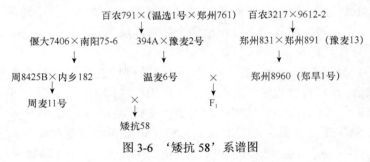

图 3-6 '矮抗 58'系谱图

四、'矮抗 58'的推广及应用前景

'矮抗 58'自 2005 年通过国家农作物品种审定委员会审定以来，在河南、安徽、江苏、陕西、山东菏泽等黄淮南部麦区广泛种植。自 2009 年以来连续多年被农业部推荐为黄淮麦区主导品种。据统计，截至 2020 年 12 月，利用'矮抗 58'作为重要亲本已育成品种 118 个，为黄淮麦区小麦遗传育种工作做出了突出贡献。

第四节 '内麦'系列品种的选育

2000 年前后，四川省内江市农业科学院针对生产上主栽品种条锈病抗性丧失、小麦白粉病抗源缺失等重大问题，及时引进、筛选和评价具有不同遗传背景、不同地理、生态远缘的抗源材料。有针对性地选择了具有抗条锈病 *Yr26* 基因、抗白粉病 *Pm21* 基因的普通小麦-簇毛麦 92R 系（南京农业大学创制）新种质，与四川本地优良种质资源杂交，育成以'内麦 8 号''内麦 9 号''内麦 836'等为代表的'内麦'系列品种。该系列品种具有丰产、多抗、优质的特征特性，是分子生物技术研究成果与常规育种技术深度融合的典范。内麦系列品种先后 11 次被列为四川省主导品种；'内麦 836'4 次被遴选为全国主导品种；成为西南冬麦区第六次品种更换的标志性品种。

一、品种简介

1.'内麦 8 号'　　春性，全生育期 180～185d，成熟期较对照'川麦 107'推迟 1d。幼苗直立，分蘖能力中上等。株高 77～88cm，平均株高 85.2cm，较'川麦 107'矮 6～9cm。平均亩成穗 22.1 万左右，穗长方形，小穗较密，长芒，白壳，籽粒长卵形，白皮，半硬质，穗粒数 46.0 粒，千粒重 47.11g。经中国农业科学院、四川省农业科学院植物保护研究所进行抗病性鉴定，发现其免疫条锈病、白粉病，中感赤霉病。经农业部（现农业农村部）谷物品质监督检验测试中心测定，品质性状表现为：容重为 765.5g/L，蛋白质含量为 13.8%，湿面筋含量为 33.3%，沉降值为 27.9mL，面团稳定时间为 3.25min；产量性状表现为分蘖力强，成穗率高，千粒重稳定，产量三要素协调，丰产、稳产性好，灌浆快，落黄转色好（图 3-7），易人工脱粒。

图 3-7　'内麦 8 号'品种

2002 年，'内麦 8 号'参加四川省区域试验，平均亩产 362.53kg，比对照'川麦 28'增产 38.98%。2003 年，'内麦 8 号'参加四川省区域试验，平均亩产 360.02kg，比对照'川麦 107'增产 9.62%。2003 年，'内麦 8 号'参加生产试验，平均亩产 335.88kg，比对照'川麦 107'（平均亩产 301.19kg）增产 11.52%。

最佳播期为 10 月底至 11 月 7 日，亩基本苗 12.0 万～14.0 万，注意防治蚜虫和赤霉病，九成黄收获。适宜四川平坝、丘陵、山区种植。

2.'内麦 9 号'　　春性，中熟，全生育期 190d 左右。幼苗直立，分蘖力较强，苗叶较窄，叶色淡绿，长势较旺盛（图 3-8）。株高 84cm 左右，植株较开张、整齐，成株叶片中等长宽、上冲。穗近棒形，长芒，白壳，白粒，籽粒粉质，较均匀，饱满。平均亩成穗 21.5 万，穗粒数 42.4 粒，千粒重 46.3g。抗病性鉴定：条锈病、白粉病免疫，中感赤霉病，高感叶锈病。经农业部谷物品质监督检验测试中心两次测定，品质性

图 3-8　'内麦 9 号'品种

状表现为：容重分别为 789.0g/L、776.0g/L，蛋白质（干基）含量分别为 12.0%、12.8%，湿面筋含量分别为 21.8%、24.3%，沉降值分别为 28.2mL、28.5mL，吸水率分别为 53.5%、53.1%，稳定时间分别为 2.8min、5.8min，最大抗延阻力分别为 488E.U.、443E.U.，拉伸面积分别为 109cm²、94.2cm²，属中筋小麦，适合加工面条。

2003～2004 年，'内麦 9 号'参加全国长江上游冬麦组品种区域试验，平均亩产 358.5kg，比对照'川麦 107'增产 4.2%。2004～2005 年，'内麦 9 号'继续参加全国长江上游冬麦组品种区域试验，平均亩产 368.8kg，比对照'川麦 107'增产 5.0%。2005～2006 年，'内麦 9 号'参加生产试验，平均亩产 359.3kg，比对照增产 1.84%。

立冬前后播种，每亩适宜基本苗 12.0 万～15.0 万，在较高肥水条件下栽培。适宜在长江上游冬麦区的四川、重庆、云南中部种植。

3. '内麦 10 号'（'杏麦 2 号'）　春性，全生育期与对照'川麦 107'相当，分蘖力中等，芽鞘绿色，叶色深绿，叶片上举，株高 80cm 左右（图 3-9）。穗长方形，长芒，白壳，白粒，半硬质。穗粒数 42.0 粒左右，千粒重 45.0g 左右。抗病性鉴定：高抗条锈病、白粉病，中感赤霉病。经农业部谷物品质监督检验测试中心鉴定，品质性状表现如下：容重为 776.0g/L，粗蛋白质含量为 15.5%，湿面筋含量为 30.4%，沉降值为 37.9mL，面团稳定时间为 4.9min，属中筋小麦。

图 3-9 '内麦 10 号'品种

2003 年，'内麦 10 号'参加四川省区域试验，平均亩产 343.3kg，比对照品种'川麦 107'增产 4.34%。2004 年，'内麦 10 号'继续参加四川省区域试验，平均亩产 318.9kg，比对照增产 5.55%。两年区试平均亩产 331.1kg，比对照增产 4.9%，21 个试验点中有 16 个试验点增产，增产试验点占总试验点的 76.2%。2004 年，'内麦 10 号'生产试验平均亩产 350.6kg，比对照增产 9.44%。

最佳播期为 10 月 28 日至 11 月 10 日，亩基本苗 12.0 万～14.0 万，穴播条播均可。适宜于四川平坝、丘陵、低山区种植。

4. '内麦 11'　春性，全生育期 183d 左右，成熟较早。幼苗直立，深绿色，分蘖力中等，叶较宽，叶耳紫色。株高 86cm 左右，旗叶长度中等、角度小。植株整齐，茎秆较粗壮，抗倒性好（图 3-10）。穗长方形，穗层整齐，长芒，白壳，籽粒白色，卵圆形，半角质，腹沟浅，饱满。每穗小穗数 20 个左右，穗粒数 43.0 粒左右，千粒重 48.0g 左右。2007 年，经农业部谷物及制品质量监督检验测试中心（哈尔滨）品质测定，平均容重为 778.0g/L，粗蛋白质含量为 14.16%，湿面筋含量为 27.9%，沉降值为 44.8mL，稳定时间为 4.4min。经四川省农业科学院植物保护研究所鉴定，高抗条锈病，中抗白粉病，高感赤霉病。

2005 年，'内麦 11'参加四川省小麦区域试验，平均亩产 381.0kg，比对照'川麦 107'增产 14.1%，增产极显著，10 点中 9 点增产。2006～2007 年，'内麦 11'继续参加区域试验，平均亩产 356.2kg，比对照'川麦 107'增产 12.1%，增产极显著，10 个试验点全部增产。2006～2007 年，'内麦 11'在双流、绵阳、资阳、射洪和达县 5 个试验点进行生产试验，平均亩产 355.7kg，5 个试验点全部增产，比对照'川麦 107'增产 8.6%。

图 3-10　'内麦 11'品种

适播期为 10 月底至立冬，亩基本苗控制在 12.0 万～14.0 万，加强对蚜虫和赤霉病的防治，九成黄收获。适宜四川平坝和丘陵地区种植。

5. '内麦 836'　　春性，中熟，全生育期 188d 左右。幼苗半直立，分蘖力较强，叶色绿，长势旺，冬季苗叶轻微黄尖。株高 79cm 左右，株型紧凑、整齐，成株叶片中等宽度、上冲（图 3-11）。茎秆弹性好，抗倒力强。穗层较整齐，结实性好。穗近棒形，长芒，白壳，白粒，籽粒半角质，较均匀，饱满。平均亩成穗 22.6 万，穗粒数 44.0 粒，千粒重 43.6g。抗病性鉴定：条锈病和白粉病免疫，慢叶锈病，中感赤霉病。2006 年、2007 年分别测定混合样如下：容重分别为 767.0g/L、772.0g/L，粗蛋白质（干基）含量分别为 12.74%、12.69%，湿面筋含量分别为 23.2%、26.1%，沉降值分别为 25.0mL、28.8mL，吸水率分别为 52.7%、53.6%，稳定时间分别为 3.6min、4.4min，

图 3-11　'内麦 836'品种

最大抗延阻力分别为 343E.U.、480E.U.，延展性分别为 15.6cm、14.2cm，拉伸面积分别为74.9cm^2、90.5cm^2。

2005～2006 年，'内麦 836'参加长江上游冬麦组品种区域试验，平均亩产量 387.9kg，比对照'川麦 107'增产 5.1%。2006～2007 年，'内麦 836'继续参加区域试验，平均亩产 395.27kg，比对照'川麦 107'增产 5.0%。2007～2008 年，'内麦 836'参加生产试验，6 点汇总，平均亩产 343.42kg，比当地对照品种增产 0.94%。

立冬前后播种，每亩适宜基本苗 12.0 万～15.0 万，在较高肥水条件下栽培，注意防治赤霉病。适宜在长江上游冬麦区的重庆、贵州（贵阳、毕节、遵义）、湖北襄樊地区、云南中部和甘肃陇南种植。

6.'内麦 316' 春性，全生育期 186d，与对照'绵麦 37'相当。幼苗半直立，旗叶长宽中等，生长势较旺，分蘖力中等，叶鞘蜡粉中等。株高 82cm 左右，株型中等，穗长方形，长芒，白壳，红粒，半角-粉质，籽粒卵圆形、饱满（图 3-12）。平均亩成穗 20.9 万，穗粒数 46.0 粒，千粒重 43.9g。2012 年农业部谷物及制品质量监督检验测试中心（哈尔滨）测定：平均容重为 794.5g/L，蛋白质含量为 14.32%，湿面筋含量

图 3-12 '内麦 316'品种

为 28.8%，沉降值为 48.5mL，稳定时间为 10.0min，达到强筋小麦标准。经四川省农业科学院植物保护研究所鉴定，中抗条锈病，高抗白粉病，中感赤霉病。

2010～2011 年'内麦 316'参加四川省小麦区域试验，平均亩产 367.7kg，比对照'绵麦 37'增产 3.6%，7 点中 5 点增产；2011～2012 年继续参加四川省小麦区域试验，平均亩产 384.2kg，比对照'绵麦 37'增产 4.3%，7 点中 4 点增产。两年平均亩产 375.9kg，比对照'绵麦 37'增产 3.9%。2012～2013 年生产试验，平均亩产 383.6kg，比对照'绵麦 37'增产 7.5%，4 点全部增产。

适宜早播，10 月底至立冬前播种为宜；每亩适宜基本苗 12 万～15 万，在较高肥水条件下栽培。抽穗开花期遇连续 3d 以上阴雨天气，应注意防治赤霉病。适宜在四川省平坝、丘陵地区种植。

二、'内麦 8 号''内麦 9 号''内麦 10 号''内麦 11''内麦 836''内麦 316'的组合配制和选育过程

（一）'内麦 8 号''内麦 9 号''内麦 10 号'的选育过程

'内麦 8 号''内麦 9 号''内麦 10 号'均由四川省内江市农业科学院于 1995 年 3 月开始杂交组配，采用系谱法，经 6 年 8 代选育而成。亲本组合为'绵阳 26 号'×'92R178'，选育过程见表 3-3。

表3-3　'内麦8号''内麦9号''内麦10号'选育过程

年份	世代	工作内容
1995年3月	'绵阳26'× '92R178'	以'绵阳26'为母本，南京农业大学创制的'92R178'材料为父本配制单交组合；5月得到F_1种子
1995年6月	F_1	F_1在昆明夏季加代，F_1田间表现很好；收获F_1植株上的种子（即F_2种子）
1996年5月	F_2	F_2群体于1995年11月播种，田间出现分离；根据育种目标性状要求于1996年5月选单株106个；按组合单株收获、考种，选留50个单株种子（F_3）
1997年5月	F_3	F_3群体于1996年11月播种，根据田间表现在群体内优选株系，在同一株系内优选单株，所获种子为F_4种子
1998年5月	F_4	F_4种子于1997年11月播种，次年5月收获，继续选株、选系，选中种子为F_5
1999年5月	F_5	当选系性状表现整齐一致，农艺性状、产量性状、抗病性状、丰产性均很好；田间行号：内2938、内4103和内4221
2000年5月	F_6	'内2938''内4103''内4221'群体抗病性鉴定：'内2938'为条锈、白粉病抗性近免疫，矮秆，平均植株高度在85cm，籽粒灌浆好，籽粒大小均匀，籽粒卵圆，硬度较高；'内4103'和'内4221'均表现为高抗条锈病和白粉病，中感赤霉病；'内4103'株型紧凑，株高87cm；'内4221'株型紧凑，株高80cm
2000年6月	F_7	所得群体于2000年6月在昆明夏季加代，继续选优提纯、扩繁
2001年5月	F_8	2000年11月，F_7种子在四川省内江市农业科学院内进行品种比较试验，抗病性和丰产性表现突出
2002年5月	F_9	2001年11月，'内4103'参加四川省小麦新品种区域试验；'内4103'及'内4221'继续选优提纯
2002年11月	F_{10}	'内4103'同时参加全国长江上游冬麦组品种区域试验及四川省小麦新品种区域试验；'内4221'参加四川省小麦新品种区域试验
2003年11月		2003年11月，'内2938'通过四川省农作物品种审定委员会审定，定名为'内麦8号'；'内4103'进入全国长江上游冬麦组品种区域试验续试；'内4103'和'内4221'同时进入四川省小麦新品种区域试验续试，并同步参加生产试验
2004年11月		'内4103'和'内4221'同时通过四川省小麦新品种审定，定名'内麦9号'和'内麦10号'；'内4103'参加全国长江上游冬麦组品种区域试验生产试验
2006年11月		'内麦9号'通过全国长江上游冬麦组新品种审定

（二）'内麦11'选育过程

'内麦11'系四川省内江市农业科学院于1998年3月开始杂交组配，采用系谱法，经6年7代选育而成。亲本组合为'品5'×'94-7'，选育过程见表3-4。

表3-4　'内麦11'选育过程

年份	世代	工作内容
1998年3月	自育品系'品5'× 重庆新品系'94-7'	以自育品系'品5'（含6VS/6AL易位系血缘）为母本，重庆市作物研究所培育的新品系'94-7'为父本配制单交组合；1999年5月得到F_1种子
1999年6月	F_1	F_1在昆明夏季加代，F_1田间表现很好；收获F_1植株上的种子（即F_2种子）
2000年5月	F_2	F_2群体于1999年11月播种，田间出现分离；根据育种目标性状要求于2000年5月优选单株86株
2001年5月	F_3	F_3群体于2000年11月播种，根据田间表现在群体内优选株系，在同一株系内优选单株，所获种子为F_4种子

续表

年份	世代	工作内容
2002 年 5 月	F_4	F_4 种子于 2001 年 11 月播种，次年 5 月收获，继续选株、选系，选中种子为 F_5
2002 年 6 月	F_5	当年，'内 2889' 在昆明夏季加代，种子为 F_6
2003 年 5 月	F_6	2002 年 11 月播种，田间编号 2889 性状表现整齐一致，农艺性状、产量性状、抗病性状、丰产性均很好
2003 年 6 月	F_7	所得群体于 2003 年 6 月在昆明夏季加代，继续选优提纯、扩繁
2004 年 5 月	F_8	2003 年 11 月，F_7 种子在四川省内江市农业科学院院内进行品比试验，抗病性和丰产性表现突出
2005 年 5 月	F_9	2004 年 11 月，参加四川省内江市农业科学院院内品比
2006 年 5 月	F_{10}	'内 2889' 参加四川省小麦新品种区域试验
2007 年 5 月		'内 2889' 参加四川省小麦新品种区域试验续试，并同步参加生产试验
2007 年 12 月		'内 2889' 通过四川省小麦新品种审定，定名 '内麦 11'

（三）'内麦 836' 育种过程

'内麦 836' 系四川省内江市农业科学院于 1996 年 4 月开始杂交组配，采用系谱法，经 6 年 7 代选育而成。亲本组合为 '内 5680' × '92R133'，选育过程见表 3-5。

表 3-5 '内麦 836' 选育过程

年份	世代	工作内容
1996 年 4 月	自育品系 '内 5680' × '92R133'	以自育品系 '内 5680' 为母本，重庆市作物研究所培育的新品系 '92R133' 为父本配制单交组合；5 月得到 F_1 种子
1996 年 6 月	F_1	F_1 在昆明夏季加代，F_1 田间表现很好；收获 F_1 植株上的种子（即 F_2 种子）
1997 年 5 月	F_2	F_2 群体于 1996 年 11 月播种，田间出现分离；根据育种目标性状要求于 1997 年 5 月优选单株 92 个，所获种子为 F_3 种子
1998 年 5 月	F_3	F_3 群体于 1997 年 11 月播种，根据田间表现在群体内优选株系，在同一株系内优选单株，所获种子为 F_4 种子
1999 年 5 月	F_4	F_4 种子于 1998 年 11 月播种，次年 5 月收获，继续选株、选系，选中植株种子为 F_5
2000 年 5 月	F_5	F_5 种子于 1999 年 10 月播种，次年 5 月收获，继续选株、选系，选中植株种子为 F_6
2001 年 5 月	F_6	2000 年 11 月播种，田间编号 2889 性状表现突出，矮秆，农艺性状、产量性状优，抗病性强，选中植株种子为 F_7
2001 年 6 月	F_7	所得群体于 2001 年 6 月在昆明夏季加代，继续选优提纯、扩繁，选中植株种子为 F_8
2002 年 5 月	F_8	2001 年 11 月，F_8 种子在四川省内江市农业科学院进行产量鉴定试验，抗病性和丰产性表现突出；新品系命名为 '内 2836'
2003 年 5 月	F_9	2002 年 11 月，'内 2836' 参加四川省内江市农业科学院院内品比
2004 年 5 月		2003 年 11 月，'内 2836' 参加四川省内江市农业科学院院内品比
2005 年 5 月		2004 年 11 月，'内 2836' 参加国家小麦新品种区域试验预备试验（长江上游组）

续表

年份	世代	工作内容
2006 年 5 月		2005 年 11 月,'内 2836'参加国家小麦新品种区域试验（长江上游组）
2007 年 5 月		2006 年 11 月,'内 2836'参加国家小麦新品种区域试验生产试验（长江上游组）
2008 年 5 月		2007 年 11 月,'内 2836'参加国家小麦新品种区域试验续试（长江上游组）
2008 年 12 月		'内 2836'通过国家小麦新品种审定,定名'内麦 836'

（四）'内麦 316'育种过程

'内麦 316'系四川省内江市农业科学院 2004 年 3 月杂交组配,采用系谱法,经 7 年 8 代选育而成。亲本组合为'R57'('川农 17 号')×'品 5'('绵阳 26'× '92R178'),选育过程见表 3-6。

表 3-6　'内麦 316'选育过程

年份	世代	工作内容
2004 年 3 月	'R57'× '品 5'	以四川农业大学培育品系'R57'('川农 17 号')为母本,自育新品系'品 5'('绵阳 26'×'92R178')为父本配制单交组合；5 月得到 F_1 种子
2004 年 6 月	F_1	F_1 在昆明夏季加代,F_1 田间表现很好；收获 F_1 植株上的种子（即 F_2 种子）
2005 年 5 月	F_2	F_2 群体于 2004 年 11 月播种,田间出现分离；根据育种目标性状要求于 2005 年 5 月优选单株 73 个,所获种子为 F_3 种子
2006 年 5 月	F_3	F_3 群体于 2005 年 11 月播种,根据田间表现在群体内优选株系,在同一株系内优选单株,所获种子为 F_4 种子
2007 年 5 月	F_4	F_4 种子于 2006 年 11 月播种,次年 5 月收获,继续选株、选系,选中植株种子为 F_5
2008 年 5 月	F_5	F_5 种子于 2007 年 10 月播种,次年 5 月收获,继续选株、选系,选中植株种子为 F_6
2009 年 5 月	F_6	2008 年 11 月播种,次年 5 月收获,继续选株、选系,选中植株种子为 F_7,田间编号 3416
2009 年 6 月	F_7	所得群体于 2009 年 6 月在马尔康夏季加代,继续选优提纯、扩繁,选中植株种子为 F_8
2010 年 5 月	F_8	2009 年 11 月,F_8 种子在四川省内江市农业科学院进行产量鉴定试验,抗病性和丰产性表现突出；新品系命名为'内 3416'
2011 年 5 月		2010 年 11 月,'内 3416'参加四川省小麦新品种区域试验（第一年）
2012 年 5 月		2011 年 11 月,'内 3416'参加四川省小麦新品种区域试验（第二年）
2013 年 5 月		2012 年 11 月,'内 3416'参加四川省小麦新品种区域试验生产试验
2013 年 12 月		'内 3416'通过四川省小麦新品种审定,定名'内麦 316'

三、'内麦 8 号''内麦 9 号''内麦 10 号''内麦 11''内麦 836' '内麦 316'的系谱

'内麦 8 号''内麦 9 号''内麦 10 号'系谱见图 3-13。

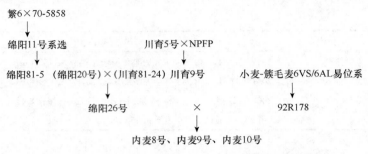

图 3-13 '内麦 8 号''内麦 9 号''内麦 10 号'系谱图

'内麦 11'系谱见图 3-14。

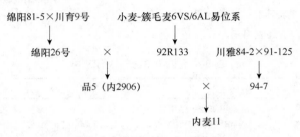

图 3-14 '内麦 11'系谱图

'内麦 836'系谱见图 3-15。

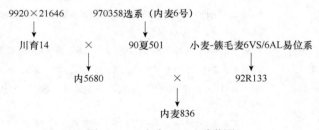

图 3-15 '内麦 836'系谱图

'内麦 316'系谱见图 3-16。

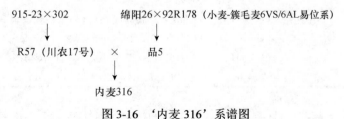

图 3-16 '内麦 316'系谱图

四、'内麦'系列品种的育种理念

（一）选育目标及技术方案

在四川省及长江上游冬麦区，冬小麦生长期间的气候特点是寡照、多湿及易发生冬干春旱等，导致小麦病虫害，特别是条锈病发生较重。四川省内江市农业科学院针对小麦生产中主栽品种单一化、遗传基础狭窄、抗性基因类型少等问题。选择以培育丰、抗、优小麦品种为目标。根据选育目标，育种单位在技术路线上，将分子生物学技术与常规育种技术相结合，以本地优良品种为杂交亲本，采用多种常规育种技术集合而成的强化定向选育方法，通过导入抗性基因、优质基因，培育集抗病、优质、高产"三位一体"的小麦新品种。

（二）选育新理念

采用单交、滚动回交、复交等多种杂交方式并行，选育以抗条锈病、抗白粉病并重，坚持优中选优、连续选优的选育方法，引领双抗品种的选育。具体做法如下。

1. 准确定位育种目标　根据西南麦区地形复杂多样，寡照、多湿、季节性干旱、病虫害发生重等生态条件，提出"需求为先导，丰产为基础，多抗为重点，广适为原则"的育种思路；针对四川丘陵区土地瘠薄、小麦盛行套作的种植特点，确立"丰产、多抗、广适"品种为理想选育目标。

2. 多种杂交方式并行　采用单交、滚动回交、复交等多种杂交方式同时进行，以'绵阳 26''94-7''品 5'等本地优良品种（系）为受体，导入抗性基因、优质基因，采用多种常规育种技术集合而成的强化定向选育方法，筛选丰、抗、优结合体，构建突破性抗病、优质、高产小麦新品种。

3. 条锈病、白粉病抗性育种并重　对西南冬小麦最重要的两个病害条锈病、白粉病在育种上同等重视，选育抗条锈兼抗白粉病的后代材料，成功育成了'内麦 9 号''杏麦 2 号'（'内麦 10 号'）'内麦 11''内麦 836''内麦 316'等'内麦'系列抗条锈病、抗白粉病品种，引领小麦兼抗品种的选育。四川小麦兼抗条锈病、白粉病品种从 1996～2002 年的 28.6%，上升到 2003～2015 年的 58.8%。

4. 多环境定向胁迫选择　综合运用多种育种技术和方法在多环境条件下定向胁迫选择。将选种圃设在早晚雾气缭绕、湿度大的四川沱江河畔，12 月、2 月两次人工接种条锈病病菌，确保条锈病、白粉病发病充分，为选育抗性材料创造良好条件。世代选育过程中，紧盯植株后期叶片干叶尖的抗性标志性状，结合农艺性状的选择，坚持优中选优、连续选优，选择优良单株、株系；坚持在旱作坡地、坝地、沙土、稻作两季田、云贵高原等不同环境条件鉴评新品系。

五、'内麦'系列品种的推广成果

'内麦'系列品种高抗条锈病、白粉病，丰产性好，品质较优，矮秆大穗，尤适于四川丘陵区套作麦种植，深受群众欢迎。2004～2014 年，'内麦'系列品种连续 15 次被推荐为四川省主导（重点）品种及全国（西南区）主导品种。其中'内麦 836'被农业部推荐为 2011 年全国（西南区）主导品种。其中'内麦 11'被农业部推荐为 2010 年、2012 年和 2013 年全国（西南区）主导品种；'内麦 836'被农业部推荐为 2011 年全国（西南区）主导品种。程顺和院士等专家鉴定委员会鉴定评价认为，'内麦'品种研究整体达到国际先进水平，其中抗性基因利用方面达到国际领先水平。目前育成的'内麦'系列 6 个品种（2 个国审）均达到高产、双抗（条锈病、白粉病）水平。在省内外累计推广达 5000 万亩，增收 20 亿元，取得了显著的社会、经济和生态效益。已获省部级以上成果奖项 6 项，其中获国家发明奖 1 项。

主要参考文献

刘庆昌. 2015. 遗传学. 3 版. 北京：科学出版社.

孙其信. 2011. 作物育种学. 北京：高等教育出版社.

张天真. 2003. 作物育种学概论. 北京：中国农业出版社.

庄巧生. 2003. 中国小麦品种改良及系谱分析. 北京：中国农业出版社.

Chahal GS, Gosal SS. 2002. Principles and Procedures of Plant Breeding. Pangbourne: Alpha Science International Ltd.

第四章 作物回交育种的理论基础及其育种案例分析

回交是一种特殊的杂交方式，是改进作物品种质量性状的一种有效方法。当品种 A 有良好的产量潜力，但个别质量性状存在的缺陷可能影响其推广应用时，可选择具有品种 A 所缺性状的另一品种 B 和品种 A 杂交，F₁ 及以后各世代不断用品种 A 进行多次回交和选择，拟改进的质量性状通过回交后代选择得以保持，品种 A 原有的优良性状通过回交而回复，最终获得既保留了品种 A 产量潜力，原有缺陷性状又得到改良的新品种。

作物回交育种在我国作物新品种选育中起了非常重要的作用。近 20 年来，获国家科学技术进步奖的 18 个小麦品种中，涉及回交遗传改良的有 3 个，"三系"杂交水稻在生产上的利用与水稻"野败"的发现及其和栽培稻的回交转育密切相关，甜玉米、糯玉米等特用玉米自交系的选育也用到回交育种。

在作物回交育种程序中，用于多次回交的亲本称为轮回亲本（recurrent parent），因其也是目标性状的接受者，又称受体亲本（receptor）；只在第一次杂交时应用的亲本称为非轮回亲本（non-recurrent parent），它是目标性状的提供者，又称供体亲本（donor）。

回交方式可表示为：$[(A \times B) \times A] \times A \cdots \cdots$ 或 $A^n \times B$ 等，式中，A 为轮回亲本，B 为非轮回亲本。另外，常用 BC_1、$BC_2 \cdots \cdots$ 分别表示回交 1 次、2 次 $\cdots \cdots BC_1F_1$、BC_1F_2 分别表示回交 1 次的 F_1 代和回交 1 次的 F_2 代。

第一节 作物回交育种的理论基础

一、回交群体中纯合基因型比例

不论自交还是回交，随着自交或回交世代的增加，自交或回交后代群体中纯合个体的比例越来越高。自交或回交后代群体纯合个体的比例可以表示为 $[1-(1/2)^m]^n$，式中，m 代表自交或回交的世代数；n 代表杂种 F_1 的杂合基因对数。但是，自交和回交后代群体中纯合基因型的组成是不同的。在自交后代群体中，纯合基因型是 F_1 杂合等位基因的所有组合，即 F_1 中有 n 对杂合基因，后代会分离出 2^n 种纯合体；而在回交后代群体中，所有纯合体都是轮回亲本的基因型，这是由非轮回亲本的基因在回交过程中不断被轮回亲本取代导致的。以一对杂合基因 Aa 为例，自交所形成的纯合基因型是 AA 和 aa；而回交 $Aa \times AA$ 后代群体中，纯合基因型只有一种 AA，即为轮回亲本的基因型。自交 F_4 群体中，AA 或 aa 两种纯合基因型个体所占比例各为 43.75%；而育种进程相同的 BC_3F_1 中，AA 纯合基因型个体所占比例就达 87.5%，这说明回交比自交控制某种基因型比例的效果要好得多。

二、回交群体中轮回亲本基因回复频率

轮回亲本和非轮回亲本杂交形成的杂种 F_1，双亲的基因频率各占 50%。以后杂交后代每与轮回亲本回交一次，轮回亲本的基因频率在原有基础上增加 1/2；而非轮回亲本的基因频率相应地有所降低。在某一个回交世代群体中，非轮回亲本的基因频率可用 $(1/2)^{m+1}$ 来推算；相应的轮回亲本的基因频率可用 $1-(1/2)^{m+1}$ 来推算，各世代群体轮回亲本基因回复频率的推算如表 4-1 所示。

表 4-1　各世代群体轮回亲本基因回复频率

回交世代	基因频率/%	
	轮回亲本	非轮回亲本
F_1	50	50
BC_1	75	25
BC_2	87.5	12.5
BC_3	93.75	6.25
BC_4	96.875	3.125
BC_5	98.4375	1.5625
⋮	⋮	⋮
BC_m	$1-(1/2)^{m+1}$	$(1/2)^{m+1}$

轮回亲本基因回复频率计算的是所有位点的等位基因频率，与群体内纯合基因型比例是不同的两个概念。例如，轮回亲本（$AABB$）和非轮回亲本（$aabb$）存在 2 对基因的差异，BC_1F_1 群体中会出现比例相同的 4 种基因型：$AABB$、$AABb$、$AaBB$、$AaBb$；16 个等位基因中，有 12 个轮回亲本的等位基因，占 75%，符合公式 $1-(1/2)^{m+1}$ 的计算结果；但 4 种基因型中，只有 1 种与轮回亲本具相同的纯合基因型，与公式 $[1-(1/2)^m]^n$ 的计算结果相符。公式 $[1-(1/2)^m]^n$ 的推算结果如表 4-2 所示。

表 4-2　回交各世代群体中纯合基因型比例（%）

回交世代	等位基因对数										
	1	2	3	4	5	6	7	8	10	12	21
1	50.0	25.0	12.5	6.3	3.4	1.6	0.6	0.4	0.1	0.0	0.0
2	75.0	56.3	42.2	31.6	23.7	17.8	13.4	10.0	5.6	3.2	0.2
3	87.5	76.6	67.0	58.6	51.3	44.9	39.3	34.4	26.3	20.1	6.1
4	93.8	87.9	82.4	77.2	72.4	67.9	63.6	59.6	52.4	46.1	25.8
5	96.9	93.9	90.9	88.1	85.3	82.7	80.1	77.6	72.8	68.4	51.4
6	98.4	96.9	95.4	93.9	92.4	91.0	89.6	88.2	85.8	82.8	71.9
7	99.2	98.5	97.7	96.9	96.2	95.4	94.7	93.9	92.5	91.0	89.6
8	99.6	99.2	98.8	98.4	98.1	97.7	97.3	96.9	96.2	95.4	92.1
9	99.6	99.6	99.4	99.2	99.0	98.7	98.5	98.3	97.9	97.5	95.7

三、回交消除不利基因连锁的概率

上述回交世代群体纯合基因型回复频率是在基因独立遗传的情况下推算出的结果，实际上，回交转移的常常是含有目标基因的染色体片段。非轮回亲本的目标基因与非目标基因不可避免地会存在一定强度的连锁。假如待转移的目标基因 A 与非目标基因 b 连锁，轮回亲本 $aaBB$ 与非轮回亲本 $AAbb$ 杂交产生 F_1（aB/Ab），F_1 回交于 $aaBB$，在回交后代选择含有 A 基因的植株继续回交。在这一过程中，因为连锁关系的存在，b 基因也会随之传递到后代中。如果不对 b 基因进行选择，可以根据 Pateman 和 Lee（1960）给出的公式计算回交消除 b 基因的概率 q。

$$q=1-(1-p)^{m+1}$$

式中，p 是连锁基因的重组率；m 是回交次数。可以计算出回交 5 代和自交 5 代群体中非目标基因消除的概率（表 4-3）。

表 4-3　回交和自交后代非目标基因消除的概率

重组率	消除非目标基因的概率	
	回交 5 代	自交 5 代
0.50	0.98	0.50
0.20	0.74	0.20
0.10	0.47	0.10
0.02	0.11	0.02
0.01	0.06	0.01
0.001	0.006	0.001

由表 4-3 可以看出，在不加选择的情况下，通过回交消除不利基因连锁的概率，明显高于通过自交消除不利基因连锁的概率。即使不存在连锁，回交 5 代比自交 5 代消除不利基因的概率也要高近 1 倍；存在连锁的情况下，回交的效果就更为明显。因为要通过交换打破 Ab 间的连锁，只有在双杂合基因型 Ab/aB 中才是可能的。在回交育种中，选择具有 A 基因的个体与轮回亲本 $aaBB$ 连续回交，这样会不断产生杂合基因型，从而增加了 AB 型交换配子发生的概率。而在自交群体中，每自交一代，杂合基因型就减少 50%，也就降低了交换的可能。

但要对连锁的不利基因进行选择时，自交的效率就要高于回交。因为连续回交导入的轮回亲本的显性等位基因抑制了隐性基因的表达，需要自交一次使其显现后才能将其淘汰。

第二节　作物回交后代的选择方法

在进行作物回交后代选择时，根据控制转育性状基因的不同，如显性基因控制、隐性基因控制、数量性状基因控制等，回交后代的处理有所不同。对于显性单基因控制性状的回交转育，在回交后代选择含有目标性状的个体继续回交；对于隐性单基因控制性状的回交转育，一般采用回交和自交结合的方法，也可采用共显性分子标记辅助选择的方法；对于微效多基因控制的数量性状的回交转育，需要首先找到控制该性状的主效QTL，然后通过分子标记辅助选择目标QTL的方法。

根据转育的性状不同，如植株性状、胚乳性状、雄性不育性状等，回交后代选择方法和回交方式有所不同。对于植株性状的回交转育，可在回交后代群体中，通过对植株性状的选择完成；对于胚乳性状的回交转育，则在收获籽粒后，通过对籽粒胚乳性状选择完成；对于雄性不育性状的回交转育，在回交后代选择的雄性不育单株只能作母本继续回交。

一、显性单基因控制性状的回交转育

如果要转育的性状是由显性单基因控制，在回交过程中，转育的性状容易识别，回交比较容易进行。例如，想通过回交把抗病基因（RR）转移到一个具有很好的适应性、但不抗病的 A（rr）品种中去，可将品种 A 作为轮回亲本与非轮回亲本 B（RR）杂交，杂交 F_1 再与轮回亲本 A 进行回交。在 F_1 中前景（抗病性）基因型是杂合的（Rr），将 F_1 回交于品种 A，BC_1F_1 将分离出两种基因型（Rr 和 rr）。抗病（Rr）植株和感病（rr）植株在接种条件下很容易区别。选择抗病植株（Rr）与轮回亲本 A 继续回交，回交后代仍会发生抗、感分离，如此连续进行多次回交，直到背景性状（适应性和高产性状等）回复为与轮回亲本 A 接近的世代。这时分离出的抗病植株仍是杂合的（Rr），必须自交一代到两代才能获得基因型纯合的稳定抗病植株（RR）。显性单基因控制性状的回交转育过程如图 4-1 所示。

二、隐性单基因控制性状的回交转育

如果要导入的性状是由隐性单基因控制，需对上述育种程序做适当的修改，以保证可以鉴定出携带隐性基因的目标个体。导入隐性抗病基因的回交程序如图 4-2 所示。

图 4-2 中，轮回亲本 A（RR）与非轮回亲本 B（rr）杂交产生 F_1（Rr），虽然 F_1 植株全部感病，但控制目标性状的基因（r）存在其中，可以直接与轮回亲本回交产生 BC_1F_1。BC_1F_1 中会分离出 2 种基因型 RR 和 Rr，全部感病，此时无法鉴定哪个单株含有目标基因，但可以通过自交产生 BC_1F_2 群体。自交后代分离出隐性纯合基因型单株，使目标性状得以显现，这时可选择抗病株继续与轮回亲本回交产生 BC_2F_1。BC_2F_1 仍然是杂合感病基因型，不需自交，直接与轮回亲本继续回交产生 BC_3F_1。BC_3F_1 与 BC_1F_1 一样分离出的 2 种基因型，全部感病，必须经过自交鉴定后才能继续回交。经过如此几轮的循环操作，直至适宜的回交代数，再经一次自交便可以鉴定出纯合抗病株。

与显性单基因控制性状的回交转育相比，同样是回交 4 次，但隐性单基因控制性状的回交转育需要在 BC_1 和 BC_3 各增加 1 代自交；隐性纯合基因型的鉴定只要 1 代自交就可以完成，比显性纯合基因型的鉴定又节省 1 代时间。因此，对于隐性单基因控制性状的回交转育，回交 4 次所用时间比显性单基因控制性状的回交转育多 1 个生长季。

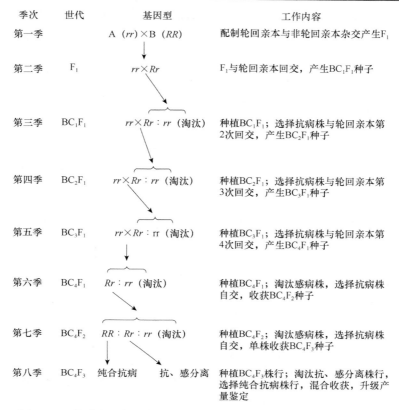

季次	世代	基因型	工作内容
第一季		A（rr）×B（RR）	配制轮回亲本与非轮回亲本杂交产生F₁
第二季	F₁	rr×Rr	F₁与轮回亲本回交，产生BC₁F₁种子
第三季	BC₁F₁	rr×Rr∶rr（淘汰）	种植BC₁F₁；选择抗病株与轮回亲本第2次回交，产生BC₂F₁种子
第四季	BC₂F₁	rr×Rr∶rr（淘汰）	种植BC₂F₁；选择抗病株与轮回亲本第3次回交，产生BC₃F₁种子
第五季	BC₃F₁	rr×Rr∶rr（淘汰）	种植BC₃F₁；选择抗病株与轮回亲本第4次回交，产生BC₄F₁种子
第六季	BC₄F₁	Rr∶rr（淘汰）	种植BC₄F₁；淘汰感病株，选择抗病株自交，收获BC₄F₂种子
第七季	BC₄F₂	RR∶Rr∶rr（淘汰）	种植BC₄F₂；淘汰感病株，选择抗病株自交，单株收获BC₄F₃种子
第八季	BC₄F₃	纯合抗病　　抗、感分离	种植BC₄F₃株行；淘汰抗、感分离株行，选择纯合抗病株行，混合收获，升级产量鉴定

图 4-1　显性单基因控制性状（以抗病性为例）的回交转育程序示意图

针对上述 BC₁ 和 BC₃ 无法鉴定哪个单株含有目标基因的问题，也可通过边自交边回交的方法将多出的 1 个生长季节省下来。在 BC₁F₁ 群体中，有 1/2 的植株（Rr）含有目标基因，在将所选单株与轮回亲本回交的同时，让所选单株自交，分别收获每一单株的自交种子和回交种子，下一季成对种植成株行，并鉴定抗病性，全部感病的自交株行与对应的回交株行全部淘汰；自交株行抗病性出现分离的，其对应的回交株行保留下来，进行下一代的回交。当然，这种办法大大增加了回交的工作量。

如果结合分子标记辅助选择技术，借助分子标记对隐性基因进行鉴定，也可以省掉自交鉴定环节，实现隐性基因的连续回交转育。

三、数量性状的回交转育

当用回交方法导入数量性状基因时，回交工作能否成功，以及回交工作进展的难易受两个因素影响：一是控制目标性状的基因数目，二是环境对基因表现的作用。

随着控制目标性状基因数目的增加，回交后代出现目标性状基因型的比例势必降低，所以回交后代必须有足够大的群体。回交能否成功取决于对每一回交世代基因型的准确鉴定。当环境条件对性状的表现有明显影响时，鉴定便比较困难。在这种情况下，最好回交一次后接着就自交一次，并对 BC₁F₂ 群体进行选择。因为要转育的目标性状基因有的已处于纯合状态，比完全呈杂合状态的 BC₁F₁ 个体更容易鉴别。

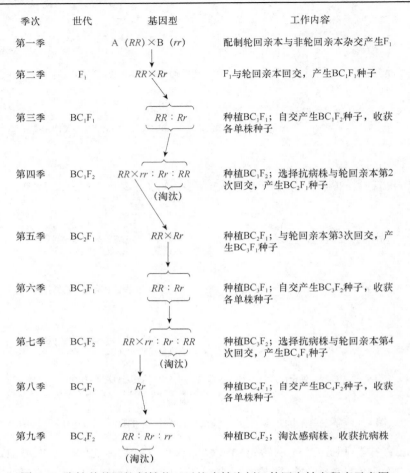

季次	世代	基因型	工作内容
第一季		A（RR）×B（rr）	配制轮回亲本与非轮回亲本杂交产生F₁
第二季	F₁	RR×Rr	F₁与轮回亲本回交，产生BC₁F₁种子
第三季	BC₁F₁	RR：Rr	种植BC₁F₁；自交产生BC₁F₂种子，收获各单株种子
第四季	BC₁F₂	RR×rr：Rr：RR （淘汰）	种植BC₁F₂；选择抗病株与轮回亲本第2次回交，产生BC₂F₁种子
第五季	BC₂F₁	RR×Rr	种植BC₂F₁；与轮回亲本第3次回交，产生BC₃F₁种子
第六季	BC₃F₁	RR：Rr	种植BC₃F₁；自交产生BC₃F₂种子，收获各单株种子
第七季	BC₃F₂	RR×rr：Rr：RR （淘汰）	种植BC₃F₂；选择抗病株与轮回亲本第4次回交，产生BC₄F₁种子
第八季	BC₄F₁	Rr	种植BC₄F₁；自交产生BC₄F₂种子，收获各单株种子
第九季	BC₄F₂	RR：Rr：rr （淘汰）	种植BC₄F₂；淘汰感病株，收获抗病株

图 4-2 隐性单基因控制性状（以抗病性为例）的回交转育程序示意图

数量性状还会涉及许多遗传力低的微效基因。采用回交法在转育供体亲本的目标性状时，很难保证将相关微效基因全部转移过来，使得回交后代的目标性状表现很难达到供体亲本的水平。因此，在选择供体亲本时，要尽可能选择目标性状比预期要求表现更强的材料，这样才有可能使目标性状在回交过程中即使有所损失还能保持在可以接受的水平。

数量性状回交转育的一般步骤如下。

第一季：轮回亲本与非轮回亲本杂交，得到 F₁ 种子。

第二季：种植 F₁，F₁ 与轮回亲本回交，注意要获得足够量的 BC₁F₁ 种子。

第三季：种植 BC₁F₁ 群体，选择目标性状突出的单株自交（因为只有这样的个体才可能含有更多的目标基因），收获当选单株的自交种子（BC₁F₂）。

第四季：种植 BC₁F₂ 群体，根据目标性状和轮回亲本性状对单株进行鉴定，选择目标性状突出，同时又与轮回亲本相似的单株，按单株分别收获 BC₁F₃ 种子。

第五季：种植 BC₁F₃ 株行，根据目标性状和轮回亲本性状鉴定各株行，选择目标性状突出，同时又与轮回亲本相似的株行中的优良单株，与轮回亲本回交产生 BC₂F₁ 种子。如果待转移的性状无法在开花前鉴定，就要多选单株进行回交，株行鉴定结束后，再保留符合要求的回交种子。

第六季：种植 BC_2F_1，BC_2F_1 与轮回亲本回交产生 BC_3F_1 种子。

第七季及以后：种植 BC_3F_1 群体，重复第三、四、五季的工作，可以得到 BC_4F_1 种子。鉴定 BC_4F_2、BC_4F_3 的表现，针对目标性状和轮回亲本性状选择符合要求的 BC_4F_3 株系，便可以获得目标性状改良的轮回亲本。如果 BC_4 之后还需回交，就可以不必与 BC_1、BC_3 一样再做 F_2、F_3 的鉴定了。

在 BC_1、BC_3 之后进行 F_2、F_3 的鉴定选择，有利于目标性状基因的聚合及与轮回亲本性状的重组，同时也可以避免依靠大量的杂交来获得数量性状转移所需的大群体。

第三节　小麦品种'金禾9123'的选育

'金禾 9123'是分别通过国家黄淮北片、南片审定的优良小麦品种，且是优良的小麦育种亲本。'金禾 9123'是河北省农林科学院遗传生理研究所在发明"一年多代的植物快速育种技术"（ZL 99100489.2）时，以'石 4185'为轮回亲本，以'92R137'为目标性状供体亲本，通过杂交、5 代回交、多代自交（4 代后进入田间评价）选育成的遗传基础好、抗白粉病性状突出的小麦品种。亲本组合为（'石 4185'×'92R137'）×'石 4185'^{5}，既保持了'石 4185'的高产、稳产、广适性、节水等特性，又具有'92R137'的抗白粉病基因 $Pm21$，还在千粒重、耐旱性、丰产性、养分利用效率等方面获得了显著改进和提升。2008 年，'金禾 9123'通过国家冬小麦黄淮北片水地审定（国审麦 2008012）；2012 年，'金禾 9123'通过国家冬小麦黄淮南片水地审定（国审麦 2012008）。适宜在黄淮冬麦区的河北中南部、山东全部、山西南部、河南中北部、安徽北部、江苏北部、陕西关中地区水地种植。

一、'金禾9123'的特征特性

'金禾 9123'属半冬性中晚熟品种，成熟期比对照'石 4185'晚熟 1.4d，耐晚播，节水耐旱，肥料利用率高，田间长相好。幼苗半匍匐，叶色深绿，前期长势好，春季发育快，分蘖力较强，成穗率较高。株高 75cm 左右，株型紧凑，茎秆较粗，弹性好，抗倒性好。叶片宽大，旗叶上举，有干尖。穗层整齐，穗中大，呈长方形，长芒、白壳、白粒，籽粒半硬质，较饱满，籽粒均匀度一般。亩成穗 40 万～45 万，穗粒数 34～38 粒，千粒重 42～44g。后期耐高温，落黄一般，但好于'石 4185'。免疫白粉病，中抗秆锈病，中感纹枯病，中感至高感叶锈病，高感条锈病、赤霉病，抗寒性中等。农业部谷物品质监督检验测试中心品质测定（2007 年、2008 年、2010 年和 2011 年共 4 年）如下：容重为 766～788g/L，粗蛋白质含量（干基）为 13.26%～14.53%，湿面筋含量为 31.1%～33.2%，硬度指数为 58.0～63.8，沉降值为 18.3～24.0mL，吸水率为 54.5%～56.4%，稳定时间为 1.2～1.9min。

二、'金禾 9123' 的组合配制和选育过程

（一）亲本选配

'石 4185'：由石家庄市农林科学研究院用太谷核不育轮回群体，将'植 8094''豫麦 2 号''冀麦 26'聚合杂交，然后系选而成，出圃代号为'90-4185'（F_4）。1997 年 1 月，'石 4185'通过河北省农作物品种审定委员会审定（冀审麦 97001 号）；1999 年 9 月，'石 4185'通过农业部国家农作物品种审定委员会审定（国审麦 990007）；2001 年，'石 4185'通过河南省农作物品种审定委员会审定（豫审麦 2001004 号）。'石 4185'属半冬性中早熟冬小麦品种。幼苗半匍匐，分蘖力较强，亩成穗多。耐寒、耐旱，耐盐碱，抗干热风，熟相较好。株高 75cm 左右，茎秆韧性好，抗倒伏能力强。长芒，白壳，纺锤穗，穗长 8cm 左右，穗粒数 33 粒左右。白粒，半硬质，千粒重 38g 左右，籽粒饱满，光泽好，容重 790g/L。高感白粉病。

'92R137'：由南京农业大学以普通小麦'扬麦 158'与簇毛麦远缘杂交后育成的 6VS-6AL 高代易位系。'92R137'属半冬性中晚熟品种。幼苗半匍匐，叶色浅绿，叶片宽大下披，分蘖力中等，抗寒性一般。株高 82cm 左右，穗层整齐，长芒，黑壳，纺锤穗，穗粒数 36 粒左右。白粒，半硬质，千粒重 42g 左右。含有完全显性抗白粉病基因 *Pm21*，对白粉病主要生理小种表现免疫。

（二）选育过程

1. 快速育种阶段　1997 年，以'石 4185'为母本、'92R137'为父本进行有性杂交；然后用'石 4185'连续回交 5 代、自交 3 代。具体做法是：杂交授粉 10～15d 后，取其幼胚进行离体培养，调整培养基成分促其直接萌苗和快速发育；萌苗 3d 后置于 6～8℃进行 25～30d 的绿体春化处理；然后将麦苗移植于温室花盆中，通过对盆中基质、营养成分、水分和温室温度、湿度、光照等因素进行理化调控，促进和加速植株生长发育；抽穗后去雄，以'石 4185'为轮回亲本进行回交，将回交幼胚离体培养直接萌苗、绿体春化、移栽于温室花盆生长、适时再回交，如此往复，连续回交 5 代，在每个回交世代进行分子鉴定（特别是 *Pm21* 基因）选择。自交时也按照"离体培养＋理化调控＋分子鉴定"的方法进行加速，得到 BC_5F_2 后从中选择抗病单株，再进行一次自交（BC_5F_3）并鉴定出纯合抗病株。

2. 田间选择阶段　选取 BC_5F_3 中抗病性纯合的株系于 1999 年秋在河北省农林科学院院内试验地种成 BC_5F_4 群体，行距 30cm，株距 10cm，规模 1 万株；2000 年夏，于小麦收获前依据农艺性状和抗病性进行田间选择；经室内考种后入选 325 个单株。

入选单株种子（BC_5F_5）分为两份，于 2000 年秋在河北省农林科学院院内试验地、河北省农林科学院鹿泉大河试验站种成株行，行长 5m，行距 25cm，株距 7cm（以后世代的种植方式与此相同）。依据两地的表现，在评价株行抗病性、丰产性等农艺性状的基础上选择单株，夏季收获，并经室内考种入选 445 个单株。

入选单株种子（BC_5F_6）于 2001 年秋仍在河北省农林科学院院内试验地和大河试

验站两地同时种植，在对株行综合农艺性状进行遗传稳定性评价的基础上进一步选择单株。2002 年夏季，收获并经室内考种入选 600 个单株。

入选单株种子（BC$_5$F$_7$）于 2002 年秋季，在大河试验站种成株行，在对株行综合农艺性状及其遗传稳定性进行综合评价的基础上进行决选。2003 年夏季，筛选出 102 个优系进入下年度产量比较试验。其中'金禾 9123'的系谱号为'A5-9123-2-2'。

3．产量比较试验及区域试验　　2003～2004 年，入选品系参加初步产量比较试验。间比排列，不设重复，正常肥水管理。

2004～2005 年，入选品系参加自设产量比较试验。分正常肥水和节水 2 种处理，随机区组排列，正常肥水处理 3 次重复；节水处理 2 次重复。择优选择两种处理下都表现优异的品系参加国家或省级区域试验。

2005～2006 年，入选品系参加黄淮冬麦区北片水地组预备试验。

2006～2007 年，'金禾 9123'参加黄淮冬麦区北片水地组第一年区域试验。2007 年申请国家植物新品种权保护。

2007～2008 年，'金禾 9123'参加黄淮冬麦区北片水地组第二年区域试验和生产试验。2008 年通过国家黄淮北片品种审定。

2008～2009 年，'金禾 9123'参加黄淮冬麦区南片水地组预备试验。

2009～2010 年，'金禾 9123'参加黄淮冬麦区南片水地组第一年区域试验。

2010～2011 年，'金禾 9123'参加黄淮冬麦区南片水地组第二年区域试验。2011 年获得国家植物新品种权保护。

2011～2012 年，'金禾 9123'参加黄淮冬麦区南片水地组生产试验。2012 年通过国家黄淮南片品种审定。

三、'金禾 9123'的育种理念与体会

1）以"幼胚萌苗＋高效春化＋理化调控＋分子标记辅助选择"建立的一年多代的小麦快速育种技术，实现了对冬小麦至少可进行 1 年 5 代的快速改良。在'金禾 9123'早代培育的过程中，采用这一技术大大缩短了育种年限，提高了育种的效率和品种改良的速率。

2）利用快速育种技术，在已有优良品种的基础上，通过添加新的优异性状或基因可创造出"更优"的品种，可实现对现有品种的不断提升或超越。快速育种技术开拓了远缘杂交后代材料和其他具优异性状材料的高效利用途径，可以让生产品种不断提升和丰富遗传基础、不断适应新的变化需求。

3）为了防范室内育种可能带来的非期望的不利选择效应，室内回交时每一轮的轮回亲本均应使用大田生产的种子植株提供花粉。室内回交和自交，均应注意对目标性状的追踪和选择。后期的田间鉴定与选择，应在接近于大田生产要求的条件下进行，并尽可能进行多点评价选择，特别是应注意水地、旱地鉴定结合，以保障遗传评价与判断的可靠性和选出品种的适应性。

4）回交育种并不仅仅是在轮回亲本基础上对单一目标性状的改良，还有在其基础上的进一步优选。育成的'金禾 9123'与'石 4185'相比，不仅提高了对白粉病的抗

性（来自供体亲本），而且在千粒重、耐旱性、丰产性和养分利用效率等方面都有很大的提高。

5）一个品种并不是"一个基因型"。小麦的基因组很大，只有被关注并选择了的性状才有可能纯合，那些未被专门关注过的性状（如田间或分子标记选择无法甄别的性状），特别是众多"中性性状"，在一个品种中多呈非纯合或非理想组合的状态。即使是经过多代自交，也无法获得真正纯合的个体。这一现象向传统育种学的原理和选择策略提出了挑战。

四、'金禾 9123' 的推广前景

无论是在黄淮北片还是在黄淮南片，多年多点试验表明，'金禾 9123' 的产量三要素构成协调，具有亩产 600kg 以上甚至 700kg 的高产潜力，常规栽培条件下大面积种植很容易实现亩产 550kg。该品种对不同气候、不同土壤环境表现出突出的适应性和稳产性。

'金禾 9123' 对白粉病抗性突出（在黄淮北片表现免疫），对小麦纹枯病有较好的抗性或耐性。'金禾 9123' 对干旱和瘠薄等非生物逆境也有很好的耐性，是一个节肥节水的高产品种。在石家庄市农林科学院开展的 100 多个品种的节水能力探测试验中，0 水、1 水和 2 水灌溉条件下，'金禾 9123' 产量均名列前茅。河北省农林科学院旱作研究所鉴定，'金禾 9123' 的抗旱指数达到 1.2。河北省农业科学院粮油作物所的栽培试验表明，'金禾 9123' 的氮肥施用量可比常规栽培少 20%。除此之外，'金禾 9123' 的耐晚播性也非常突出，比正常播期晚 10~20d 不减产。'金禾 9123' 的田间表现和籽粒性状见图 4-3 和图 4-4。

图 4-3　'金禾 9123' 田间表现　　　　图 4-4　'金禾 9123' 籽粒表现

'金禾 9123' 育成后，基本上是靠品种的优越性在民间自发地应用而推广，在黄淮冬麦区累计推广面积突破了 500 万亩。

'金禾 9123' 具有很高的配合力，多家单位用其配制杂交组合，选育出了大量的优异品系和品种。其中，通过审定的品种有 '金禾 13294' '石麦 25' '石麦 28' '石麦 31' '石农 083' '马兰 1 号' '马兰 2 号' 等。

第四节　小麦品种 '农大 1108' 的选育

'农大 1108' 是利用"滚动式加代回交转育"和穿梭育种策略，选用国外优质抗病

基因资源与国内高产品种有性杂交、回交，采用系谱法，结合温室抗病性鉴定和加代进行定向选择与不同生态区多点鉴定选育出的高产、稳产、抗病、抗逆小麦品种。'农大1108'属半冬性大穗型品种。幼苗半匍匐，苗期叶稍长，叶色浓绿，冬季耐寒性较好，分蘖力强，成穗率适中。春季返青起身晚，起身后发育速度快，抗倒春寒能力突出，育性好，结实率高。株型偏松散，穗下节长，旗叶上冲，平均株高77.2cm，茎秆粗壮，抗倒伏能力较强。长方形大穗，结实性好。籽粒为椭圆形、大粒，穗粒数偏多，大小均匀，角质，黑胚少，饱满度中等。根系活力好，叶功能期长，耐后期高温，成熟落黄好。平均生育期224.6d，比对照品种'周麦18'早熟0.4d，属中熟型品种。品质性状表现如下：蛋白质含量（干基）为14.01%，容重为792g/L，湿面筋含量为29.0%，降落数值为270s，吸水率为59.4%，形成时间为3.0min，稳定时间为3.4min，弱化度为121F.U.，沉降值为57.0mL，硬度为63HI，出粉率为71.6%（2010年农业部农产品质量监督检验测试中心）。产量性状表现为：分蘖力强，成穗率较高；千粒重稳定；产量三要素协调，丰产、稳产性好。一般平均亩成穗数41.5万，穗粒数35.4粒，千粒重45.0g。在中上等肥力的地块上，'农大1108'具有稳产潜力（550kg/亩以上）。2013年，中国农业大学组织有关专家对荥阳市'农大1108'田块实地测产，在冬季寒冷、倒春寒严重等不利气候条件下，平均单产达689.6kg/亩。'农大1108'的区域试验表现和灌浆期表现如图4-5和图4-6所示。

图4-5 '农大1108'区域试验表现

图4-6 '农大1108'灌浆期表现

一、'农大1108'的特征特性

'农大1108'的特征特性为：①高产潜力大。'农大1108'在河南省冬水组参试期间，表现高产；在品种推广期间，河南省中北部数十个示范点，平均单产均达600~650kg/亩，产量表现十分突出。②稳产性好。'农大1108'产量三要素协调。经过连续几年试验示范，千粒重稳定，丰产性、稳定性均优于'周麦18'。③抗逆性强。'农大1108'抗冬季冻害及倒春寒能力强，经遗传和DNA分子标记分析发现，'农大1108'携带抗白粉病基因*Pm2*，经鉴定，在四川表现一定的条锈病抗性，具有较好的抗病性。

二、'农大1108'的组合配制和选育过程

针对小麦品种产量逐年提高，生产上的病害尤其是白粉病越来越重的现状，确定应用"滚动式加代回交转育"策略，将育种目标定为：选育单产水平在500kg/亩左

右，抗生产上主要病害（白粉、条锈、叶枯等），耐旱，抗干热风，适应性广的小麦新品种。中国农业大学通过"滚动式加代回交转育"策略选育出的'农大 1108'，其选育过程见表 4-4。

表 4-4　'农大 1108'选育过程

年份	世代或育种进程	工作内容
1998	F$_1$（'5108'×'Riband'）× '温麦 6 号'	以'5108'为母本，'Riband'为父本配制单交组合；当年冬季在温室利用单交 F$_1$ 与'温麦 6 号'组配三交组合
1999	三交 F$_1$	对三交 F$_1$ 进行春化并移栽大田，选择田间长势较好的 F$_1$ 单株，以 F$_1$ 为母本，'周麦 13'为父本组配四交组合，当年冬季在温室利用'周麦 13'对四交 F$_1$ 进行回交
2000	BC$_1$F$_1$、BC$_3$F$_1$	在田间利用'周麦 13'进行第二次回交，当年冬季在温室进行第三次回交，并得到 BC$_3$F$_1$ 种子
2001	BC$_3$F$_2$	对 BC$_3$F$_1$ 种子进行春化并移栽大田，收获 BC$_3$F$_1$ 植株上的种子（即 BC$_3$F$_2$ 种子）；点播 BC$_3$F$_2$ 群体（约 3000 粒）
2002~2007	BC$_3$F$_3$~BC$_3$F$_7$	从 BC$_3$F$_2$ 开始，采用系谱法连续 6 年进行北京-河北高邑间穿梭育种定向选择，并在温室利用白粉菌株 E09 对分离世代进行抗性鉴定；到 F$_4$ 选择 16 个抗白粉病株系，F$_5$ 选择 15 个株系，F$_6$ 选择 6 个株系，F$_7$ 选择 3 个株系，其中 2 个系（1106 和 1108）表现遗传稳定，抗白粉病、条锈病、叶枯病等病害，穗大粒饱，成熟落黄好，升入产量试验，并命名为'农大 1106'和'农大 1108'；2006~2007 年在河北省高邑原种场进行产量比较试验，3 次重复平均产量 620kg/亩，比对照'石 4185'增产 4.6%
2008~2009	河南省水地冬水组预试	'农大 1108'参加河南省区试预试，丰产性和抗病性表现突出，比对照'周麦 18'增产 4.7%，居第一位，当年即被推荐参加河南省高肥冬水组区试
2009~2010	河南省水地冬水组区试	'农大 1108'参加河南省区试第一年，8 点汇总，8 点增产，平均单产 540.4kg/亩，比对照品种'周麦 18'增产 6.90%，且达极显著水平，居 15 个参试品种的第二位
2010~2011	河南省水地冬水组区试	'农大 1108'参加区试第二年，12 点汇总，11 点增产，1 点减产，平均亩产 578.7kg，比对照品种'周麦 18'增产 3.31%，且达显著水平，居 15 个参试品种的第三位；两年汇总平均增产 5.1%，增产点率 95.0%，推荐参加河南省高肥冬水组生产试验
2011~2012	河南省生产试验	'农大 1108'参加生产试验，11 点汇总，10 点增产，1 点减产，平均亩产 527.9kg，比对照品种'周麦 18'增产 3.7%，居 7 个参试品种的第四位，于 2012 年推荐报审并通过河南省农作物品种审定委员会审定，定名为'农大 1108'

三、'农大 1108'的育种理念

（一）优势性状组合利用

'农大 1108'的亲本组合为 [（'5108'×'Riband'）×'温麦 6 号']×'周麦 13'[4]，该组合综合了早熟性、抗病性和丰产性等一系列优良性状，既保证了亲本间在某些性状上的相互补充，又保证了亲本间有足够的遗传差异，从而创造了丰富的遗传变异，产生较多的超亲分离，为'农大1108'的选育提供了选择机会。

（二）亲本的选择

'Riband'是英国剑桥植物育种研究所（现John Innes Centre）培育的小麦品种，在英格兰和爱尔兰长期大面积种植。该品种引入中国农业大学后，经鉴定发现，其对白粉病表现免疫，但非常晚熟。为了利用其白粉病抗性，选用河北农业大学选育的早熟小麦品系'5108'与其组配单交组合。

选择'温麦6号'组配三交组合的原因是'温麦6号'曾是河南省大面积种植的高产品种之一，产量高，稳产性好；缺点是白粉病重。组配该三交组合可以提高其丰产性和抗病性。

为了兼顾条锈病抗性和产量潜力，选用了当时具有高产潜力和一定白粉病与条锈病抗性的品系'周麦13'作农艺亲本进行第四次杂交，期望把抗白粉病、条锈病，高产，适应性等特性综合到一起。为了保持后代材料的高产、丰产特性，又以'周麦13'进行了3次回交。

（三）育种方法的综合运用

1."滚动式加代回交转育"的应用　　"滚动式加代回交转育"是中国农业大学杨作民教授提出的进行小麦抗病基因资源创新和加速利用的方法。其宗旨是选用不同小麦主产区的最佳优良品种（系）与多样化的小麦抗病基因资源进行杂交，之后利用这些优良品种（系）为轮回亲本进行回交转育，并利用温室或异地加代加速回交进程。在新的更优良的品种（系）出现时，以新的最优良品种（系）取代原来的轮回亲本，保持回交后代材料在农艺性状上与最优品种（系）一致。'农大1108'是"滚动式加代回交转育"方法的经典应用，以国外优异抗病资源为母本，组合国内早熟、丰产亲本，通过加代回交转育方法，将小麦抗病基因快速导入优良品种中，实现了抗病基因的高效快速利用，同时选育出生产上能应用的优良品种（系）。

2.穿梭育种的应用　　穿梭育种是将后代分离群体或高代品系在不同生态条件地区间轮流种植，对育种材料的适应性、抗病性和产量等性状进行选择的育种方法。结合'农大1108'的选育过程，通过对分离世代在北京和石家庄高邑进行两地选择，人为地对育种后代群体施加了不同的选择压力。北京属于我国北部冬麦区，在北京可以对分离后代进行抗病性、抗寒性选择，石家庄高邑属于我国黄淮北片麦区，可以对分离后代进行丰产性选择，这样进行两地穿梭定向选择和鉴定，可以提高新品种的适应性、抗病性、丰产性。

3.分子标记辅助选择育种的应用　　近年来，分子标记技术为小麦抗病基因研究提供了重要工具。在建立与抗病基因紧密连锁或共分离的分子标记基础上，开展分子标记辅助选择和基因累加，可以大幅度提高育种效率、缩短育种时间和提高抗病性的持久性。通过分子标记检测，发现'农大1108'含有抗白粉病基因 *Pm2*，为培育抗病小麦品种提供了新的抗源。

四、‘农大 1108’的推广前景

2014 年 5 月 28 日，一则来自人民网的消息称，在郑州市荥阳广武镇 20 000 亩‘农大 1108’小麦示范生产田观摩现场，驻马店农业科学研究院研究员张子亮对‘农大 1108’给予了高度评价：‘农大 1108’将很多看似难以协调的优良特性集于一身，实现了抗冬季低温和抗倒春寒相结合，高产与抗倒伏相结合，多抗与广适相结合，外观商品性良好与内在品质优秀稳定相结合，是一个高产、重穗、抗倒伏、抗逆等特性突出的小麦新品种，对黄淮麦区小麦品种合理布局和种植业结构调整有重要作用。群众对这个品种的评价是“个子低、秆子硬、抗倒伏、不生病、穗子多、粒子重，谁见谁说好，谁种谁高兴，亩产千斤有保证”。2012 年通过国家新品种审定后，该品种开始在中原大地加速推广，2015 年在黄淮麦区的示范推广面积近 100 万亩。

第五节　胚乳性状的回交转育

胚乳（endosperm）一般是指被子植物在双受精过程中精核与极核融合后形成的滋养组织，也称内胚乳。胚乳为许多植物（如禾本科植物）种子的重要组成部分。植物在完成双受精后，胚乳细胞的染色体组成是 $3n$，其中 $2n$ 来自极核，n 来自精核。由于受精极核的影响，一些胚乳的性状（如糊粉层颜色，胚乳中的 *Wx* 基因、*Su* 基因等）常表现胚乳直感现象。

对于胚乳性状的回交转育，在回交后代选择时与植株性状有所不同。如果有性状标记（如玉米、小麦、水稻等的糊粉层颜色，甜玉米的籽粒形状，糯玉米、糯水稻、糯小麦、糯高粱经碘-碘化钾染色的颜色反应等），可直接对回交后代的种子性状进行鉴定选择；如果有生化标记（如小麦的高分子质量谷蛋白亚基，小麦、玉米、水稻等 Wx 蛋白亚基，玉米醇溶蛋白亚基、盐溶蛋白亚基等），可以通过种子的蛋白质电泳对回交后代进行鉴定选择。

一、小麦高分子质量谷蛋白亚基的回交转育

小麦高分子质量谷蛋白亚基（high molecular weight glutenin subunit，HMW-GS）的遗传属于孟德尔式遗传。由于在小麦 $3n$ 胚乳形成时，来源于母本和父本的遗传物质比例不同，因此 HMW-GS 在 F_1 表现为共显性和倾母遗传现象。

研究结果表明，2*、17＋18、5＋10、21*和 14＋15 等 HMW-GS 与小麦烘烤品质呈正相关。在小麦品质育种中，可以通过回交方法将优质 HMW-GS 转育给有推广前景的高产小麦品种（或品系），培育高产、优质小麦品种。

在回交转育过程中，回交后代的 HMW-GS 鉴定非常重要。一般用半粒小麦（无胚）检测 HMW-GS 的组成（图 4-7），筛选出含有目标 HMW-GS 的材料后，其对应的另一半（有胚）籽粒用于种植，继续回交。待回交后代的产量性状和农艺性状同受体亲本一样或接近时，再自交两代就可以得到优质、高产的小麦品种。

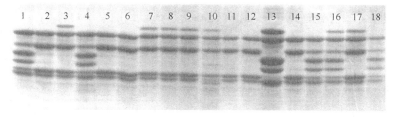

图 4-7　小麦回交后代 HMW-GS 检测

小麦 HMW-GS 的回交转育步骤如下。

第一季：受体亲本与供体亲本杂交。

第二季：F_1 与轮回亲本回交，获得足量的 BC_1F_1 种子，每粒种子切成两半，不含胚的一半用于 HMW-GS 电泳鉴定。如图 4-7 所示，以回交转育 17＋18 亚基为例，其中泳道 13 为供体亲本（1、17＋18、5＋10），泳道 14 为受体亲本（7＋8、2＋12）。在 BC_1F_1 中选择带有供体 HMW-GS（泳道 1、4、15、16 和 18）的含有胚的另一半种子播种于田间，用于进一步回交。

第三季：种植 BC_1F_1 群体，选择除目标性状（优质 HMW-GS）之外的其他农艺性状像轮回亲本的单株进行回交，按单株收获 BC_2F_1 种子，电泳检测同第二季。

第四季：种植 BC_2F_1 群体，工作内容同第三季，按单株分别收获 BC_3F_1 种子，检测 HMW-GS 组成，选择含有供体 HMW-GS 的籽粒。

第五季：种植 BC_3F_1 群体，如果回交后代其他农艺性状还没恢复，则继续回交转育，检测 HMW-GS；若农艺性状的回复已合乎要求，则将入选单株自交，按单株收获，检测 HMW-GS 组成，选择含有供体 HMW-GS 的纯合籽粒（BC_3F_2）。

第六季：种植 BC_3F_2 群体，选择农艺性状像轮回亲本的回交后代单株自交，按单株收获。

第七季：将入选单株种成株行，因为目标性状（前景）经前几代选择已具有供体亲本的 HMW-GS，这时只需针对受体亲本性状（背景）进行选择，选出符合要求的 BC_3F_3 株系，便可以获得 HMW-GS 改良的受体亲本。

二、甜玉米的回交转育

甜玉米突变体为隐性基因突变体，其回交转育可以采用杂交两代再自交一代的方法，也可以采用边自交边回交的方法。

在甜玉米回交转育过程中，对于自交后代，要选择表现皱缩或凹陷型（前景）的玉米籽粒播种，在田间尽量选择其他性状（背景）和受体亲本相似的单株继续回交，直到回交后代的综合性状接近受体亲本。

（一）连续杂交两代再自交一代的方法

具体方法是：在第一次回交后进行自交，在自交果穗中选择皱缩或凹陷型的玉米籽粒（甜玉米籽粒）播种；在开花期选择农艺性状接近轮回亲本的植株进行第二次、第三次回交；再从回交三代（BC_3F_1）选择优良植株自交，在自交果穗中选择甜玉米籽粒播种。如此每两代回交后再进行一代自交，经 4～6 代回交即可选出具有受体亲本优良性状的甜玉米自交系（表 4-5）。采用这种转育方法，每三个育种季节可回交两代，且在每个自交世代都从分离的果穗中选择纯合的甜质基因型作为下一代种子。

表 4-5　甜玉米回交转育程序——连续杂交两代再自交一代的方法（引自刘纪麟，2002，稍做修改）

世代	杂交或回交方式	工作内容
F_0	A（+/+）×D（sh2/sh2）	选用普通玉米优良自交系 A 为受体亲本，超甜玉米（sh2sh2）自交系 D 为供体亲本，配制杂交组合
F_1	(+/sh2)×A（+/+）	F_1 籽粒为杂合体，且籽粒是正常的；播种 F_1 籽粒；F_1 植株与轮回亲本 A 回交
BC_1F_1	(+/sh2)，(+/+) ⊗	由于显性基因的作用，回交 BC_1F_1 籽粒基因型出现分离，表现型不发生分离，籽粒均为正常型籽粒；播种 BC_1F_1 籽粒，田间选类似受体亲本 A 的单株自交
BC_1F_2	(sh2/sh2)×A（+/+）	杂合基因型后代出现分离；选凹陷型的籽粒播种；选优良的类似受体亲本 A 的单株继续与 A 回交，得 BC_2F_1 种子；播种 BC_2F_1 籽粒
BC_2F_1	(+/sh2)×A（+/+）	选类似受体亲本 A 的 BC_2F_1 单株继续回交
BC_3F_1	(+/sh2)，(+/+) ⊗	选类似受体亲本 A 的单株自交，选凹陷型的籽粒作种子
BC_3F_2	(sh2/sh2)×A（+/+）	选类似受体亲本 A 的单株回交
BC_6F_1	(+/sh2) ⊗	
BC_6F_2	A（sh2/sh2） ⊗	凹陷型的籽粒即为性状稳定的超甜玉米
BC_6F_3	A（sh2/sh2）	具有普通玉米优良自交系 A 同样遗传背景的超甜玉米自交系

（二）边回交边自交的方法

为了减少回交转育代数，且不影响转育效果，回交后代各单株均留 2 个果穗，其中 1 个果穗用受体亲本授粉，另 1 个果穗自交，同时给它们相应编号。收获时，观察自交果穗，如果自交果穗有甜玉米籽粒，则保留相应单株的回交果穗；自交果穗没有甜玉米籽粒的，则淘汰其相应的回交果穗。下一年种植保留的回交种子，如此连续回交与自交同时进行 4～5 次，最后再自交 2 次，即可转育出具有普通玉米自交系遗传背景的甜玉米自交系。

三、糯玉米的回交转育

糯玉米的回交转育过程同甜玉米回交转育。以优良的普通玉米自交系作为受体亲本，以糯玉米（wxwx）为供体亲本，回交 5～6 代再自交至稳定，就可以培育出优良的糯玉米自交系。只不过在种子分离世代，在玉米果穗上切开玉米籽粒种皮，露出胚乳部分，用碘-碘化钾（I-KI）染色，选择胚乳被染为棕红色的籽粒播种，在田间选择类似受体亲本的植株进行回交和自交。具体回交转育过程如表 4-6 所示。

表 4-6　糯玉米回交选育程序——连续杂交两代再自交一代的方法（引自刘纪麟，2002，稍做修改）

世代	杂交或回交方式	工作内容
F_0	A（+/+）×D（wx/wx）	选用普通玉米优良自交系 A 为受体亲本，糯玉米（wxwx）自交系 D 为供体亲本，配制杂交组合
F_1	（+/wx）×A（+/+）	F_1 籽粒为杂合体，且籽粒是正常的；播种 F_1 籽粒；F_1 植株与轮回亲本 A 回交
BC_1F_1	（+/wx），（+/+）⊗	由于显性基因的作用，回交 BC_1F_1 籽粒基因型出现分离，表现型不发生分离，籽粒均为正常型籽粒；播种 BC_1F_1 籽粒，选类似受体亲本 A 的单株自交
BC_1F_2	（wx/wx）×A（+/+）	杂合基因型后代出现分离；选 I-KI 染色后胚乳为红棕色的籽粒播种，选优良的类似受体亲本 A 的单株继续与 A 回交，得 BC_2F_1 种子，播种 BC_2F_1 籽粒
BC_2F_1	（+/wx）×A（+/+）	选类似受体亲本 A 的 BC_2F_1 单株继续回交
BC_3F_1	（+/wx），（+/+）⊗	选类似受体亲本 A 的单株自交，选 I-KI 染色后胚乳为红棕色的籽粒作种子
BC_3F_2	（wx/wx）×A（+/+）	选类似受体亲本 A 的单株回交
BC_6F_1	（+/wx）⊗	
BC_6F_2	A（wx/wx）⊗	I-KI 染色后胚乳为红棕色的籽粒即为性状稳定的糯玉米籽粒
BC_6F_3	A（wx/wx）	具有普通玉米优良自交系 A 同样遗传背景的糯玉米自交系

第六节　雄性不育性状的回交转育

作物雄性不育对作物杂种优势利用具有重要意义。由于大多数作物雄性不育突变体的综合性状表现较差，无法直接用于作物杂种优势利用中，常常需要通过回交转育将雄性不育基因导入综合性状较好的育种材料中。雄性不育性的回交转育方法同其他植株性状的回交转育一样，只不过在杂交后代及回交后代中选择雄性不育单株作母本，轮回亲本作父本。在回交后代中选择的前景性状为雄性不育性，选择的背景性状为轮回亲本的综合性状。

典型的例子是水稻'野败'雄性不育的回交转育。自 1970 年李必湖在海南崖县发现了 3 个雄花异常的野生稻穗（野败）至水稻"三系"制种成功，不到 4 年的时间里，就实现了籼稻的"三系"配套；仅仅 6 年时间，用"三系法"生产的杂交水稻就开始在生产上大面积推广。

研究证明，'野败'是一株难能可贵的、不可多得的、野生稻与栽培稻天然杂交产生的 F_1，其植物学特征和生物学特性与普通野生稻类同，唯雄性不育性受核质互作的雄性不育基因控制。一般栽培稻 85%左右的品种为其保持系；15%左右的品种为其恢复系。但要把'野败'转育成"不育系"进而实现"三系"配套，直到应用于大田生产，这中间需要用回交的方法将野生稻中的雄性不育基因转育到栽培稻中。

因为'野败'不育株除雄性不育外，其他性状基本上与普通野生稻相同，在生产上无直接利用价值，所以需要把'野败'的雄性不育基因转入栽培稻，进而培育出生产上所需的不育系、保持系和恢复系，以实现"三系"配套。

利用'野败'选育不育系实质上是一个核置换过程，即把具有保持雄性不育特性的细胞核，通过杂交和连续回交转到'野败'的细胞质中，取代原来的细胞核，这个置换过程一旦完成，则不育系及其相应的保持系就培育成功了。选育程序可分两个步骤：第一，广泛测交，以筛选保持力良好的各类品种；第二，择优回交，以加速核置换过程。

袁隆平研究团队，到1974年夏季为止，共测籼稻品种731个，其中保持力较好的有624个，约占测交品种的85.3%；有恢复力的89个，约占12.2%；其余为部分保持的，约占2.5%。对于保持力良好的组合，择优回交选育不育系，也就是在杂种中选择雄性不育、其他性状倾向父本和开花正常的植株作母本。例如，以'二九南一号'和'71-72'为父本，按此标准与'野败'连续回交3代，群体分别为3000多株和7000多株，基本能保持完全不育，在形态上已与父本一致，初步育成了这两个品种的同型不育系，1974年夏这两个不育系已进入回交7代，育性稳定。具体过程见图4-8。

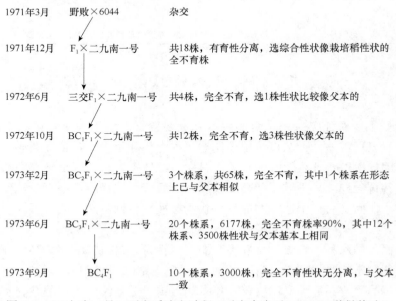

图4-8 '二九南一号'不育系选育过程（引自袁隆平，2010，稍做修改）

主要参考文献

崔俊明. 2007. 新编育种学. 北京：中国农业科学技术出版社.

刘广田, 李保云. 2003. 小麦品质遗传改良的目标和方法. 北京：中国农业大学出版社.

刘纪麟. 2002. 玉米育种学. 北京：中国农业出版社.

刘庆昌. 2015. 遗传学. 3版. 北京：科学出版社.

孙其信. 2011. 作物育种学. 北京：高等教育出版社.

袁隆平. 2010. 利用野败育成水稻三系的情况汇报. //袁隆平. 袁隆平论文集. 北京：科学出版社.

张天真. 2003. 作物育种学概论. 北京：中国农业出版社.

Chahal GS, Gosal SS. 2002. Principles and Procedures of Plant Breeding. Pangbourne: Alpha Science International Ltd.

Pateman JA, Lee BTO. 1960. Segregation of polygenes in ordered tetrads. Heredity, 45 (4): 459-466.

第五章　作物杂种优势的理论基础及其育种案例分析

　　杂种优势（heterosis）一般是指遗传基础不同的亲本杂交产生的杂种，在生长势、生活力、抗逆性、繁殖力、适应性、产量和品质等方面优于亲本的现象。

　　杂种优势是生物界普遍存在的现象。作物杂种优势利用是现代农业科学的主要成就之一。作物杂种优势在玉米上的应用最早，成绩也最显著。玉米杂交种较玉米自由授粉品种可增产 20%以上。近 20 年来，获国家科学技术进步奖的玉米杂交种、水稻杂交种、油菜杂交种和棉花杂交种等都是作物杂种优势利用的代表。

第一节　作物杂种优势的形成机制

　　自 20 世纪 30 年代初美国开始推广玉米杂交种以来，作物杂种优势利用逐渐扩展到水稻、油菜、高粱等作物上，成为当今获得农作物大面积增产的重要手段之一。但作物杂种优势形成机制作为生物学中的一个重大科学问题，迄今尚未阐述清楚。

一、杂种优势产生的原因

　　杂种优势是一种很复杂的遗传和生理现象。优势的产生是双亲的遗传差异所致，其作用机制很复杂。综合目前各方面的研究，一般认为作物杂种优势是由下列多种不同效应产生的。

（一）细胞核内等位基因的相互作用

1. 显性假说（dominance hypothesis）　是由 Davenport（1910）首先提出的。1910 年 Bruce 对其做了较为详细的解释。此后经 Jones（1917）和 Collins（1916）的进一步完善，显性假说成为解释杂种优势的一个重要假说。

　　该假说认为，杂种优势是双亲的显性基因全部聚集在杂交种中而引起的互补作用所致；显性基因大多对生长发育有利，而相对的隐性基因大多对生长发育不利；不同来源的品系或自交系中包含不同的不利基因，在这些品系间的杂交种中，由于一个亲本的显性有利基因有可能掩盖来自另一亲本的不利基因，因此杂交种表现出超出双亲的生长优势。例如，有两个玉米自交系，假定它们有 5 对互为显隐性关系的基因，且位于同一染色体上，其基因型分别为 $AAbbCCDDee$ 和 $aaBBccddEE$，F_1 的基因型是 $AaBbCcDdEe$（图 5-1），F_1 中的显性有利基因总数必

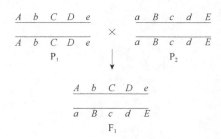

图 5-1　显性效应示意图

$A \sim E$ 为显性基因；$a \sim e$ 为隐性基因

将超过任一亲本。由于这种显性基因的掩盖作用和显性基因的累加作用，F_1 表现出明显的优势。

显性假说虽然得到了许多试验的证实，但这一假说也存在不少缺点。它只考虑了显性等位基因的作用，没有考虑到非等位基因的相互作用，更没有考虑到杂种优势的性状大多是数量性状，是受多基因控制的，基因效应是累加的。因此，这个假说还不能完全解释杂种优势产生的原因。

2. 超显性假说（overdominance hypothesis）　又称等位基因异质结合假说，是 1918 年由 Shull 和 East 分别提出的。该假说认为，等位基因之间没有显隐性之分，等位基因的杂合及其和其他基因间的互作是产生杂种优势的根本原因。根据这个假说，杂合等位基因间的相互作用比纯合等位基因间的作用大，而且基因杂合的位点越多，每对等位基因间作用的差异程度越大，杂交 F_1 的优势也就越明显。

这一假说的基本原理在于：杂合等位基因（*a1a2*）在生理、生化反应能力及适应性等方面均优于任何一种纯合类型（*a1a1* 或 *a2a2*）。假定一对纯合等位基因 *a1a1* 能支配一种代谢功能，另一对纯合等位基因 *a2a2* 能支配另一种代谢功能，杂合等位基因 *a1a2* 将能同时支配两种代谢功能，因而杂交种 F_1 的生长优于任一亲本。由于这一假设可以解释杂交种远远优于最优亲本的现象，故称为超显性假说。总之，等位基因的互作，常可导致来源于双亲的代谢机能互补或生化反应能力加强，因此杂合体的新陈代谢在强度上和广度上都比纯合体优越。超显性假说也在一定程度上解释了各类作物杂种优势的强弱取决于等位基因间以及非等位基因间复杂的互作效应的说法。

上述两种假说，一个强调显性基因作用，另一个强调基因间互作效应，它们既非互相排斥，又不能概括一切。根据数量性状的遗传分析，杂种优势的遗传实质在于显性效应、累加效应及异位显性作用、互补作用和超显性作用等各种基因的互作效应。在某一材料中可能只有某一种遗传效应决定某种程度的杂种优势，如玉米杂交群体中一般以累加效应最明显。

（二）细胞核内非等位基因的相互作用

除同一位点上的等位基因互作外，同一染色体不同位点间及不同染色体间的非等位基因互作也是杂种优势产生的主要原因之一。根据互作效应的不同，又可分为累加效应（决定同一性状的各同效基因起累加作用）、上位效应（非等位基因的掩盖）和重组效应等。

细胞核非等位基因的相互作用有上位假说和基因组互作假说之分，上位假说（epistasis hypothesis）认为，杂种优势产生于各种非等位基因间的互作。杂交增加后代杂合程度，非等位基因间互作加强，使杂交种优于双亲。QTL 遗传分析和分子遗传学研究也证明了基因上位性作用的存在。

基因组互作假说（genome interaction hypothesis）认为，显性假说、超显性假说和上位假说对杂种优势的成因解释都不完整，不全面。因为杂种优势往往是等位基因的显性作用、超显性作用及非等位基因间互作的结果。有时可能是这一种效应起主要作用，有时则是另一种效应起主要作用。在控制一个性状的许多对基因中，有些是不完全显性，有些是完全显性，还有些是超显性；有些基因之间有上位效应，有些基因之间则没有上位效应等。

（三）细胞核与细胞质的互作

杂种优势不仅仅是一种由核基因所控制的生物学现象，还包括细胞质基因的作用，特别是核基因与胞质基因间的相互作用尤为重要。研究认为，细胞核基因组与叶绿体、线粒体等细胞质基因组可能存在互作与互补（染色体组-胞质基因互作模式）。这些互作和互补导致作物杂种优势的产生，如在小麦族中发现，不同来源核质结合的核质杂种表现出杂种优势。在水稻研究中发现，某些水稻杂交组合的正反交杂种 F_1，在优势的强弱表现上有所不同；同一核基因型置于不同胞质背景的杂交水稻中，其优势也有差异，证明了核质互作可产生不同程度的优势效应。染色体组-胞质基因组互作模式弥补了显性假说和超显性假说在细胞质效应和核质互作效应方面的不足。

上述各种机制对杂种优势的贡献大小，并不是均等的，因组合不同而异。一般说来，核基因的作用大于胞质基因的作用；核内等位基因的互作是产生优势的基本原因。

二、基因差异表达与杂种优势

从基因组组成上看，作物杂交种的全部基因组来自两个亲本，并没有新的基因出现，但其性状并非亲本的简单组合，这可能与来自亲本的基因在杂交种中表达方式改变有关。研究表明，杂交种与亲本相比，不但在转录组上出现了显著变化，而且在蛋白质组上发生了明显的表达改变，表现为加性和非加性差异表达模式，其中加性表达模式表示杂交种中的表达水平等于两个亲本的平均值，即中亲表达，可以解释为基因的加性效应。在非加性表达模式中，存在单亲沉默、双亲共沉默、杂交种特异、杂交种增强、杂交种减弱、杂交种偏低亲和杂交种偏高亲等多种差异表达类型，其中单亲沉默、杂交种偏低亲和杂交种偏高亲可解释为基因的显性效应，双亲共沉默及杂交种特异、增强和减弱可解释为基因的超显性效应，这与在基因组水平的研究结果相吻合，即多种分子模型共同对作物杂种优势的形成起作用。迄今为止，已经建立了水稻、小麦和玉米等不同作物杂交种与亲本不同组织和器官的表达谱，并筛选出了大量的差异表达基因。但关于这些基因的差异表达调控机制及其与杂种优势表现的关系还不十分明确。

第二节　作物杂种优势的利用方法和途径

一、作物杂种优势利用必需的基本条件

要充分有效地利用作物的杂种优势，必须具备下列基本条件。

（一）有纯度高的优良亲本品种或自交系

优良的亲本品种或自交系是组配强优势杂交种的基础材料，其基因型的纯合程度直接影响亲本自交系优良性状的遗传与表现。如果基因型是杂合的，杂交种一定会出现性状分离，丧失了保持优良亲本品种（或自交系）优良性状、有效利用作物杂种优势的遗

传基础。

（二）有强优势的杂交组合

这里所指的强优势是广义的，既包括产量优势，又包括其他性状的优势，如抗性优势，表现为抗主要病害、抗倒伏等；品质优势，表现为营养成分高或适口性良好等；适应性优势，表现为适应地区广或适应间套作等；生育期优势，表现为早熟性或适应某种茬口种植等；株型优势，表现为耐密植或适于间套作等。凡只是产量方面具有强优势而其他性状不具优势的杂交组合，往往不能稳产，风险性较大，不宜推广利用。强优势的杂交组合还必须具有优良的综合农艺性状，具有较好的稳产性和适应性。这类杂交组合的出现概率很低，可能是几百分之一甚至几千分之一，必须在育种过程中经过大量组合筛选，并通过多年、多点的试验比较和生产示范，才能得到强优势杂交组合。

（三）繁殖与制种工序简单易行，种子生产成本低

在生产上大面积种植杂交种时，必须建立相应的种子生产体系。这一体系包括亲本种子的繁殖和杂交种的制种两个方面，以保证每年有足够的亲本种子用来制种，有足够的商品杂交种子供生产使用。在种子繁殖和杂交种制种中，要满足以下三个条件。

1）有简单易行的亲本品种（系）自交授粉繁殖方法，以保持亲本纯度，提高亲本种子产量。

2）有简单易行的配制大量杂交种子的方法，保证杂交种子质量，提高制种产量，降低生产成本。

3）有健全的体系和制度，如繁殖亲本与制种的种子生产体系、与之配套的技术措施与管理制度、杂交种子推广销售网络等。

二、不同繁殖方式作物杂种优势利用的特点

（一）自花授粉作物和常异花授粉作物

自花授粉作物和常异花授粉作物由于长期自花授粉，品种内各植株间的性状一致，个体基因型纯合，两个品种杂交得到的杂交种整齐一致。这类作物利用杂种优势的主要方式是，选择两个表现整齐一致的优良品种或者品系进行杂交获得品种或者品系间杂交种。对常异花授粉作物而言，为了防止天然杂交，保持和提高品种纯度，可结合选择进行人工自交。自花授粉和常异花授粉作物都是雌雄同花，去雄不易。杂种优势利用的关键是杂交去雄问题，可利用雄性不育系或者自交不亲和系制种。

（二）异花授粉作物

对异花授粉作物而言，天然杂交率高，天然授粉群体品种的遗传基础较复杂，品种内植株间遗传组成不同，性状差异较大，个体基因型杂合。虽然可以利用品种间杂交种，但是F_1生长不整齐，杂种优势不够强，产量不够高。

在利用异花授粉作物杂种优势时，首先通过多代的人工自交，结合性状选择，选育出高度纯合的优良自交系，同时测定其配合力；再根据杂交种品种亲本选配原则，组配

出强优势杂交种。大体步骤是：①从原始育种群体（包括农家品种、综合群体、经轮回选择改良的群体及单交种、双交种等）、不同种质资源类群（包括 Reid 群、Lancaster 群、Tuxpeno 群、唐四平头群、旅大红骨群等）中选择优良单株；②连续进行几代自交和选择，培育出性状整齐一致的优良自交系；③在自交的同时进行测交，从中选择配合力好的自交系彼此杂交；④经产量比较试验，选出强优势组合供生产利用。这种异花授粉作物杂种优势利用方式，把自交、选择和杂交 3 个环节结合起来，使 F_1 性状优良且整齐一致，提高了杂交种的杂种优势，达到增产效果。

（三）无性繁殖作物

大多数无性繁殖作物在一定条件下能进行有性繁殖。这类作物（如甘薯、马铃薯）进行有性杂交后，杂种优势可通过无性繁殖方法继续保持下去，免除年年制种的麻烦。但其原始品种群体遗传基础复杂，大部分个体是杂合的，有性杂交时杂种一代会出现性状分离，所以要在杂交后代中进行单株选择，筛选出优良无性系；或以优良无性系配成强优势组合，再用无性繁殖对杂种优势加以利用。

第三节　玉米杂交种'农大108'的选育

根据玉米生产中存在的单产低、品质差等主要问题，中国农业大学通过引进种质资源，扩大遗传基础，培育出突破性优良玉米自交系'黄 C''178'，并在此基础上培育出高产、稳产、优质、适应性广的玉米杂交种'农大108'。该品种于 2000～2002 年成为我国种植面积最大的玉米杂交种，被农业部列为"十五"期间 10 个重点推广品种的首选品种。2002 年，'农大108'获国家科学技术进步一等奖。

一、'农大108'培育过程

（一）引进高赖氨酸基因（O2）

利用从南斯拉夫引进的高赖氨酸 O2 种质，通过杂交和连续回交方法，将常用自交系转育成高赖氨酸 O2 同型系（1973～1978 年）（图 5-2）。

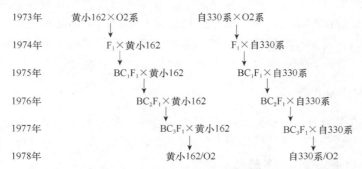

图 5-2　'黄小162'和'330'高赖氨酸同型系的回交转育

'黄小162'是'早熟黄小162'的简称，'自330系'是'晚熟自330系'的简称

（二）选育兼具早、晚熟特性的二环系

选育'早熟O2'系和'晚熟O2'系，并将其组配成早晚熟杂交种；之后，连续自交，从中选择优良单株；最后选育出优良自交系（1978～1984年）（图5-3）。

（三）引入热带种质与优质蛋白质基因，选第二轮二环系

与带有 O2 修饰基因的优质蛋白玉米（quality protein maize，QPM）的热带综合群体杜斯皮诺（Tuxpeno-QPM）杂交，连续自交选育'黄C'。同时用美国杂交种连续自交，选育另一二环系'178'（1985～1991年）（图5-4）。

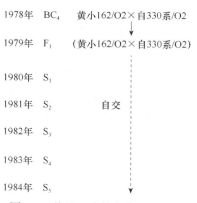

图5-3 从早、晚熟杂交种中选育
自交系过程

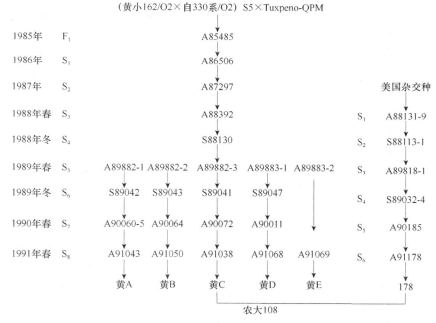

图5-4 '黄C'及二环系'178'选育过程

1991 年大量测配；1992～1993 年通过鉴定和品比试验选出最优组合（'黄 C' × '178'）；1994～1996 年，组合'黄 C' × '178'参加国家区试；1997 年，组合'黄 C' × '178'生产示范；1998 年，组合'黄 C' × '178'开始推广。

二、'农大 108' 培育过程中的创新点

1）选育了两个全新的玉米自交系'黄 C'和'178'。'黄 C'和'178'与常用玉米自交系没有亲缘关系或亲缘关系很远，且'178'属新的杂种优势群。

2）打破了长期以来常用杂交种遗传基础狭窄的局面，实现了最广泛的种质结合。

3）多次导入新种质，丰富了自交系种质基础。

第四节 玉米杂交种'郑单958'的选育

'郑单 958'是河南省农业科学院粮食作物研究所堵纯信研究员育成的高产、稳产、多抗、适应性广的玉米新品种。该品种是以'郑 58'为母本、'昌 7-2'为父本杂交选育而成的中早熟玉米单交种。先后通过山东、河南、河北 3 省和国家审定，并被农业部定为重点推广品种。自 2004 年以来，'郑单 958'已成为我国玉米种植面积最大的品种，并连续被农业部发布为主导品种。该品种耐密植，适应性好，实现了高产与稳产的结合，且制种产量高，深受农民、企业和基层农业主管部门青睐，推广面积持续快速增长。

1997～1999 年，'郑单 958'在河南省和国家黄淮海玉米区域试验、生产试验中，比对照增产显著（表 5-1），平均增产 21.75%，高产"六连冠"。

表 5-1　'郑单 958'参加河南省、国家黄淮海玉米区域试验、生产试验的产量表现

年份	试验类别	试验点数	产量/(kg/亩)	对照品种	比对照增产/%	显著性	位次	参试品种数
1997	河南省区域试验	10	558.0	豫玉 12	15.1	**	1	15
1998	河南省区域试验	10	512.8	豫玉 12	22.4	**	1	15
1998	国家黄淮海区域试验	24	577.3	掖单 19 号	28.0	**	1	13
1999	国家黄淮海区域试验	24	583.9	掖单 19 号	15.5	**	1	14
1999	河南省生产试验	9	630.2	豫玉 23	15.2	**	1	8
1999	国家黄淮海生产试验	29	587.1	各省对照种	7.1～15.0	**	1	13

**表示差异达 $P < 0.01$ 的极显著水平

1999 年，'郑单 958'在河南省夏玉米高产攻关中，于武陟县西滑村创造了亩产 927.32kg 的高产纪录。2000 年，在全省 12 个市、15 个科技示范乡安排'郑单 958'示范田 400 亩，比对照增产 15%左右，部分点达到 30%。2001 年，扩大了'郑单 958'的种植面积，加大了示范力度，在遂平、鄢陵、焦作进行 43 万亩示范，核心区 2.5 万亩，平均亩产 561.5kg，比 2000 年增产 20.5%～47.4%；辐射带动区 40.5 万亩，平均亩产 445kg，比 2000 年亩增产 60kg 以上。2002 年，在遂平、兰考、焦作进行 47.4 万亩'郑单 958'示范，核心区 1.4 万多亩，亩增产 62.1kg（13.6%），辐射带动区 46 万亩，在全省普遍减产的情况下，'郑单 958'亩增产 12.8～60kg，产生了显著的经济和社会效益。

一、'郑单 958'的特征特性

幼苗叶鞘紫色，叶色淡绿，叶片上冲，穗上叶叶尖下披，株型紧凑，耐密性好。夏播生育期 103d 左右，株高 250cm 左右，穗位高 111cm 左右，穗长 17.3cm，穗行数 14～16 行，穗粒数 565.8 粒，千粒重 329.1g，果穗筒形，穗轴白色，籽粒黄色，偏马齿形，抗病性较好。图 5-5 为其果穗和籽粒的表现。

二、'郑单958'的组合配制和选育过程

（一）基础材料的引进与筛选

玉米育种"重在组配、难在选系"。对国外引进的玉米杂交种和自交系及国内生产上应用的众多亲本自交系进行考察、鉴定和分析，最后确定重点放在优良自交系的改良上。当时生产上广泛应用、表现最突出的自交系是美国 Reid 系的'掖

图 5-5　'郑单958'果穗和籽粒

478'。'掖478'优点突出，缺点明显。通过综合分析比较，确定以山东省李登海选育的'掖478'作为选系的基础材料。'掖478'的主要性状表现如下。

1）高产：河南省夏播亩产 200～300kg；西北春播亩产 400kg 左右。

2）株型紧凑：穗位以上茎叶夹角 20°～30°。

3）中熟：郑州夏播生育期 110d，春播生育期 125d 左右。

4）抗性：根系发达，抗倒伏；高抗病毒病，抗小斑病和青枯病；穗粒腐病和大斑病较重。

5）果穗：柱型，中等偏大；籽粒浅黄色，马齿型（图 5-5）；穗 14 行，穗轴白色（个别系浅紫色）；千粒重 290g 左右；雄穗大，分枝 15 个以上，花药黄色，花丝绿色；株高 162cm，穗位高 55cm 左右。

1988 年 9 月，从各地大田繁殖的'掖478'中收集变异的果穗 32 个；第二年单穗编号进行种植、观察、自交、鉴定。根据田间和室内考种结果，选留株型紧凑（穗位以上茎叶夹角 15°左右）、植株较矮、偏早熟、抗性强、雄穗分枝少、透光性好、光能利用率高的植株和穗行；淘汰株型不良、抗性差、植株偏高、雄穗分枝多、生育偏晚的植株和穗行。

（二）自交系选育方法

对'掖478'变异穗进行如下处理。

1）扩大基础材料种植群体。将 32 个变异果穗按小区种植，每个果穗种植 2 个小区，每个小区 40 株，以增加中选的机会。

2）高密度种植进行结穗性和结实性的选择。F_2、F_3 进行每亩 5000 株高密度种植。成熟时，根据各穗行自交单株果穗结实性及对病害的抗性表现，选留抗病性强、结实性好的单株或穗行，淘汰病害重和结实性差的单株或穗行。

3）玉米自交系'郑58'选育过程（表 5-2）。

表 5-2　玉米自交系'郑58'选育过程

年份	世代	自交系选育过程
1989	S_0	基础材料掖478变异果穗
1990	S_1	杂 58-2
1991	S_2	杂 58-2-7

续表

年份	世代	自交系选育过程
1992	S_3	杂 58-2-7-1
1993	S_4	杂 58-2-7-1-3
1994	S_5	杂 58-2-7-1-3-2
1995	S_6	杂 58-2-7-1-3-2-1
1996		杂 58 测交产量比较

S_6 进行配合力测定。先后用自育的和引进的 6 个自交系为测验种进行了测交,共配组合 35 个,增产组合 5 个,增产幅度为 0.34%~35.76%。其中增产最突出的组合是'郑 58-2-7-1-3-2-1'×'昌 7-2'(表 5-3)。'郑 58-2-7-1-3-2-1'进一步自交纯化,最后定名为'郑 58',其表现如图 5-6 所示。

表 5-3　玉米自交系'郑 58'及其姊妹系的测交产量比较结果

测交组合	产量/(kg/亩)	比对照增产/%	对照种
杂 58-2-7-1-3-2-1×昌 7-2	496.34	35.76	新黄单 85-1
杂 58-2-7-1-3-1-2×昌 7-2	490.1	33.52	新黄单 85-1

图 5-6　'郑 58'自交系繁殖田

三、'郑单 958'的选育理念

河南省是黄淮海优势玉米区域带的核心地区,近年来年种植面积在 7000 万亩左右。以'豫玉 22''农大 108''豫玉 18'为代表的第 5 次品种更新换代,对河南省玉米生产的发展起到了积极的作用。但是随着生产的发展、农业生产条件的改善,玉米产量不断提高,对玉米品种的丰产性、适应性、抗逆性提出了更高的要求。

从生产上推广的玉米杂交种来看,当时在生产上占主导地位的几个品种也存在一些突出缺点:一是单株生产力虽高,但群体产量不高;二是适应性差,对不良气候条件敏感，或出现畸形穗、结实性差、多穗（娃娃穗）等现象；三是种植方式要求较严格，与推广的玉米简化栽培要求不协调，种植的适宜密度范围较窄。因此，培育增产潜力大、株型紧凑、光能利用率高、适应性广、抗倒伏性强、适宜夏播的中早熟玉米杂交种是生产上的紧迫要求。

根据黄淮海玉米产区玉米杂交种选育的实际情况，针对玉米生产中的主要问题，制定了以种质创新为基础，选育配合力高、综合性状好的优良自交系，以提高经济系数和结实性为突破口，选育株型紧凑、叶片上冲、能充分利用光能的中大穗高产杂交种的技术路线。利用常规杂交育种及其他相关技术，为玉米生产提供优质、高产、多抗、适应性广的紧凑型中大穗玉米杂交种。

四、'郑单 958' 的推广前景

'郑单 958' 于 2000 年通过国家和河南、河北、山东 3 省农作物品种审定委员会审定，2000 年被列入河南省重点课题，2002 年被列入河南省重大课题，2003 年被列入国家农业部、财政部的技术转化项目，进入大面积推广阶段。'郑单 958' 的示范和推广面积逐渐扩大，2000 年为 40.8 万亩，2001 年为 368.8 万亩，2002 年为 1316.4 万亩，2003 年达到了 2100.56 万亩，2004 年发展到 4661.8 万亩，成为黄淮海夏玉米区第一大品种，也是全国 2004 年种植面积最大的品种。'郑单 958' 推广区域从河南、河北、山东、江苏、安徽、山西和陕西等地发展到天津、辽宁、内蒙古、吉林等 10 多省（自治区、直辖市），累计推广近 8 亿亩。在黄淮海夏玉米区及新疆、华北春玉米区与京津唐春玉米区，该品种仍有较大的发展趋势。'郑单 958' 成为黄淮海夏玉米区第一品牌，成为我国第 6 次品种换代的标志性品种。2003 年开始，国内育种单位、河南省和大区区试把 '郑单 958' 列入对照品种。

第五节　耐密型玉米杂交种 '辽单 565' 的选育

玉米与其他粮食作物一样，品种在诸多增产要素中具有重要地位和作用。我国玉米平均单产为 341.3kg/亩，与美国玉米单产水平的差距还很大（美国 3000 万 hm^2 玉米，平均亩产达到 526kg，最高单产每亩 1849.5kg）。国内外玉米高产经验表明，应种植矮秆、耐密、抗倒伏品种，合理增加种植密度是提高玉米单产的重要途径之一。我国玉米产区特别是东北春玉米区传统采用的玉米品种是高秆、大穗型，适宜稀植，追求单株大穗，每亩2800~3300 株。而国外，如美国高产区种植的玉米品种为耐密、抗倒伏品种，种植密度为 4000~4500 株/亩。这种差异产生的原因主要是品种不同，即我国缺乏耐密、抗倒伏玉米品种，使得我国多年稀植玉米，也是玉米单产难以大幅度提高的主要限制因素。

基于上述问题，在实施辽宁省科技厅"九五"和"十五"攻关项目"高产、优质、多抗玉米新品种选育及配套栽培技术研究"时，课题组及时调整玉米育种方向，从创新种质资源入手，在高密度环境下进行选择，解决玉米抗倒伏性、茎秆强度、株高、株型结构、结实性、果穗大小、经济系数、耐旱和耐寒等问题，于 1999 年完成 '辽单 565' 杂交种配制。

一、品种来源和选育过程

'辽单 565'是以外引系'中 106'（含也门热带血缘种质）为母本，自选系'辽3162'（以'Reid-Lancaster'血缘种质在高密度及低代接种条件下连续自交 6 代而成）为父本杂交而成。'辽单 565'2000 年参加测交产量比较试验，2001 年参加辽宁省农业科学院玉米研究所联合品种比较试验，表现突出。'辽单 565'2002～2003 年参加东北早熟春玉米区域试验，2003 年同时参加该地区的生产试验，试验结果表明，该品种具有生育期适中、耐密、矮秆、高产、优质、抗病、抗倒伏、活秆成熟等优点。2004 年，'辽单 565'通过农业部国家农作物品种审定委员会审定。2004～2006 年，'辽单 565'在辽宁、吉林、黑龙江、内蒙古、山东、河南、河北、天津、四川等地累计推广应用 2236 万亩，创造了较大的经济效益和社会效益。'辽单 565'的选育过程如图5-7 所示。

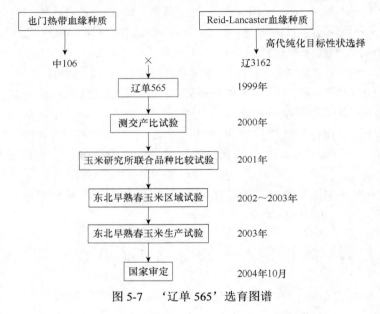

图 5-7 '辽单 565'选育图谱

二、'辽单 565'的特征特性

（一）形态特征

'辽单 565'株型紧凑，成株叶片数为 20～21 片，株高 260cm，穗位高 96cm。幼苗叶鞘紫色，叶片深绿色，叶缘紫色。生长势强。花丝红色，花药黄色，颖壳褐色，花粉量大。果穗筒型，穗长 19.08cm，穗粗 5.2cm，穗行数 14～16 行，百粒重 43.1g，出籽率 88.2%。籽粒黄色，粒形为楔形。穗轴红色。从植株形态指标上评价，符合中大穗、中大粒、中矮秆、中高密和中晚熟等玉米育种目标要求。

（二）生物学特性

1. 生育期 '辽单 565'为中熟杂交种，春播生育期为 120d（东北地区），夏播生育期为 90～95d，需有效积温 2700℃左右，与'郑单 958'相当，可在东北、华北春播区及黄淮海夏播区、西南地区大面积推广应用，适应区域十分广泛。

2．抗病性　'辽单 565'综合抗性好，适应性强。区域试验田间自然发病，抗病性表现为高抗玉米大斑病、小斑病、茎腐病、瘤黑粉病，抗灰斑病、丝黑穗病、青枯病、弯孢菌叶斑病，抗玉米螟（表 5-4），抗倒伏，抗旱性强，对不良气候条件也有较强的适应性，活秆成熟。

表 5-4　'辽单 565'抗病虫性鉴定结果

年份	大斑病		弯孢菌叶斑病		丝黑穗病		瘤黑粉病		茎腐病		玉米螟	
	病级	抗性	病级	抗性	病株率/%	抗性	病株率/%	抗性	病株率/%	抗性	心叶期为害级	抗性
2002	1	HR	3	R	2.0	R	0	HR	0	HR	3.7	R
2003	3	R	3	R	5.4	MR	0	HR	0	HR	6.2	MR

注：本数据引自 2002 年、2003 年国家级玉米品种试验报告（吉林，公主岭）；HR 为高抗；MR 为中抗；R 为抗

3．耐密抗倒伏性　'辽单 565'植株较矮，茎秆坚韧。2005 年实施的'辽单 565'肥密两因素试验表明，其具有较高的耐密、抗倒伏性（表 5-5）。

表 5-5　'辽单 565'不同肥力（kg/亩）、密度水平产量（kg/亩）表现

施肥量	4000 株/亩	4500 株/亩	5000 株/亩	5500 株/亩	6000 株/亩	6500 株/亩
25	690.80	646.22	713.92	655.47	695.14	690.18
30	627.40	651.24	635.22	620.84	614.28	579.41
35	646.72	654.84	635.22	656.58	660.89	610.84
40	688.50	637.53	673.11	664.63	650.25	619.45
45	685.79	691.09	715.23	658.46	652.40	644.33
50	693.22	655.87	672.83	671.05	644.68	666.55

从表 5-5 可以看出，'辽单 565'在密度为 5000 株/亩、亩施氮肥用量较低（施肥量为 25 kg/亩）时，产量表现比较突出，且效益较高。实际田间调查表明，'辽单 565'在超过当地常规品种种植密度 50%的情况下，没有倒伏现象发生。

4．脱水快　'辽单 565'秋季脱水快。收获时，'辽单 565'水分可自然降至28%左右，有效减轻了东北地区的"水玉米"问题，也降低了贮藏过程中的损耗，实现了从高产向高产优质的转变。

（三）品质特性

'辽单 565'籽粒品质好，经农业部谷物品质监督检验测试中心（北京）测定，籽粒粗蛋白质含量为 8.71%，粗脂肪含量为 4.05%，粗淀粉含量为 74.09%，赖氨酸含量为0.30%。经农业部谷物及制品质量监督检验测试中心（哈尔滨）化验分析，籽粒粗蛋白质含量为 8.83%，粗脂肪含量为 4.28%，粗淀粉含量为 74.91%，赖氨酸含量为 0.24%，容重为 748.0g/L。与东北春玉米区玉米的淀粉含量相比，'辽单 565'的淀粉含量较高。

三、'辽单 565'产量表现

（一）品种比较试验中表现

2000 年，在辽宁省农业科学院院内测交产比试验中，'辽单 565'亩产 684.3kg，比对照'四单 19'增产 18.2%。2001 年，在辽宁省农业科学院院内联合品比试验中，'辽单 565'亩产 753.8kg，比对照'农大 108'增产 16.5%。

（二）国家区域试验中表现

2002 年，'辽单 565'参加国家东北早熟春玉米区域试验，12 个区试点平均亩产 740.4kg，比对照'四单 19'增产 9.1%，比'本育 9 号'增产 9.7%，居第二位。2003 年，'辽单 565'参加同组生产试验，平均亩产 705.8kg，比对照'四单 19'增产 9.3%，比'本育 9 号'增产 10.1%，居第七位。2002～2003 两年区域试验，'辽单 565'平均亩产比对照'四单 19'增产 9.2%，比'本育 9 号'增产 9.8%。

在辽宁省中熟组玉米区域试验中，'辽单 565'平均亩产 729.2kg，比对照'本育 9 号'增产 16.9%，全省各点均增产，居全部参试组合第一位。

（三）国家生产试验中表现

2003 年，'辽单 565'参加国家东北早熟春玉米生产试验，平均亩产 687.2kg，比对照'四单 19'增产 11.0%，居生产试验 7 个品种的第三位。

（四）多点示范试种中表现

2003 年以来，在辽宁、吉林、黑龙江、内蒙古、河北、河南、山东、天津、安徽等地的试种结果表明，'辽单 565'平均比当地主栽品种增产 10.6%～20.8%，增产潜力巨大。

四、与国内外同类品种比较

国外玉米生产大国，特别是玉米第一生产国美国的玉米生产以密植型品种为主，抗逆性强。但是美国玉米杂交种在我国试种表现为综合抗性差，特别是抗叶斑病能力差，综合农艺性状不能适应我国农业现有的种植条件和需求。

国内近年来选育的玉米杂交种较多，但在生产上的寿命却相对较短。原因是其在抗逆性、适应性、品质等方面存在缺陷。当时国内最优秀品种之一'郑单 958'的特点主要表现为株高和生育期适中、合理密植产量潜力大，为我国年推广面积最大的玉米杂交种。'辽单 565'在高产、稳产、矮秆、耐密植、生育期适中、活秆成熟、适应性广等方面与'郑单 958'相媲美；在容重、抗病性、品质等方面甚至超过'郑单 958'，所以有很好的推广前景。'辽单 565'曾获科技部"农业科技成果转化资金"资助，并成为科技部"粮食丰产科技工程"及农业部"科技入户"项目在辽宁省的主推品种。

五、成果创新点

1. 创造了新的杂种优势模式，成功实现了热带种质资源在寒温带的利用　　利用也门热带血缘种质选育出母本'中 106'；利用美国'Reid-Lancaster'血缘种质选育出父本'辽 3162'，二者杂交组配成'辽单 565'，创造了全新的杂种优势模式。

在种质资源利用上，一般热带资源引入后，会导致玉米杂交种生育期延长，限制其种植范围。'辽单 565'不但利用了热带种质资源，而且杂交种本身生育期适中，实现了热带种质资源在寒温带早熟品种选育中的利用。另外，由于双亲的亲缘关系较远，F_1杂种优势较强，增产潜力较大。同时，由于热带种质资源抗性强，因而杂交种的抗性大大增强。

2. 采用高密度胁迫压力选育父本自交系，提高优良自交系的选择效率　　'辽单 565'父本自交系选育突破了传统方法，采用 $S_1 \sim S_2$ 密植鉴定等方法加大自交后代群体容量，即在高密度环境下进行选系，以解决许多逆境压力问题，如抗倒伏性、株型结构、结实性、果穗大小、经济系数、耐旱耐寒性等。首先，加大了群体规模。将群体扩大到 400 行，7500 株/亩，是常规方法的 2 倍。淘汰率达到 95%以上，既增加了变异概率，又增加了选择效率，保证最终选到的材料具有高耐密性。其次，低代系接种。在 $S_1 \sim S_3$ 代接种丝黑粉病菌，大、小斑病菌等，保证选育出的材料在生产上对主要病害有高抗性。因此，1998 年选育出的父本自交系'辽 3162'具有突破性的优点：矮秆耐密、高抗倒伏、高抗病虫害、籽粒性状优良、自身产量和配合力高、适应性强。父本自交系选育过程如图 5-8 所示。

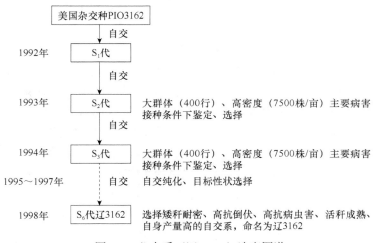

图 5-8　父本系'辽 3162'选育图谱

第六节　杂交水稻'汕优 63'的创制与利用

在我国，稻作面积占粮食总面积的 1/3，稻谷产量约占粮食总产量的 45%。20 世纪 60 年代以来，我国水稻生产通过推广矮秆水稻和杂交水稻，先后实现了产量的两次飞跃。

在第二次飞跃中，谢华安院士团队培育的杂交水稻'汕优 63'发挥了重要作用，并创下大面积亩产、年种植面积、累计种植面积、增产稻谷总量 4 项全国第一。1986 年，该品种获国家农牧渔业部颁发的优质米金杯奖；1988 年，杂交水稻新组合'汕优 63'获国家科技进步一等奖。据农业部统计，1986~2001 年，'汕优 63'连续 16 年成为中国种植面积最大的水稻良种，累计种植近 10 亿亩。

一、'汕优 63'的创制

（一）背景与思路

1973 年 10 月，杂交水稻之父袁隆平在苏州水稻研讨会上宣读了《利用野败选育'三系'的进展》，正式向世界宣告中国籼型杂交稻"三系"配套成功。从此，杂交水稻的推广应用创造了我国农作物良种推广速度之最，仅四年时间，杂交水稻推广面积由 1974 年的 100 亩迅速增长到 1978 年的 6500 万亩，为解决我国人民的温饱问题做出了重大贡献。

然而，任何事物的发展都不是一帆风顺的。杂交稻在中国推广初期，正是水稻"三病三虫"爆发期，四川、江西、湖南、福建等杂交稻重点种植区，大部分或局部出现了毁灭性的病害。尤其是稻瘟病对中国杂交水稻研究的开展几乎是致命的打击。仅几年间，四川约有 7000hm² 的'汕优 2 号'遭受稻瘟病的威胁和危害。福建南部五地市的'汕优 2 号'种植面积减少 50%多，由 1979 年的 271.3 万亩下降到 1980 年的 126.43 万亩。湖南、江西、浙江等省也由于稻瘟病重发，杂交稻面积锐减。农民们急需一种抗病力强、适应性广、丰产性好的优良稻种。针对这一急切需求，谢华安等明确抗病虫品种的育种目标，并为这个目标不断努力，终于在 1981 年利用选育出的强恢复系'明恢 63'组配优良不育系'珍汕 97A'，获得了抗病的三系杂交稻优良品种——'汕优 63'。

（二）恢复系'明恢 63'的选育

优良杂交稻组合选成功的关键首先是能否选育出优良恢复系。从 1977 年起，谢华安等针对杂交水稻生产中存在的问题，围绕多抗、强优势和不同熟期等方面，把选育新的抗稻瘟强恢复系摆在三系杂交水稻育种的首位，期望选配出产量高、抗瘟性强、适应性广的杂交水稻新组合。1980 年，他们终于育成了恢复系'明恢 63'。这是我国首次育成的集恢复力强、抗稻瘟病、大粒、高产、米质优、再生力强等性状于一体的优良恢复系。'明恢 63'选育的成功，丰富了恢复系资源的遗传背景，增加了恢复系的丰产性、抗逆性和适应性，对我国杂交水稻组合的更新换代起到了重要作用。'明恢 63'亦是 20 世纪中国杂交水稻品种配制中应用范围最广、时间最长、效益最显著的恢复系。

1. 选育策略

（1）优良恢复系的特性及选育方法　　杂交水稻的生产实践表明，恢复系对杂交种的制种影响很大。为了提高杂交水稻制种产量，优良恢复系一般应具备如下特性：①恢复力强。只有恢复力强，才能保证杂交水稻相对稳定的结实性，从而保证制种产量。②一般配合力高。即优良恢复系与一个或多个不同的不育系配组后代平均表现较好，杂种优势明显。③恢复系综合性状好，且与不育系有较大的遗传差异，最好与不育系性状互补。④良好的花器构造和开花习性。即优良恢复系开花习性好、花药肥大、花粉量充足、散粉性能良好、花期长。⑤丰产性状优良。即株型集散适中、叶挺、剑叶不披；植株适当偏高，一般为 100～110cm，比不育系高 15～20cm；分蘖力强；穗粒结构合理、穗大粒多、结实率高、丰产性好、米质优。⑥适应性广。即对光温反应不敏感，不同年度间同一季种植时，生育期变化幅度小。有一定的耐低磷、耐低钾特性。⑦抗逆性强。即耐肥、抗倒伏，抗病虫性和抗非生物逆境性强。

在育种上，恢复系的选育方法主要有测交筛选法、杂交选育法和恢复基因转育法 3 种。测交筛选法是指利用现有的优良品种资源与不育系进行杂交，从杂交后代结实率正常的父本中选出具有恢复基因的恢复系。杂交选育法，又分为单交、双交和聚合杂交等，即围绕选育目标选择亲本，通过把两个或两个以上恢复系的优良性状和恢复能力综合在一起，创造新变异，从而选育出符合育种目标要求的新恢复系。生产中使用的恢复系多数是用这种方法选育出来的。恢复基因转育法是指通过测交或杂交选育出的恢复系，或具有强恢复力，但经济性状不理想，杂种优势不强；或经济性状优良、具有特殊优良性状和抗性好的亲本，但恢复性不好，这时就可以用回交的方法进行恢复基因的转育，以获得较理想的恢复系。

（2）选育思路　针对 20 世纪 70 年代后期福建省杂交水稻生产中存在的组合单一、抗性不强、适应性不广、制种产量低等问题，谢华安等提出，以恢复力强、配合力好、抗稻瘟病、米质好、千粒重大和制种产量高作为新恢复系的选育目标，并围绕该目标设计了主要育种思路：①选择抗性强的亲本，尤其稻瘟病抗性要强，突出抗稻瘟病育种。②选择地理、生态远缘的亲本，以期两亲本遗传差异大。③选择具有强恢复基因的亲本。④选择大粒型恢复系。⑤适当提高生物产量。

（3）技术路线

1）亲本的选配。'明恢 63'的亲本是'圭 630'和'IR30'。'圭 630'是引自圭亚那的栽培稻品种，原产自南美洲。其特点是：具有对野败型不育系的恢复能力和较高的配合力，千粒重大（35g）、丰产性良好且米质优良；但不抗稻瘟病且叶片宽披。'IR30'是来自国际水稻所的南亚热带品种，与'圭 630'生态条件不同，有很大的地理起源差异。其特点是：具有良好的对野败型不育系的恢复能力和较高的配合力，抗病虫性强（可抗稻瘟病、白叶枯病和稻飞虱）、转色好；但千粒重小，茎秆纤细且生长量不足。二者配组刚好可以互补不足，选育出恢复力强的优良恢复系的可能性较大。所以，谢华安等以'圭 630'和'IR30'为亲本成功选育出了恢复力好、抗稻瘟病、米质优、转色好、千粒重大、抗倒伏、丰产性好的恢复系'明恢 63'。'明恢 63'的系谱见图 5-9。

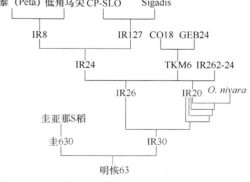

图 5-9　'明恢 63'的系谱图（引自谢华安，2005，稍做修改）

2）'明恢 63'的选育。'明恢 63'的选育过程关键是对后代的选择，既要保证恢复基因在后代材料中稳定存在，又要兼顾优良综合性状的筛选，即做到恢复力、配合力、米质、抗性、开花散粉习性及农艺性状等的同步筛选。具体选育过程如图 5-10 所示。

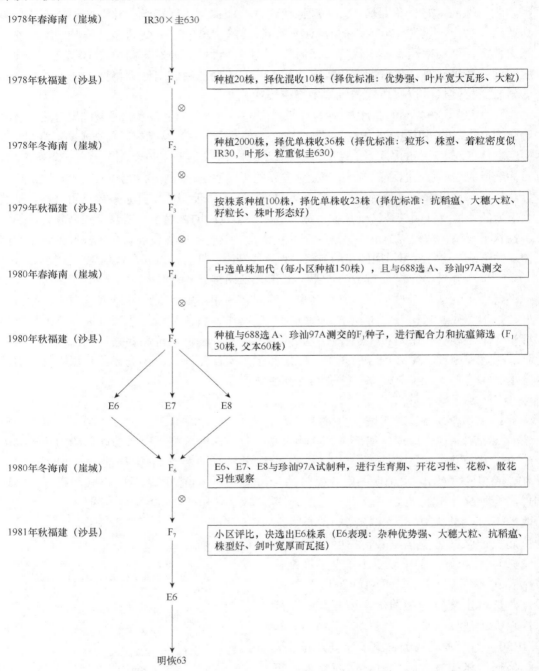

图 5-10 '明恢 63' 选育过程（引自谢华安，2005，稍做修改）

2. '明恢 63' 的生物学性状　　'明恢 63' 作晚稻种植时，在一般条件下，株高 100～110cm，茎秆直径 8～9mm，株型适中，叶片数 16～17 叶，剑叶长 30～35cm，剑叶宽 1.5～1.8cm，叶鞘和叶枕绿色，叶耳无色，叶片淡绿色。单株平均有效穗数为 11.1，穗长 25cm，每穗总粒数 130 粒左右，结实率 85%～90%。千粒重 29g，谷粒长 10mm，谷粒宽 3.0mm。

‘明恢 63’属基本营养型，对光照不敏感，具有一定的感温性。单穗花期约 5d，群体始花到盛花 3～4d。花时早而集中，夏、秋季晴天条件下 9:30 左右始花，11:00～12:00 盛花，13:00 终花，午前花占日开花总数的 95%。开颖角度大，花药大而饱满，散粉顺畅。

‘明恢 63’约有 1 个月以上的休眠期。稻瘟病抗性强，纹枯病抗性中等（韩月澎等，2002）。‘明恢 63’属 1 级耐低钾、耐盐或中度耐盐品种（彭志红等，2002；王建飞等，2004），抗倒伏性强（梁康迳等，2000），米质优良，并于 1986 年被农业部评为优质米，是一个大众化的优质米。而且，‘明恢 63’含有的再生力有利基因位点多，基因加性效应大，是配制强再生力组合的较理想亲本（任天举等，2004）。

（三）‘汕优 63’的选育及推广

1981 年，谢华安等通过‘珍汕 97A’‘明恢 63’组配选育的水稻杂交种‘汕优 63’获得成功并推广。此时正值中国第一代杂交水稻因不抗稻瘟病使杂交稻生产推广走入低谷的时期，而‘汕优 63’的成功选育，为乌云席卷的中国杂交水稻的天空带来了曙光。1983 年，‘汕优 63’破格参加全国生产试验，好评如潮。该品种先后通过了福建、四川、湖北等多个省份和全国品种审定委员会审定，迅速在全国 16 个省份大面积推广。其中 1990 年种植面积达 1.02 亿亩，占全国杂交稻面积的 42%。

1. 育种目标　20 世纪 70 年代，针对当时主推杂交稻品种稻瘟病抗性不强的问题，谢华安等提出了 3 个“一点”的育种目标，即在‘汕优 2 号’的基础上，选育千粒重大一点、结实率高一点、抗稻瘟病强一点的杂交新组合。

2. 亲本选配　杂交水稻的育种实践证明，优良亲本的选配须遵循以下原则，才能培育出高产、优质、多抗的新品种。具体原则如下：①一定范围内，亲本亲缘关系越远，杂种优势越强，如‘汕优 63’的两个亲本——‘珍汕 97A’‘明恢 63’，‘珍汕 97A’来源于长江流域；‘明恢 63’来源于东南亚，二者生态类型不同，且地理上相距较远，亲缘关系亦远，所以才使得‘汕优 63’表现出强大的杂种优势。②两亲本的主要农艺性状的优缺点要互补，两亲本彼此间的缺点要尽可能少，最好不存在共同的缺点，如‘珍汕 97A’生育期短、适应性广，但米质差；而‘明恢 63’生育期长、大穗大粒、抗稻瘟病，且米质优，二者配组时通过基因互补作用，从而培育出抗稻瘟病、米质优、穗大粒多、生育期较‘明恢 63’短、适应性广的优良杂交种‘汕优 63’。③亲本的农艺性状优良。穗粒性状是杂交稻选育的重要经济指标，而对杂交稻主要穗粒性状的遗传规律研究发现，穗粒数、千粒重、有效穗、生育期、株高、穗长等性状与双亲的平均值存在极显著的相关性，如‘珍汕 97A’属于早籼野败型不育系，具有不育性好、早发性强、配合力好、适应性广、熟期早等特点；而‘明恢 63’具有长粒、千粒重大、米粒透明、恢复力强、恢复谱广和抗稻瘟病等优点，所以二者配组才能获得优势强、产量高、米质好、适应性广和抗稻瘟病的优良组合‘汕优 63’。④根据杂交稻生育期与双亲生育期密切相关的原理，选择相应亲本以满足熟期要求，如'珍汕97A'是早籼中熟品种；'明恢63'属中晚籼品种，二者配组即可获得生育期比'明恢63'短、比'珍汕97A'长的'汕优63'，从而使得'汕优63'在华南稻区可作早稻种植，在长江上游和高海拔山区可作中稻种植，在长江中下游又可作晚稻种植。⑤双亲配合力的高低与杂种优势强弱密切相关，所以要获得优良组合，就要注意选择配合力好的双亲进行组配，如'汕优63'的双亲不仅表型性状优良，而且有较高的一般配合力和特殊配合力，从而使得配制出的'汕优63'表现出了强大的杂种优势。

3. 技术路线　'汕优63'选育的主要技术路线是：恢复系恢复基因累加，并突出对抗稻瘟病、好米质、适应性广、恢复力强和配合力高的筛选，具体如图5-11所示。

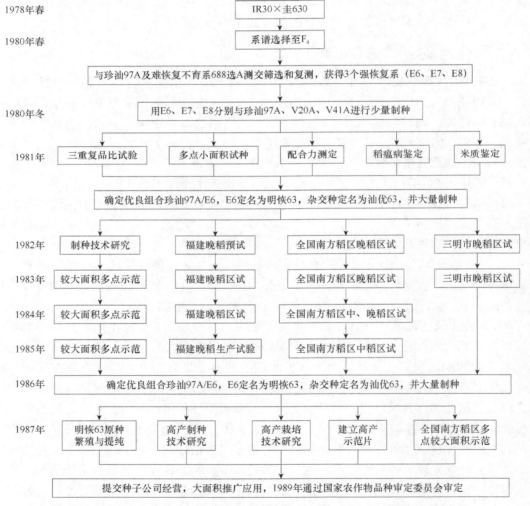

图5-11　'汕优63'的选育和推广流程（引自谢华安，2005，稍做修改）

谢华安等还在'汕优63'培育成功的基础上总结出了5项关键技术，①探索出了一套独特的恢复系选择技术：即亲本原产地必须是低纬度，而且亲本必须是"强恢×强恢"组合，使选育的杂种后代优势强。②探索出了高效的测交技术：即通过选择可恢复性差、配合力差的不育系与待选恢复系测交，严格区分不同恢复系的恢复力和配合力水平，从中选出具有强恢复力的恢复系，使其在不同生态条件下均能表现强的恢复力和配合力。③建立了一套完整有序的抗瘟性筛选的育种程序，并利用该程序成功选育出抗瘟性强且持久的'明恢 63'及其配组的'汕优 63'。该程序具体为：低世代重病区压力下抗瘟性筛选—中世代旱病圃鉴定—高世代抗谱分析。④通过'明恢 63'和其杂交水稻配制组合的实践证明，为进一步提高杂交水稻的丰产性，恢复系应具备大粒性状。⑤提出了同步 4 重筛选法，提高育种效率。即把高产性、抗病性、适应性和恢复力 4 个方面的筛选和鉴定有机结合起来，进行同步 4 重筛选，提高育种效率。

4. '汕优 63'的主要生物学性状 '汕优 63'茎秆粗大，分蘖力中等，株型紧凑，剑叶呈筒状，穗大粒多，穗粒数 160 粒以上，结实率 76%，亩有效穗可达 16 万穗，千粒重 28g，米粒比其他汕优系统组合的籽粒略长，外观品质好、米饭柔软可口。'汕优 63'抗倒、耐寒、抗病、抗逆性能力强。

'汕优 63'于 2003 年参加贵州省水稻区试中晚熟组，平均亩产 522kg，比对照'汕优 61'增产 3.0%，差异显著。2004 年是贵州省 30 年来受冷害最严重的一年，'汕优 63'又参加区试，平均亩产 548.5kg，达正常年水平，比'汕优 61'增产 18.9%，居参试组合第二位，最终结实率达 68%，比对照'汕优 61'高 39.1%，居参试组合之首，且比对照表现更强的耐寒性。

二、'明恢 63'的遗传分析及推广应用

（一）'明恢 63'恢复基因的遗传分析

为阐明'明恢 63'恢复基因的遗传特点和分子机制，不少学者对此开展了大量研究。杨跃华等（1998）通过估算'明恢 63'F_1～F_2结实率的变化，推测其可能含有 2 个恢复基因。徐才国等（2003）利用'珍汕 97A'×'明恢 63'构建的重组自交系材料，结合分子标记基因型分析，发现'明恢 63'的 2 个恢复基因 $Rf3$ 和 $Rf(u)$ 分别位于水稻第 1 号和第 10 号染色体上。随后，亓芳丽等（2008）以'珍汕 97A'×'明恢 63'的 F_2 群体为材料，利用 SSR 分子标记对位于第 1 染色体的恢复基因 $Rf3$ 进行了定位分析，最终将其限定在 SSR 标记 RM10338 和 RM10376 之间 679.9kb 的区间内（图 5-12）。另外，Zhang 等（1997）分析发现 $Rf3$ 与 RFLP 标记 RG532、RG140 和 RG458 等连锁；Alavi 等（2009）将 $Rf3$ 定位在 SSR 标记 RM1 和 RM3873 之间。以上研究结果均说明 $Rf3$ 恢复基因的真实存在，但目前还未被克隆。

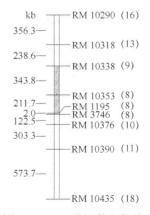

图 5-12 $Rf3$ 基因的定位结果图（亓芳丽等，2008）

图 5-12 中左侧数字示标记间物理距离（kb），标记名称后括号中的数字为相应标记与 $Rf3$ 基因在 119 个极端不育个体中

发生的单交换数，阴影区域为 *Rf3* 基因的可能位置。标记顺序和标记间距离引自 Gramene。

位于第 10 染色体的 *Rf*（*u*）很可能就是已克隆的 *Rf1/Rf-1* 基因。比较发现，*Rf*（*u*）与已定位的 *Rf1/Rf-1* 位置相近，且多个团队均克隆到位于第 10 染色体的 *Rf1* 基因。Akagi 等（2004）利用 2 个近等基因系构建的 BC_1F_3 群体，结合连锁分析，将 *Rf-1* 限定在 22.4kb 的区间内（图 5-13），进一步分析发现，在可以恢复胞质雄性不育的近等基因系 MTC-10R 中 *Rf-1* 基因位点上含有两个开放阅读框 *Rf-1A* 和 *Rf-1B*。其中 *Rf-1B* 存在提前终止密码子形成一个短的蛋白质，且不含有线粒体定位信号肽；而 *Rf-1A* 的 cDNA 全长 2760bp，仅有 1 个外显子，编码一个由 791 个氨基酸组成的含有 16 个三角状五肽重复序列基序的蛋白质（PPR 蛋白），定位于线粒体上（图 5-14）。进一步分析发现，*Rf-1A* 在孕穗期的花序中表达，串联重复的 PPR 基序被认为可以与 RNA 和 DNA 特异结合，所以推测 Rf-1A 蛋白可能对来源于线粒体基因组的 *atp6/orf79* 转录本进行加工，从而恢复 BT 型胞质雄性不育性，因此认为 *Rf-1A* 基因就是 *Rf-1* 基因。

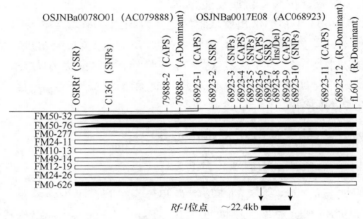

图 5-13　*Rf-1* 的精细定位（Akagi et al.，2004）

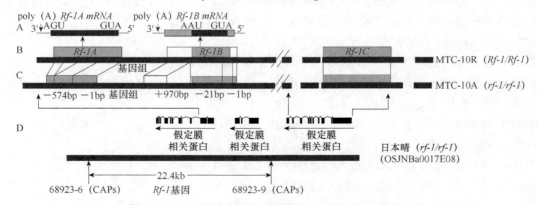

图 5-14　*Rf-1* 位点的基因组结构（Akagi et al.，2004）

A. *Rf-1A* 和 *Rf-1B* 在 MTC-10R 中的基因结构和转录方向，箭头所示为 poly（A）所在位置；B. 近等基因系 MTC-10R 中 *Rf-1* 位点包括两个重复开放阅读框（*Rf-1A* 和 *Rf-1B*）；C. 近等基因系 MTC-10A 中 *Rf-1* 位点的基因组结构；D. *Rf-1* 位点区域 3 个预测基因（*Rf-1A*，*Rf-1B* 和 *Rf-1C*）在'日本晴'基因组中的相对位置和基因结构

　　Wang 等（2006b）研究认为，在 Boro Ⅱ型水稻中，异常的线粒体开放阅读框 *orf79* 与加倍的 *atp6* 基因共转录，编码一个细胞毒素肽。这种有毒多肽在小孢子中特异积累，导致配子体的雄性不育。两个相关的育性恢复基因 *Rf1a* 和 *Rf1b*，它们位于典型的 *Rf-1* 位点，是多基因簇的成员，编码 PPR 蛋白（图 5-15）。Rf1a 和 Rf1b 都定位在线粒体上，它们分别通过内切和降解 *B-atp6/orf79* mRNA 的方式，阻止毒肽的形成，恢复育性（图 5-16）。

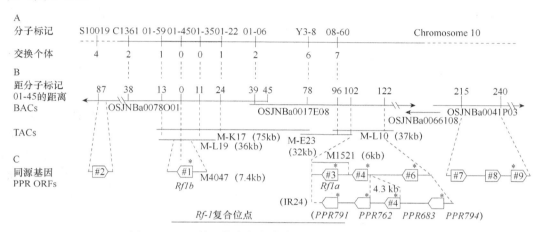

图 5-15　*Rf1* 基因的定位与克隆（Wang et al.，2006b）

A. *Rf1* 的初步定位；B、C. *Rf1* 位点的物理图谱及基因 *Rf1a* 和 *Rf1b* 及其同源基因在染色体上的位置；

*表示被预测或实验证实具有线粒体转运信号的 ORF

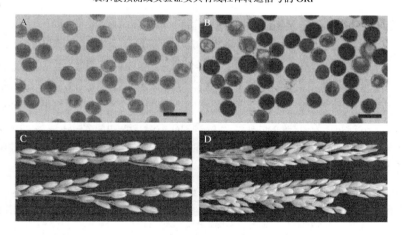

图 5-16　*Rf1a* 和 *Rf1b* 的功能验证（Wang et al.，2006b）

A. CMS-BT 株系 KFA（花粉完全败育）；B. 将 ORF[#1]（*Rf1b*）转入 KFA 的 T₀ 代转基因株系（花粉育性恢复）；

C、D. 分别将 ORF[#1]（*Rf1b*）和 ORF[#3]（*Rf1a*）转入 KFA 的转基因株系（小穗育性均被恢复）

　　另外，图位克隆证实 *Rf5* 与 *Rf1a* 一致（Hu et al.，2012），所以 *Rf5* 亦与 *Rf1* 为同一个基因。研究发现，*Rf5* 作用于线粒体，并诱导对 *atp6-orfH79* 转录本内切核苷酸的切除，抑制 ORFH79 蛋白积累，恢复线粒体功能，改善根系发育，并进一步显著提高水稻对干旱胁迫和盐胁迫的耐受性（Yu et al.，2015）。

（二）'明恢 63' 的推广应用

'明恢 63' 是以 'IR30' × '圭 630' 杂交，于 1981 年育成的我国人工制恢研究中第一个取得突破的优良恢复系。其恢复力强、恢复谱广、配合力好、综合农艺性状优良、抗稻瘟病、制种产量高。它既是我国杂交水稻组合配组中应用最广、持续应用时间最长、效益最显著的恢复系，又是我国新恢复系选育中贡献最大的优良种质（谢华安，1998）。

根据农业部《全国农作物主要品种推广情况》统计，到 2014 年为止，全国以 '明恢 63' 组配育成了 43 个杂交稻品种，其中有 34 个杂交稻组合通过省级以上品种审定或认定，有 4 个杂交稻组合，即 '汕优 63' 'D 优 63' '特优 63' '两优 363' 通过国家品种审定。1984～2014 年，用 '明恢 63' 组配的所有组合的推广面积累计达 12.66 亿亩，占中国杂交水稻推广面积的 20.56%。

到 2010 年，全国各育种单位利用 '明恢 63' 作为恢复系选育的骨干亲本，先后育成了 594 个新恢复系，这些恢复系组配的 978 个组合通过省级以上品种审定，其中 170 个组合通过了国家品种审定。1990～2015 年，这些恢复系组配的组合累计推广面积达 15 亿亩以上，占全国杂交水稻推广面积的 28.74%。其中 143 个恢复系累计推广面积在 100 万亩以上，如 '多系 1 号' '广恢 998' '晚 3' '绵恢 501' '明恢 86' '航 1 号' 等。

三、'汕优 63' 的遗传分析及推广应用

（一）'汕优 63' 的遗传分析

'汕优 63' 不仅以产量高、米质优、高抗稻瘟病、高适应性的特点在全国大面积推广，而且自其推广以来，许多科技工作者对其杂交组合 '珍汕 97A' '明恢 63' 的抗病性、产量构成因素、外观和食味品质相关 QTL/基因进行了定位和克隆研究。到 2020 年，已从 '明恢 63' '珍汕 97A' 杂交组合构建的不同群体中，定位了 6 个抗黑条矮缩病 QTL，其中 1 个主效 QTL 被精细定位在第 6 染色体标记 S18 与 S23 之间 627.6kb 的区间内（潘存红等，2009；Li et al.，2013）。除此之外，还定位了 2 个抗白叶枯病基因 $Xa25$、$Xa3/Xa26$（Chen et al.，2002；Yang et al.，2003；Sun et al.，2004），3 个抗稻瘟病基因 $rbr2$、$OsMPK6$、$Pimh$（t）（Chen et al.，2003；Bin et al.，2007；杨红等，2008；时克，2008），2 个同时抗白叶枯病和稻瘟病的基因 $OsWRKY13$ 和 $OsDR8$（Qiu et al.，2007；Wang et al.，2006a），2 个抗纹枯病 QTL $qSB-5$ 和 $qSB-9$（韩月澎等，2002）。定位/克隆了多个控制产量及其构成因素的相关 QTL/基因，如控制每穗粒数、株高和抽穗期的多效性基因 $Ghd7$（Xue et al.，2008），控制粒长和粒重的主效基因 $GS3$（Fan et al.，2006），每穗粒数相关 QTL $qSPP7$（Xing et al.，2008）、$gp1b$ 和 $gp5$（Yu et al.，1997），粒形相关 QTL $gl3b$、$gw6$、$gs3$ 和 $gs5$（邢永忠等，2001b），千粒重相关 QTL $gw7$、$gw11$、$TGW3a$ 和 $TGW3b$（Yu et al.，1997；Liu et al.，2010），产量相关 QTL $yd1a$、$yd1b$、$yd2$（Xing et al.，2002），株高相关 QTL $ph1$、$ph5b$、$ph7$（Yu et al.，2002），抽穗期相关 QTL $Hd7$（邢永忠等，2001a）；控制直链淀粉含量、胶稠度和糊化温度的基因 WX^b（Tan et al.，1999）。另外亦对控制种子衰老、固氮能力、氮磷利用效率和种子铁含量等相关 QTL 进行了定位分析（Wang et al.，2014；Wei et al.，2012；任淦等，2005；季天委等，2005；吴方喜等，

2011）。以上研究结果均表明，'明恢 63'是一个携带有诸多优良基因和位点的载体，这也是其能够配制出优良杂交组合'汕优 63'，并在生产上大面积、长时间应用的物质基础。

一些科学家亦对'汕优 63'的杂种优势基础进行了研究。Yu 等（1997）把'汕优 63'的杂交组合'珍汕 97A'×'明恢 63'的 250 个 $F_{2:3}$ 群体作为材料，对影响产量及其构成因素的 QTL 进行了分析，两年共定位了 32 个控制产量和产量构成因素相关性状的 QTL，其中有 12 个 QTL 两年均可被检测到；而另外 20 个 QTL 仅在一年中被检测到。大多数产量相关 QTL 表现超显性效应；其他性状 QTL 只有部分表现超显性效应。但是，基因型杂合性与性状表现相关程度很低，表明基因型杂合性对杂种优势的形成贡献较小。进一步利用双向方差分析对全基因组所有可能的两位点组合进行互作效应显著性检验发现，上位性效应涉及了大量标记位点，而且这些位点遍布水稻的 12 条染色体。许多上位性效应在两年均被检测到，它们所涉及的基因位点组合和互作类型在两年间也表现高度的一致性，说明其存在的真实性。研究结果表明，在'汕优 63'的杂交组合中，上位性效应在性状表现和杂种优势的形成中发挥了重要作用（张启发，1998）。

（二）'汕优 63'的推广应用

'汕优 63'是以'珍汕 97A''明恢 63'为亲本选育而成的超级杂交稻。因其产量高、适应性广，'汕优 63'的选育成为杂交水稻更新换代的里程碑。在中国中部和南部的 16 个省，从 100°36′E（云南）推广到 121°56′E（上海），从 17°36′N（海南）推广到 37°49′N（山东），跨越 21.3 个经度、20.2 个纬度。据中国农业部统计数据显示，1985～2001 年，'汕优 63'的种植面积很大，平均每年为 360 万 hm^2，占全国杂交水稻种植面积的 28.3%。1990 年种植面积高达 680 万 hm^2，占全国杂交水稻总面积的 44.8%。1984～2012 年，'汕优 63'在中国累计种植 6290 万 hm^2，创造经济价值达 37.74 亿美元（图 5-17）。

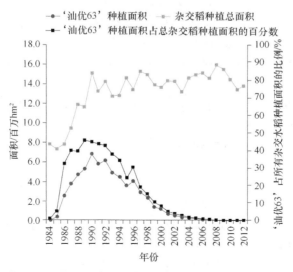

图 5-17　'汕优 63'与全国杂交稻历年推广面积比较（Xie and Zhang，2018）

四、经验与启示

‘汕优 63’选育的成功，谢华安院士认为有以下 4 方面经验。

第一，根据生产实际需求，设定明确目标。选育的杂交水稻品种首先要能抗稻瘟病。据‘汕优 63’的育种家谢华安院士回忆："杂交水稻的研究成功，离不开党中央的重视和大力支持。1975 年冬，第一次从福建到海南开展大规模南繁制种。当时使用的是‘二九南不育系’‘恢复系 24’‘南优二号’杂交种，我是三明地区南繁制种技术负责人，带队在陵水县、英州公社的鼓楼大队，周边有厦门、宁德和龙岩地区育种队。那一年，‘二九南不育系’在秧苗期发生大量的稻瘟病，皆是急性型病斑，制种损失严重。这个现象让我想到，不抗稻瘟病的杂交稻是不具备应用前景的。从此我决心通过育成抗稻瘟病的恢复系品种，进而育成抗稻瘟病的杂交稻。"1981 年，通过‘明恢 63’和‘珍汕 97A’组配，选育出了杂交水稻良种‘汕优 63’。1983 年，‘汕优 63’破格参加全国生产试验，好评如潮。

第二，创新是育种成功的关键。‘明恢 63’是 20 世纪中国杂交水稻品种配制中应用范围最广、时间最长、效益最显著的恢复系，同时也是创制新恢复系的优良种质，是恢复系创制中遗传贡献最大的亲本。1997 年 12 月 30 日，受福建省科学技术委员会委托，中国水稻研究所闵绍楷研究员对"杂交水稻恢复系‘明恢 63’的选育与利用"课题进行了成果鉴定。专家组认为‘明恢 63’的选育在技术路线和选育方法上有三个方面的创新：①创立了严格有效的抗稻瘟病育种程序；②选用难恢复的不育系作为测交亲本，筛选出具有强恢复力的恢复系；③选择在不同季节下，杂种一代结实率均高的对应株系作为主要选择指标。鉴定委员会专家一致认为，‘明恢 63’的选育成功，已达到同类研究国际领先水平。

第三，广泛交流与合作是成功选育优良品种的支撑。当今科学技术发展突飞猛进，杂交水稻育种更是日新月异。就杂交水稻发展现状而言，我国仍处于世界的前沿，每年都有新品种问世。随着转基因等现代生物技术的应用，杂交水稻水平越来越高，仅靠一家单位难以做出重大成果，大合作、大联合、大开发已成为必然。

第四，科研团队吃苦耐劳、不畏困难和挑战的科研精神，这是反复试验并选出稳定性状的关键。谢华安院士曾意味深长地说："我们要鼓励年轻人，吃得了苦，下得了田。风吹雨打太阳晒确实艰苦，唯有吃苦耐劳，才能培养年轻科研人员的创新精神。"

第七节　油菜育种理论与案例分析

一、我国油菜生产与育种概况

（一）油菜生物学基础

油菜是我国四大食用油料作物（大豆、油菜、向日葵、花生）之一，已从小作物发展成为继水稻、小麦、玉米、大豆之后的第五大作物，种植面积和总产稳居世界前三位（王汉中和殷艳，2013）。2000～2009 年，年均种植面积 699 万 hm^2，占世界年均种植面积的 23.3%；年均总产量为 1198 万 t，占世界年均总产量的 22.6%（傅廷栋，2013）。

油菜用途广泛，油菜籽为食用油的来源；菜籽饼粕为重要蛋白质饲料的来源。菜籽油也是各种食品加工业中的重要原料，如生产方便面、各种糕点和人造奶油等。高芥酸（芥酸含量在 50%～55%）菜籽油还可用作机械润滑剂，在橡胶、油漆、化工、纺织、洗涤剂和医药工业中广泛应用（刘后利，1987）。近年来，人们又开发出油菜的新应用领域，主要包括旅游观光、青贮饲料、蔬菜等方面（傅廷栋，2013；沈洪学等，2018）。

油菜是十字花科芸薹属油料作物的统称，主要包括四大十字花科芸薹属物种：白菜型油菜（*Brassica rapa* L.，AA，2*n*＝20）、芥菜型油菜（*Brassica juncea* L.，AABB，2*n*＝36）、埃塞俄比亚芥（*Brassica carinata* L.，BBCC，2*n*＝34）和甘蓝型油菜（*Brassica napus* L.，AACC，2*n*＝38）（图 5-18、图 5-19）。白菜型油菜与芥菜型油菜主要起源和分布于中国和印度；埃塞俄比亚芥起源和分布于非洲北部；甘蓝型油菜起源于欧洲地中海沿岸（刘后利，1987）。白菜型油菜为二倍体油菜，抗寒、抗旱、耐瘠薄、早熟，但植株矮小、易倒伏、抗病毒病和菌核病性较差、产量水平较低，曾是我国油菜的主要栽培类型。芥菜型油菜抗旱、抗病毒病、抗蚜虫、抗倒伏、耐瘠薄、角果小、千粒重小、产量低，曾在我国干旱少雨的西北部以及其他生产水平低的地区种植较多，目前在印度种植面积较大。埃塞俄比亚芥在非洲北部有分布和种植。

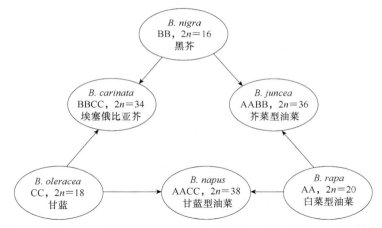

图 5-18 禹氏三角：芸薹属基本种（三角形顶端）与复合种（三角边中间）

图 5-19 4 种类型油菜苗期图片

A. 白菜型油菜；B. 芥菜型油菜；C. 甘蓝型油菜；D. 埃塞俄比亚芥

自 20 世纪 40 年代第一个甘蓝型油菜——'胜利油菜'引进到我国开始，我国油菜育种者通过对其改良驯化，甘蓝型油菜已经成为我国油菜的主要栽培类型。甘蓝型油菜为异源四倍体植物，与其他三种油菜相比，生长旺盛、植株高大、较抗病毒病、耐菌核病、较抗倒伏、对水肥需求量较高、角果大、千粒重大、单产水平高。该类型的缺点是抗寒、抗旱、耐瘠薄能力较差。甘蓝型油菜已经成为世界油菜产区的主栽品种，在我国也已经取代白菜型和芥菜型油菜，成为油菜主要栽培类型（刘后利，1985）。

（二）油菜在我国的分布

油菜类型多，适应能力强。在我国，除海南省以外均有分布。但是主产区只有长江流域、黄淮流域冬油菜产区和西北、东北春油菜产区。由于各个省份生态条件差异大，因此各地对油菜品种类型、性状的要求不一样。

长江流域在油菜生长期间降雨量大、田间湿度大，对油菜品种的耐渍、抗菌核病、抗倒伏能力要求高。在双季稻产区，为了不耽误水稻生产，对油菜早熟性要求较高。在黄淮流域，由于冬季气温低、春秋两季干旱少雨、春季油菜成熟前多大风天气，对油菜的抗寒、抗旱、抗倒伏、抗菌核病能力有特殊要求。对于西北春油菜产区，由于夏季干旱少雨、早春低温，需要抗旱、苗期耐低温的油菜品种。

在过去的 40 年中，我国油菜品种经历了两次革命性转变：油菜品种优质化和油菜品种杂种优势化。

（三）油菜品质改良

油菜品种优质化是世界范围内油菜品质的一次重大变革，始于 20 世纪 60 年代的欧洲和加拿大，主要是双低（低芥酸和低硫苷）油菜品种的培育。菜籽油由多种脂肪酸组成，包括芥酸（erucic acid，$C_{22:1}$）、二十碳烯酸（eicosenoic acid，$C_{20:1}$）、亚麻酸（linolenic acid，$C_{18:3}$）、亚油酸（linoleic acid，$C_{18:2}$）、油酸（olein acid，$C_{18:1}$）、硬脂酸（stearic acid，$C_{18:0}$）和棕榈酸（palmitic acid，$C_{16:0}$）。其中，芥酸（图 5-20）是长链脂肪酸，食后吸收慢，难以消化，营养价值较低，在传统菜籽油中含量很高，达 40%～50%（刘后利，1987）。因此，降低菜籽油中芥酸含量成了油菜品质改良的首要目标。油菜籽中另外一个突出的品质问题是其饼粕中含有硫代葡萄糖苷（简称硫苷，glucosinolate）（图 5-21），传统油菜籽中含量高达 100～200μmol/g（熊秋芳等，2014）。硫代葡萄糖苷在芥子酶作用下降解，产生异硫氰酸盐、恶唑烷硫酮、腈等毒性产物，散发刺激性气味，降低菜籽饼粕作为饲料的营养价值（刘后利，1987）。在我国，一直以来，菜籽饼粕被当作肥料使用，其中富含的蛋白质被大量浪费。与此同时，我国养殖业却严重缺乏蛋白质饲料，每年需要大量进口豆粕。

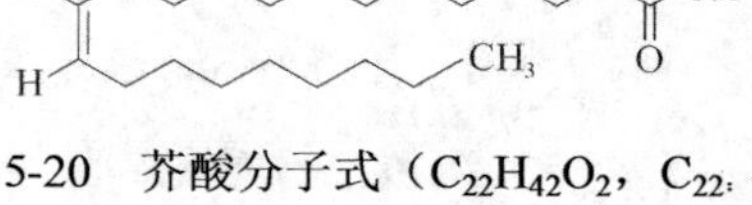

图 5-20　芥酸分子式（$C_{22}H_{42}O_2$，$C_{22:1}$）

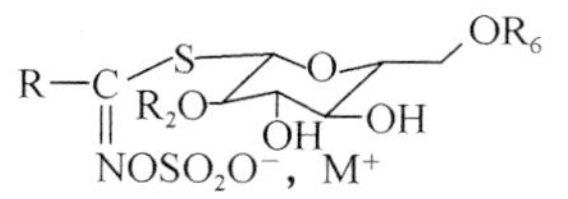

$$R-\overset{S}{\underset{\overset{||}{O}}{C}}\overset{O}{\underset{\underset{NOSO_2O^-, M^+}{OH \quad OH}}{}}OR_6$$

图 5-21 硫代葡萄糖苷的一般结构式

R 为与母体氨基酸相连接的侧链；R_2，R_6 为 H 或者酰基衍生物；M^+ 为阳离子

20 世纪 60 年代，加拿大等国从德国油菜品种中筛选出了一个低芥酸种质资源'Liho'，从波兰的种质资源中筛选出了低硫代葡萄糖苷品种 'Bronowski'，开启了世界范围内的低芥酸、低硫代葡萄糖苷（简称双低）的油菜品质改良运动。各国根据经济和技术发展水平的不同，制定了各自不同的双低优质油菜的芥酸和硫苷含量标准。根据不同等级，对于种子和商品菜籽的要求也有所不同。我国双低油菜种子的标准较西方发达国家的标准更为宽松。不同类型种子的芥酸和硫苷含量标准见表 5-6。在我国，油菜品种审定和登记时，芥酸和硫苷品质标准是强制执行的农业行业标准（李培武和丁晓霞，2008）。因此，我国早在 20 世纪 90 年代，审定的油菜品种就已经实现了双低优质化，尤其是甘蓝型油菜品种基本全部实现双低优质化。由于芥菜型油菜和白菜型油菜在生产上种植较少，很少有育种者对这两种类型油菜品种的品质进行改良，因此生产上种植的白菜型和芥菜型油菜品种多数仍是高芥酸、高硫苷农家种，这导致我国商品油菜籽的芥酸和硫苷品质还未完全达到双低优质标准。

表 5-6 我国低芥酸、低硫苷油菜种子质量标准（NY 414－2000）

种子级别		质量指标					
		芥酸 不高于/%	硫苷（饼）不高于/ （μmol/g）		纯度 不低于/%	净度 不低于/%	发芽率 不低于/%	水分 不高于/%
杂交油菜 种子	一级	2.00	F₂代	亲本平均值	90.00	97.00	80.00	9.00
	二级		40.00	30.00	83.00			
常规油菜育种家种子		0.50	25.00		99.90	99.50	96.00	9.00
原种		0.50	30.00		99.00	98.00	90.00	9.00
良种		1.00	30.00		95.00	98.00	90.00	9.00

除芥酸和硫苷这两个突出的品质性状外，在油菜中还有其他品质性状需要改良，如亚麻酸，虽然人体不能合成亚麻酸，必须从食物中摄取，但亚麻酸是三烯碳烯酸，在储存过程中容易被氧化酸败。因此需要通过品质改良将其含量由传统的 10% 左右降低到 3% 以下。另外，油酸是一种有益于人体健康的脂肪酸。在油菜育种中需要选育油酸含量大于 70% 的高油酸油菜品种（熊秋芳等，2014）。这些品质性状的指标要求都不是强制执行的标准，其育种取得的进展也不如低芥酸和低硫苷双低优质品种改良那么显著。

（四）油菜杂种优势利用

油菜跟大多数作物一样，杂种优势十分明显，一般优势率可以达到 20%～30%。跟其他作物相比，油菜杂种优势利用更为便利：①油菜花朵花龄长，一般为 3～5d。②花朵大，雌蕊和雄蕊外露，有丰富的蜜腺，可以吸引蜜蜂传粉或者借风力传粉（图 5-22、图 5-23）。③花期长，油菜为无限花序，分枝多，油菜从初花到终花，持续时间大概为

20～30d。因此油菜制种过程中，多数油菜父母本花期都能够相遇。即使少数花期不遇的父母本，也可以通过分期播种、摘薹调整等措施解决花期不遇的难题。④油菜种子千粒重小，一般只有 3～5g，繁殖系数高，1hm^2 制种田生产的杂交种可以满足 200～300hm^2 大田的用种需求。⑤用种量少，种子成本低，有利于杂交油菜的推广（傅廷栋，1995）。

图 5-22　油菜花朵　　　　　　　图 5-23　油菜花序

　　油菜杂种优势利用的研究早在 20 世纪 40 年代就已经开始了。国内外先后发现了油菜核不育系（盛永俊太郎，1940；四川省农业科学院油菜研究室，1972）、自交不亲和系（Olsson，1960）和萝卜质不育系（Ogura，1968）。这些不育控制系统存在或多或少的不足，限制了它们的大面积生产应用，如多数核不育系中存在 50%可育株，需要在不育系繁殖和杂交种生产中人工去除这 50%可育株，这不仅增加了制种成本，还导致制种产量大幅度降低，杂交种价格居高不下。自交不亲和系并不是普遍存在的，需要进行杂交转育才能获得。萝卜质不育系在这个时期还没有转育到甘蓝型油菜中。尽管如此，这些研究为之后的油菜杂种优势利用奠定了基础。

　　20 世纪 70 年代至 80 年代中期，一批油菜胞质不育系的发现，如 Shiga 和 Baba（1971，1973）及 Thompson（1972）发现的 nap 胞质不育系、傅廷栋发现的‘Pol A’甘蓝型油菜胞质不育系（傅廷栋，1989）、李殿荣（1980）发现的‘陕 2A’甘蓝型油菜胞质雄性不育系（图 5-24），使得油菜杂种优势利用开始步入应用阶段。Bannerot 等（1974）把萝卜质不育系转育到甘蓝型油菜中，育成了甘蓝型油菜萝卜质雄性不育系（图 5-25）。当

图 5-24　甘蓝型油菜细胞质雄性不育系花朵　　　图 5-25　甘蓝型油菜萝卜质雄性不育系花朵
花瓣皱缩，花药萎缩，一般有微量花粉，不育率 100%　　花瓣正常，花药长，无花粉，不育度 100%，不育率 100%

时，所有的甘蓝型油菜都是萝卜质不育系的保持系，找不到恢复系，没有实现三系配套，无法生产杂交油菜种子。随后'Pol A''陕2A'等甘蓝型油菜胞质不育系、保持系、恢复系实现三系配套（湖南省油菜杂优协作组，1976；李殿荣，1980）。再后，胞质不育杂交种（崔德诉和邓锡兴，1979；李殿荣，1986）、自交不亲和杂交种（华中农学院农学系，1977）、细胞核雄性不育杂交种（顾锡坤等，1980；上海农业科学院油菜研究组，1978）（图5-26）和化学杀雄杂交种（官春云等，1981）纷纷研制成功，并进入试验示范阶段。

图5-26 甘蓝型油菜细胞核雄性不育株花朵
花瓣正常，花药退化，无花粉，不育度100%，不育率一般为50%，上位互作型核不育材料可以实现不育系、保持系和恢复系三系配套

在20世纪80年代后期，甘蓝型油菜杂交种开始在生产上大面积应用，油菜杂种优势利用进入实用阶段。尤其是第一个大面积应用于生产的甘蓝型油菜杂交种'秦油2号'，以其长势强、高产、稳产、抗逆性能强、适应性广等特点，深受黄淮流域广大油菜种植户的欢迎，而且经久不衰（李殿荣，1986）。随后，加拿大、我国各个省份也都育成了一批细胞质不育杂交种、自交不亲和杂交种、核不育杂交种和化学杀雄杂交种，如'Hyola 40''华杂2号''油研3号'等。这个时期我国育成的油菜杂交种芥酸和硫苷的含量都比较高，而同时期育成和审定的常规油菜品种都是低芥酸、低硫苷的双低优质油菜品种。本来常规油菜品种的产量就无法跟杂交种相比，双低优质常规油菜品种的产量、抗逆性、适应性和稳产性更是远远逊色于高芥酸、高硫苷杂交油菜种。因此，这些杂交油菜种的推广应用对优质油菜品种的推广形成了冲击。

为了解决常规双低优质油菜品种产量低和高产油菜杂交种芥酸含量高、硫苷含量高中高产与优质的矛盾，我国油菜育种工作者开展了"杂优＋双低"的育种攻关。到20世纪90年代，双低优质杂交油菜选育成功，并逐步替代了高芥酸、高硫苷劣质杂交种。目前，我国审定和推广的油菜杂交种全部实现低芥酸、低硫苷双低优质化。据2011年的统计结果，加拿大杂交油菜面积约占油菜总面积的90%；德国约占75%；中国约占70%（傅廷栋，2013）。

二、成果（品种或创新的种质资源）概述

在过去30年中，为满足黄淮流域及河南省油菜生产的需要，我国进行了油菜双低优质常规种选育、杂交种选育和多功能油菜品种选育，育成了30多个甘蓝型油菜常规种和杂交种，在黄淮流域和河南省大面积推广应用。其中，具有代表性的品种和特异油菜种质资源材料如下。

（一）'双油杂1008'

'双油杂1008'是河南省农业科学院经济作物研究所选育的半冬性甘蓝型细胞质雄性不育三系双低优质油菜杂交种。该品种苗期长势强、返青快、叶色深绿、茎秆绿色、

花色为黄色；株高 183.9cm；平均一次分枝数 7.1 个；平均单株总角数 277.8 个、角粒数 19.4 个、千粒重 3.88g；不育株率 6.04%；生育期 227.2d，比对照'杂 98009'晚熟 0.3d；品质符合国家低芥酸、低硫苷双低优质标准，含油量高；抗寒、抗倒伏、耐菌核病、抗病毒病；适应性和稳产性好，适合在黄淮区和河南全省种植，在罗山、南阳、遂平等县市适应性更好。

1．育种目标的确定　　针对黄淮流域双低优质油菜杂交种占生产用种的 70%左右的情况，将双低优质杂交油菜品种选育定为油菜育种的中心工作。鉴于目前推广的油菜杂交种存在产量水平还不十分理想、抗寒能力不强、抗倒伏能力较差、稳产性和适应性还有待提高等问题，将油菜育种目标定为培育高产（比当时生产上推广的双低油菜杂交种'杂 98009'增产 10%以上）、稳产、抗寒、抗旱、抗倒伏、耐菌核病、抗病毒病、低芥酸、低硫苷的双低优质高产油菜杂交种，满足黄淮流域油菜生产对双低优质油菜杂交种的需要。

2．亲本选配的理念　　新杂交种的选育目标是替代目前生产上大面积推广的'杂 98009'，要求其产量增产 10%以上。除此之外，还要求新杂交种比'杂 98009'更抗寒、抗倒伏、优质、耐菌核病、抗病毒病。因此，亲本选配就要求满足以下条件：

1）父母本必须是低芥酸、低硫苷双低优质材料。因为，国家油菜品种审定（现在改为登记）标准要求，新审定（登记）的油菜品种必须达到低芥酸和低硫苷双低品质标准。

2）其父母本都要农艺性状优良、长势强、分枝多。

3）为了方便制种和传粉，要求父本恢复系与母本不育系的花期要一致，父本的株高不低于母本，这样才能保证制种产量较高，制种成本较低。

4）不育系的不育性要在整个花期稳定，不受温度、湿度和光照变化的影响。因为黄淮流域的油菜花期正值春季，天气多变，尤其是气温变动幅度大，阴晴无常。如果是温度、光照敏感型不育系，将无法保证制种的正常进行，杂交种纯度也无法保证。

5）父母本还需要抗寒、抗旱、抗倒伏、耐菌核病、抗病毒病，因为黄淮流域秋冬季时常干旱少雨，冬季气温低，不抗旱和不抗寒的品种将无法越冬。黄淮流域春季油菜花期和灌浆期多大风，油菜容易倒伏。一旦倒伏，不仅产量大幅度降低，而且还会引起菌核病的爆发蔓延。因此，上述抗逆性是保证油菜杂交种的稳产性和适应性所必需的。

6）要求父母本的遗传基础差异大、配合力高，能够产生较强的杂种优势。

能够同时满足上述亲本选配要求的材料是不多的。科研人员通过多年、多点观察试验，结合室内品质筛选与田间筛选，最终发现'146A'胞质不育系为低芥酸、低硫苷双低优质细胞质不育系，其不育性稳定，初花期基本无花粉，盛花期完全不育。'146A'长势强、株高适中、分枝多、抗寒、抗倒伏、成熟期适中、较耐菌核病、抗病毒病。其恢复系'93-6'也是低芥酸、低硫苷双低优质品系，长势强、分枝多、植株健壮、花粉量大，是一个理想的恢复系。'93-6'与'146A'来源完全不同，遗传差异大，属于两个强优势核心种群，具有很好的特殊配合力。因此，这两个材料符合配制强优势油菜杂交种的要求。

3．育种方法的选择　　亲本选配好之后，就可以利用杂种优势选育油菜杂交种了。油菜杂种优势利用研究空前活跃，其利用途径之多，也是其他作物中少有的。油菜杂种优势利用途径既有化学杀雄（chemical hybridization agent，CHA）、自交不亲和（self-incompatibility，SI）、细胞核雄性不育（genic male sterility，GMS）、细胞质雄性不育（cytoplasmic male sterility，CMS）等传统杂种优势利用途径，又有近年来发展的细胞核生态雄性不育、细胞核＋细胞质雄性不育（GCMS）以及转基因人工雄性不育等途径。这些途径各有优缺点，需要全面分析，权衡利弊，才能做出正确选择。

（1）化学杀雄（CHA）　化学杀雄就是在油菜雄性器官分化前或发育过程中，喷施内吸性化学药剂，阻止花粉形成而导致雄性不育。官春云（1981）采用化学杀雄剂 1 号（甲基砷酸锌），以 0.03%水溶液于现蕾前（即花粉单核期）叶面喷施，诱发油菜群体 60%～80%不育，还有部分可育株、半不育株、闭蕾株和死株。

该方法的优点是：①避免像 Pol CMS 那样，所有不育系和杂交种均来自同一细胞质，因为细胞质来源单一，引起大面积减产。②易于选择强优势组合。③不需要长时间选育，育种周期短。但也存在明显缺点：①杀雄不彻底，处理后群体不育株率低。②药效随气温、天气阴晴、植株发育状况不同而变化。③喷药的适宜期短，其间如遇阴雨天气，不能喷药；或喷后遇到下雨，会导致制种失败，因此该方法的应用有一定局限性。尽管如此，油菜化学杀雄利用杂种优势也取得较大进展。湖南、四川育成审定了‘涪优 1 号’‘蜀杂 2 号’‘湘杂油 1 号’等 3 个杂交种。

（2）自交不亲和（SI）　油菜自交不亲和属于同型孢子体自交不亲和，在遗传上受多位点复等位基因控制。油菜自交不亲和系的选育可以通过在种内品种中自交分离和种间杂交转移不亲和基因等途径来实现。

该途径的优点是：①选育周期短。②无不良胞质效应。③恢复源广。缺点是：自交不亲和系的繁殖需要剥蕾授粉，技术难度大，成本高，难以大面积推广应用。斯平（1985）通过喷施 0.5% NaCl 水溶液可提高自交不亲和系的亲和指数，解决自交不亲和系的繁种问题。刘后利等（1981）选育出自交不亲和系保持系，解决自交不亲和系的繁种难问题，从而使自交不亲和杂种优势利用成为可能。加拿大已审定自交不亲和杂交种‘HC-120’；贵州选育出了自交不亲和杂交种‘油研 3 号’（傅廷栋，1995）。因此，自交不亲和是油菜杂种优势利用的一个重要途径。

（3）细胞核雄性不育（GMS）

1）单基因隐性核不育。油菜核不育材料多属单基因隐性核不育类型（msms）。盛永俊太郎（1940）、Takahi（1990）、文雁成等（2008）都报道过单基因隐性核不育。其突出优点是：①不育性彻底、稳定，不受环境条件影响。②恢复基因广泛存在，易于组配强优势组合。③易于转育，可避免不育细胞质负效应和细胞质单一化的潜在危险。但由于找不到保持系，只能通过临时保持系（Msms）育成核不育两型系（msms＋Msms）。在大田制种时，需人工拔除不育系株行中的 50%可育株，不仅费工费时，增加生产成本，而且如果去杂不及时，杂交种中还会出现大量不育株，降低杂交种子纯度，影响杂交种产量，从而制约了单基因隐性核不育杂交种的大面积生产应用。

2）双基因隐性核不育。侯国佐等（1990）、李树林等（1993）分别报道了‘117A’和‘S45A’的雄性不育遗传规律，发现它们属双基因隐性核不育类型（$s_1s_1s_2s_2$）。双基因隐性核不育类型与单基因隐性核不育类型的相似之处表现在：不育株必须是隐性纯合体，不育性彻底且稳定，恢复基因广泛，无保持系，只能通过临时保持系繁殖核不育两型系，大田制种需拔除不育株行中 50%的可育株，难以大面积生产利用等。不同之处表现在：双基因隐性核不育的杂交种后代育性分离比例与单基因隐性核不育的不同。

3）单基因显性核不育。Regine（1985）在波兰甘蓝型油菜品种 'Janpol' 中发现单基因显性核不育，其不育株以 *Msms*、*MsMs* 形式存在，不育性稳定、彻底，所有可育株都是它的保持系，但找不到恢复系，因而无生产利用价值。

4）双基因显性核不育。李树林等（1985，1986，1987）、陈凤祥等（1993）报道了甘蓝型油菜的双基因显性核不育。王武萍等（1992）报道了白菜型油菜的双基因显性核不育。其特点为：①育性受两对显性基因 *Ms* 和 *Rf* 互作控制，其中 *Ms* 导致不育，*Rf* 能够抑制 *Ms* 表达，恢复育性。②通过不育系 *MsMsrfrf* 与临时保持系 *msmsrfrf* 杂交，可育成 100%不育的不育系 *Msmsrfrf*。③用全不育系与恢复系 __*RfRf* 进行大田制种。这种杂种优势利用途径与其他核不育类型相比，有很大改进：①不育性彻底、稳定。②大田制种不需人工拔除母本行中的 50%可育株，节省人力物力，提高杂交种恢复率及种子纯度。③使核不育杂种优势利用实现了三系配套。这是核不育类型在油菜杂种优势利用上的重大突破。但也存在一些问题，如仍需通过核不育两型系繁殖亲本不育系，因而亲本繁殖时仍要人工拔除母本行中的 50%可育株，去杂不及时还会导致大田制种中的全不育系出现可育株。而且现有品种中具有 *RfRf* 显性上位基因的品种少，因而恢复源少。可通过杂交转育获得更多的恢复系。

5）生态型核不育。席代汶等（1996）报道 '湘油 91s' 的育性随温度、光照长度的变化而发生有规律的变化，其中温度是主要决定因素。'湘油 91s' 属低温可育、高温不育的生态型核不育，通过调节环境温度，如调整播期或异地加代，在低温环境中繁殖亲本，在高温条件下制种。这与水稻光敏核不育一样是一种生态型核不育类型，具有一系两用、操作简便、恢复源广、组合易配等特点。不足之处是油菜花期长，温度、光照长度变化难以人为控制，制种风险大。

6）转基因核不育。Mariani 和 De Beuckeleer（1990）通过转基因技术将 *PTA29-barnase* 和 *PTA29-barstar* 嵌合基因转化到油菜中，获得人工雄性不育系和恢复系。彭仁旺等（1996）、曹光诚等（1996）在国内完成了上述两基因的克隆，将 *PTA29-barnase* 基因和抗除草剂基因转入 '中双 821' 油菜品种中，获得携带抗除草剂的人工转基因雄性不育株。利用转基因技术可以将任何两个配合力强的品种育成不育系及恢复系，使配制杂交组合更为自由，缩短育种周期。由于抗除草剂基因与不育基因连锁，因此可以通过化学方法剔除母本行中的 50%可育株，从而减轻去杂的劳动强度。还可以通过喷施除草剂剔除杂交种中的混杂植株，提高杂交种的纯度。转基因核不育类型能充分利用核不育的育性稳定、彻底，恢复系多，不过分依赖单一细胞质，而且制种产量高、纯度高等优点，是最有发展前途的杂种优势利用途径。欧盟和加拿大已通过该途径育成了油菜杂交种，并投入商业生产。但是相关基因专利保护、转基因油菜的市场准入制度限制了该途径在我国的应用。

（4）细胞质雄性不育（CMS）

1）萝卜质雄性不育（Ogu CMS）。Ogura（1968）在日本鹿儿岛县的一个日本萝卜群体中发现天然雄性不育株，其遗传组成为 S（$rfrf$），其他萝卜品种均为 N（$rfrf$），是萝卜质不育系的保持系，无恢复基因。萝卜质不育系的不育性十分稳定、完全，但在油菜中没有其恢复基因，低温下叶绿素缺乏，花朵蜜腺发育不良，影响昆虫传粉，这些缺陷制约了该胞质不育类型的应用。欧洲萝卜品种中存在少数恢复基因，通过体细胞原生质体融合可解决 Ogu 胞质不育系低温缺绿和缺乏恢复基因的问题。法国通过上述方法已实现 Ogu 胞质不育的三系配套，并进行了杂种产量鉴定（Deloure et al., 1995）。目前，我国也广泛开展了甘蓝型油菜萝卜质不育杂种优势利用研究（文雁成等，2010；张少恒，2013；文雁成等，2016）。

2）nap 胞质雄性不育型（nap CMS）。日本 Shiga 和波兰 Thompson 发现的胞质雄性不育材料具有相同的恢保关系，因而统称为 nap CMS。nap CMS 恢复基因普遍存在于欧洲和日本品种中，但它不育性不稳定，气温高于 20℃便出现大量花粉。因此 nap CMS 难以在生产上应用。但波兰的 Broda 等（1987）选育出一个不育性很稳定的材料，并进行了配合力测定，使该材料成了该不育类型杂种优势利用的重大突破口。

3）波利马（Polima）胞质雄性不育。傅廷栋发现了'Pol A'甘蓝型油菜胞质不育系（傅廷栋，1989）；李殿荣（1980）发现了'陕 2A'甘蓝型油菜胞质不育系；湖南省农业科学院首先实现了'Pol A'不育系、保持系和恢复系三系配套。Polima 胞质不育的育性恢复由一对显性主效基因控制，也受修饰基因影响（杨光圣，1988；Yang et al., 1990）。Polima 胞质不育分为低温不育、高温不育和稳定不育三种类型。Polima 胞质不育对温度敏感与否取决于保持系。因此，通过筛选缺乏温度敏感的保持系，可育成不育性稳定的不育系（傅廷栋等，1989；傅廷栋，1989）。Polima 胞质不育被认为是最有实用价值的油菜胞质不育类型。国内生产上推广应用的杂交种绝大多数是利用该途径育成的。但 Polima 胞质不育也存在不足之处，即恢复基因少，过分依赖单一细胞质，存在潜在危险。更重要的是其不育性由一对主效基因和微效修饰基因控制，易受环境温度影响，不育系中普遍存在微粉株。微粉株可在一定程度上自交授粉，后代仍表现为微粉。因此在大田杂交制种时会由微粉株自交导致杂交种中不育株的产生。杂交种中的不育株分枝少、单株角果少、结实率低、角粒数少，单株产量远远低于杂种株。目前生产上应用的胞质不育杂种中不育株率在 10%～40%，不育株的存在不仅造成杂种群体整齐度差，群体杂种优势受到削弱，甚至杂交种产量低于常规种（文雁成和宋文光，1994）。

4）细胞核＋细胞质雄性不育（genic-cytoplasmic male sterility，GCMS）。Polima 胞质不育易于实现三系配套，但其不育系在低温条件下易出现微量花粉自交结实，降低杂种种子纯度。而细胞核雄性不育的优点是不育性十分彻底、稳定；缺点是找不到保持系，大田制种需从不育系中拔掉 50%的可育株。杨光圣和傅廷栋（1993）提出综合利用二者优点，克服二者缺点，创建细胞核＋Polima 胞质雄性不育（GCMS 三系体系）的科学构想。杨光圣等（1997）采用有性杂交和连续回交的方法，将甘蓝型油菜隐性细胞核不育基因导入含有 Polima 不育胞质的基因型中，育成甘蓝型油菜隐性细胞核＋Polima 胞质雄性不育系'RGCMS-S45'和'GRCMS-117A'及其相应的保持系'S45B'和'117B'。从隐性细胞核雄性不育系中筛选甘蓝型油菜隐性细胞核＋Polima 胞质雄性不育保持系 9 个。Polima 胞质雄性不育系的恢复系均是隐性细胞核＋Polima

胞质雄性不育的恢复系。该方法的遗传关系较复杂，需要同时拥有核不育系和胞质不育系，选育过程较长。

尽管油菜杂种优势利用途径很多，但综合考虑上述油菜杂种优势利用途径的优缺点、专利保护（如甘蓝型油菜萝卜质不育恢复系）、市场准入（如甘蓝型油菜转基因不育系）等因素，在生产上大面积推广应用的油菜杂种优势利用途径只是少数几个。在我国，油菜的杂种优质利用最主要的途径还是 Polima 胞质不育，还有小部分利用核不育途径和化学杀雄途径。欧洲和北美主要利用萝卜质不育途径、MSL（Male Sterility Lembke）途径和转基因不育途径（傅廷栋，2013）。'双油杂 1008' 利用的是目前国内普遍使用的 Polima 胞质不育途径。因为我们已经选育出了不育彻底、稳定的 Polima 胞质不育，实现了不育系、保持系和恢复系三系配套。该途径的亲本繁殖、杂交种制种都容易操作和控制，种子质量有保障，制种成本低，制种产量高。

4. 育种后代材料的处理

（1）保持系 '84B' 和胞质双低不育系 '146A' 的选育　　为了改良已有胞质不育系的不育稳定性、抗寒性和抗倒伏能力，从 1994 年 4 月起，选择抗寒、抗倒伏、农艺性状优良的双低优质保持系 '384B' 与 '217B' 进行杂交。在之后的 8 年时间里，通过田间农艺性状筛选、抗逆性（主要是抗寒、抗倒伏、抗菌核病和抗病毒病）鉴定和选择、室内品质性状筛选（主要是通过近红外品质分析仪对种子的芥酸和硫苷含量进行无损害检测筛选）相结合，育成了 '84B'。与 '384B' 和 '217B' 相比，'84B' 具有抗寒、抗倒伏、低硫苷、高蛋白、花瓣大等特点。随后，于 2003 年，利用该保持系与现有的胞质不育系 '077A'（抗寒性差、初花期微量花粉多、易倒伏）进行连续 8 代反复回交转育，于 2011 转育成功了 '146A' 胞质不育系。与 '077A' 相比，'146A' 为植株高度适中、抗寒、抗倒伏、不育性稳定的优良胞质不育系（图 5-27）。

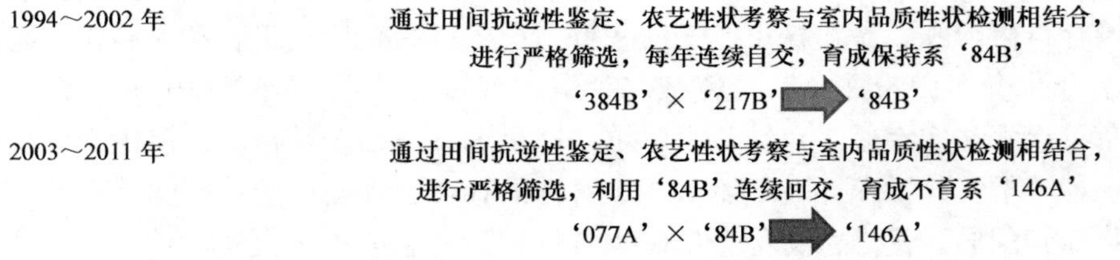

1994～2002 年　　　　通过田间抗逆性鉴定、农艺性状考察与室内品质性状检测相结合，
　　　　　　　　　　　进行严格筛选，每年连续自交，育成保持系 '84B'
　　　　　　　　　　　　　　'384B' × '217B' ➡ '84B'

2003～2011 年　　　　通过田间抗逆性鉴定、农艺性状考察与室内品质性状检测相结合，
　　　　　　　　　　　进行严格筛选，利用 '84B' 连续回交，育成不育系 '146A'
　　　　　　　　　　　　　　'077A' × '84B' ➡ '146A'

图 5-27　'双油杂 1008' 不育系 '146A' 和保持系 '84B' 选育

（2）恢复系 '93-6' 的选育　　在不育系和保持系选育的同时，还对恢复系进行了筛选和改良。经过多年田间抗逆性鉴定、农艺性状考察与室内品质性状检测，从引进的甘蓝型油菜品系 '93-6' 中筛选出了长势强、抗寒、叶色深绿、分枝多、角果密、抗倒伏、芥酸和硫苷含量低的双低优质优良品系。该品系花瓣大、花粉量大、植株高大，多年与不育系 '146A' 测交的后代都表现正常可育，因此是良好的恢复系。

（3）优势组合筛选与杂交种鉴定　　2012～2015 年，'146A' 与 '93-6' 配制的杂交组合连续 3 年在原阳试验基地和唐河试验基地进行鉴定。结果表明，该组合在 60 多个杂交组合中一直表现突出，长势强壮、抗寒、抗倒伏、抗菌核病和病毒病，产量位居第一。因此，该杂交种参加了 2016～2018 年河南省杂交油菜区域试验，其产量、抗逆性和适应性在参试杂交组合中表现突出，芥酸和硫苷含量符合国家双低优质油菜标准。

5. 育成品种（或资源）的表现

（1）产量表现　　在 2016～2018 年河南省优质杂交油菜区试中，'双油杂 1008'表现突出。2016～2017 年，亩产 175.23kg，比对照'杂 98009'增产 8.03%，且达极显著水平。7 个点次 6 增 1 减，其中在罗山试点居参试品种第二位。各试点最高产量 229.0kg。2017～2018 年，亩产 221.61kg，比对照增产 16.33%，且达极显著水平，7 个点次 7 增 0 减，各试点最高亩产 284.6kg。其中在南阳、遂平和罗山三个试点均稳居各参试品种第一位。尤其是在罗山试点连续两年都位居参试杂交种第一和第二位，表现出很好的稳产性。已参加 2 年鉴定试验，共 14 个点次，13 增 1 减，平均亩产 198.42kg，比对照增产 12.51%，且达极显著水平（图 5-28～图 5-30、表 5-7）。

图 5-28　'双油杂 1008'苗期群体

图 5-29　'双油杂 1008'花期群体

图 5-30　'双油杂 1008'灌浆期群体

表 5-7　2016～2018 年'双油杂 1008'区域试验产量结果

年份	亩产/kg	比杂'98009'（CK）增产/%	位次	点次	增减点次
2016～2017	175.23	8.03**	7	7	6 增 1 减
2017～2018	221.61	16.33**	2	7	7 增 0 减
平均值	198.42	12.51		14	13 增 1 减

**表示在 0.01 水平下的显著性

（2）品质性状　　经农业部农作物种子质量监督检验测试中心（武汉）检验，2016～2017 试验年抽样进行品质分析，'双油杂 1008'种子芥酸含量 0.24%，商品油菜籽硫苷含量 19.66μmol/g，含油量 40.32%。2017～2018 试验年抽样进行品质分析，'双油杂 1008'种子芥酸含量 0.1%，商品油菜籽硫苷含量 20.74μmol/g，含油量 43.61%。品质符合国家双低优质标准，含油量高，适宜出口创汇和国内综合加工利用（图 5-31、图 5-32）。

农业部油料及制品质量监督检验测试中心

检 验 报 告

No 20171532-20171541　　　　　　　　　　　　共2页　第2页

样品名称	样品原编号	检测编号	检验项目	检测结果	指标	单项结论	检测依据
油SP-6	-----	20171532	芥酸（%）	0.510	-----	-----	GB 5009.168-2016
豫合油1583	-----	20171533	芥酸（%）	未检出	-----	-----	GB 5009.168-2016
开油1518	-----	20171534	芥酸（%）	0.818	-----	-----	GB 5009.168-2016
双油白1号	-----	20171535	芥酸（%）	0.552	-----	-----	GB 5009.168-2016
信油杂217	-----	20171536	芥酸（%）	未检出	-----	-----	GB 5009.168-2016
周油85131	-----	20171537	芥酸（%）	0.056	-----	-----	GB 5009.168-2016
双油1513	-----	20171538	芥酸（%）	0.144	-----	-----	GB 5009.168-2016
双油杂1008	-----	20171539	芥酸（%）	0.236	-----	-----	GB 5009.168-2016
双油1509	-----	20171540	芥酸（%）	0.168	-----	-----	GB 5009.168-2016
杂98009	-----	20171541	芥酸（%）	0.632	-----	-----	GB 5009.168-2016

备注：芥酸检测结果为相对含量，检出限0.05%。

图 5-31　'双油杂 1008'菜籽芥酸含量检测结果

农业部油料及制品质量监督检验测试中心

检 验 报 告

No 20171542-20171551　　　　　　　　　　　　共2页　第2页

样品名称	样品原编号	检测编号	检验项目	检测结果	指标	单项结论	检测依据
油SP-6	-----	20171542	硫苷（μmol/g饼）	26.46	-----	-----	NY/T 1582-2007
			含油量（%）	42.61	-----	-----	NY/T 1285-2007
豫合油1583	-----	20171543	硫苷（μmol/g饼）	23.41	-----	-----	NY/T 1582-2007
			含油量（%）	45.53	-----	-----	NY/T 1285-2007
开油1518	-----	20171544	硫苷（μmol/g饼）	22.61	-----	-----	NY/T 1582-2007
			含油量（%）	45.14	-----	-----	NY/T 1285-2007
双油白1号	-----	20171545	硫苷（μmol/g饼）	27.15	-----	-----	NY/T 1582-2007
			含油量（%）	45.02	-----	-----	NY/T 1285-2007
信油杂217	-----	20171546	硫苷（μmol/g饼）	21.48	-----	-----	NY/T 1582-2007
			含油量（%）	40.75	-----	-----	NY/T 1285-2007
周油85131	-----	20171547	硫苷（μmol/g饼）	29.48	-----	-----	NY/T 1582-2007
			含油量（%）	45.01	-----	-----	NY/T 1285-2007
双油1513	-----	20171548	硫苷（μmol/g饼）	30.69	-----	-----	NY/T 1582-2007
			含油量（%）	46.44	-----	-----	NY/T 1285-2007
双油杂1008	-----	20171549	硫苷（μmol/g饼）	19.66	-----	-----	NY/T 1582-2007
			含油量（%）	40.32	-----	-----	NY/T 1285-2007
双油1509	-----	20171550	硫苷（μmol/g饼）	25.07	-----	-----	NY/T 1582-2007
			含油量（%）	46.83	-----	-----	NY/T 1285-2007
杂98009	-----	20171551	硫苷（μmol/g饼）	25.73	-----	-----	NY/T 1582-2007
			含油量（%）	41.71	-----	-----	NY/T 1285-2007

图 5-32　'双油杂 1008'菜籽硫苷含量检测结果

（3）抗逆性表现　　　经河南省农业科学院植保所鉴定，2016~2017 年，'双油杂 1008'受冻率 25.9%，冻害指数 8.0%；菌核病病害率 23.6%，病害指数 15.3%；病毒病未发病，抗倒伏。2017~2018 年，'双油杂 1008'受冻率 66.2%，冻害指数 23.6%；菌核病病害率 21.7%，病害指数 15.0%；病毒病未发病，抗倒伏。两年抗逆性结果较为一致，抗性稳定。

（4）适宜地区　　　多年试验示范结果表明，'双油杂 1008'在河南全省油菜产区表现出广泛的适应性，尤其适应罗山、南阳、遂平等县市种植。

（二）'双油 9 号'

'双油 9 号'为冬性甘蓝型双低优质油菜常规品种，丰产、稳产、适应性广、发苗快、长势强、叶色深绿；抗寒、抗倒伏、抗（耐）菌核病和病毒病；株型高大（178cm）；一次有效分枝多（9.5 个）；单株有效角果数 361 个、角粒数 26 个、千粒重 3.4g；菜籽品质优，芥酸含量小于 0.08%，硫苷含量 25.53μmol/g，含油量 41.75%，蛋白质含量达到 26.5%。达到国家甘蓝型油菜双低优质油菜标准。2007 年通过了河南省品种审定委员会审定。

1. 育种目标的确定　　　尽管我国生产上的油菜品种主要为杂交种，但是在一些生产条件较差、腾茬晚、播种迟的地区，杂交油菜的杂种优势难以发挥。常规油菜品种种子价格低、产量水平能满足农户需求。目前在生产上，常规油菜品种的播种面积还有 30%左右。因此，常规油菜品种的选育也是油菜育种者的重要任务之一。

'双油 9 号'的选育开始于 1997 年，完成于 2007 年。当时河南省生产上推广的双低优质常规油菜品种是'豫油 2 号'，虽然其芥酸、硫苷含量均达到了国家优质油菜的标准，但'豫油 2 号'的选育时间较早，随着时间的推移，该品种暴露出产量低、抗逆性能差等不足，已经不能满足生产的要求，所以将选育出高产、稳产、抗逆和适应性广的低芥酸、低硫苷的双低优质油菜常规种定为油菜育种目标之一。

2. 亲本选配的理念　　　根据上述育种目标要求，选择两个适当的亲本材料，采用杂交育种方法进行品种选育。选育新品种的本质是要对现有农艺性状优良、抗逆性能好的油菜品系进行低芥酸和低硫苷品质改良，最终育成双低优质油菜品种，实现双低优质品种'豫油 2 号'的更新换代。因此，亲本选配的原则如下。

1）从种质资源中，选择农艺性状优良、长势强、抗寒、抗倒伏、耐菌核病、抗病毒病、适应黄淮流域生态条件、高产、稳产的优异种质资源，作为杂交组合的母本。按照上述要求，经过多年多点的比较和观察，选中了'恢 110'作为母本，配制杂交组合，并从杂交后代中筛选所需要的材料，育成'双油 9 号'。'恢 110'是高产、抗病、抗寒和农艺性状优良的甘蓝型油菜品系，是 Polima 胞质不育的良好恢复系，且与很多胞质不育系具有较高的配合力，用它作父本选了在生产上大面积应用的'秦油 2 号''郑杂油 1号'等高产杂交种。但是该品系属于高芥酸、高硫苷的非优质材料，不能满足优质菜籽的品质要求，不能用于优质油菜生产和优质杂交种选育，需要对其进行品质改良。

2）以当时已经在生产上广泛推广的高产、稳产、抗逆性较好、适应性较好，尤其是低芥酸、低硫苷双低优质的'豫油 2 号'作为优质基因来源的父本，配制杂交组合。'豫油 2 号'是河南省农业科学院在 20 世纪 80 年代选育的高产、抗病、抗寒、低芥酸、低硫苷双低优质常规油菜品种，曾在河南省、安徽省和江苏省等黄淮流域大面积种植，1993 年获河南省科学技术进步奖二等奖。但'豫油2号'植株较矮，产量水平有待进一步提高。

3）'恢110''豫油2号'优点多，缺点少，而且二者优缺点互补，用它们作父母本配制杂交组合，可望育成更高产、抗病、抗寒、适应性广、配合力强、低芥酸、低硫苷的双低优质油菜常规品种。该品种既可以直接应用于油菜生产，又可以用作优质油菜杂交种的恢复系。

3. 育种方法的选择 甘蓝型油菜属于常异花授粉作物，其天然异交率通常只有10%左右，高的可达30%。其常规育种方法有选择育种、杂交育种、诱变育种、倍性育种和远缘杂交育种等方法（刘后利，1985）。针对上述育种目标和亲本选配，需要选育更高产、更抗逆的低芥酸、低硫苷双低优质甘蓝型油菜常规品种。通过倍性育种和远缘杂交种育成的品系不仅远离育种目标，而且育种和改良需要做的工作量很大。如果采用选择育种法从'恢110'或者'豫油2号'的自然变异后代中进行选择，很难把'恢110'的高芥酸、高硫苷改变成低芥酸、低硫苷，更不能使得双低优质油菜品种'豫油2号'的农艺性状、抗逆性状彻底改变。诱变育种只能使得油菜品种的个别基因发生点突变，难以大幅度同时改良油菜的芥酸含量、硫苷含量、农艺性状和抗逆性状。因此该类品种的选育只能采用杂交育种与品质性状改良相结合的方法。需要从'豫油2号'中转育它的低芥酸和低硫苷两个优质性状，从'恢110'中转育其优良的农艺性状、抗逆性状和适应性等综合性状。因此，在杂交组合配制时，以'恢110'作为母本，以'豫油2号'作为父本。

4. 育种后代材料的处理 '双油9号'的选育经历了11年的时间。其中，1997~2004年进行组合选配、田间农艺性状和抗逆性选择、产量比较及室内低芥酸、低硫苷品质筛选。2004~2007年参加河南省油菜品种区域试验和河南省油菜品种生产试验。在选育过程中，采取了农艺性状考察与抗病性、抗寒性、抗倒伏性状鉴定兼顾，田间农艺性状、抗逆性状选择与室内油菜籽品质性状检测筛选相结合的原则，引进丹麦近红外非破坏性油菜品质分析仪，每年对分离世代单株种子的芥酸、硫苷、油酸、亚油酸、含油量、亚麻酸等多个品质性状进行检测筛选，提高品质育种的选择效率。

低芥酸含量受油菜种子胚里的两对隐性基因控制；低硫苷含量受母体植株三对隐性基因控制；芥酸含量与硫苷含量基因独立遗传。所以，芥酸和硫苷含量的筛选从 F_1 代的中亲值开始，逐年选择芥酸和硫苷含量低的单株，直至芥酸和硫苷含量达到双低优质标准。从大量杂交后代材料中，通过7个世代的选择得到了农艺性状优良、抗病、抗寒、抗倒伏、低芥酸、低硫苷、较高含油量的'双油9号'。具体选育过程如图5-33所示。

1997年　　组合选配：'恢110'ד豫油2号'
1998~2002年　每年连续在分离群体中选择优良单株自交、室内品质分析，综合田间农艺性状、抗逆性状和室内芥酸、硫苷和含油量品质检测分析结果进行筛选
2003年　　继续从优良单株后代中选择优良 F_6 单株进行室内品质分析与抗寒、抗倒伏、抗病毒病、抗菌核病鉴定，小区不同品系产量比较
2004~2005年　选择农艺性状优良、抗寒、抗倒伏、抗病毒病、抗菌核病、产量高的品系参加河南省油菜品种区域试验
2006年　　参加河南省油菜品种生产试验
2007年　　完成河南省油菜品种中间试验，申请审定

图5-33 '双油9号'选育过程

5. 育成品种（或资源）的表现

（1）产量结果 '双油9号'分别于2004年和2005年参加河南省油菜品种区域试验；2006年参加河南省油菜品种生产试验。2004年区域试验，在全省油菜主产区8个试验点的产量，最高达到213.68kg/亩，最低为106.70kg/亩，平均产量157.47kg/亩，比对照'豫油2号'增产9.10%，且达显著水平。2005年区域试验，在全省油菜主产区8个试验点的产量，最高达到174.4kg/亩，最低为132.8kg/亩，平均产量153.18kg/亩，比对照'豫油2号'增产13.54%，且达显著水平。两年平均产量155.59kg/亩，比对照'豫油2号'增产11.04%，达到显著水平。在2006~2007年的河南省油菜品种生产试验中，'双油9号'在全省7个试验点中表现出色，最高产量217.25kg/亩，最低122.5kg/亩，平均184.14kg/亩，比对照'豫油2号'增产9.33%（表5-8、图5-34~图5-36）。

表5-8 2004~2007年'双油9号'在河南省中间试验中的产量结果

试验类别	年份	试验点数	位次	平均产量/（kg/亩）	比对照'豫油2号'增产/%
区域试验	2004~2005	9	8	157.47	9.10**
区域试验	2005~2006	8	7	153.18	13.54**
生产试验	2006~2007	7	5	184.14	9.33

**表示在0.01水平下的显著性

图5-34 '双油9号'苗期（大田）群体

图5-35 '双油9号'花期（大田）群体

（2）品质性状 在三年的河南省油菜中间试验中，'双油9号'在2006年和2007年经中国农业科学院油料作物研究所检测，芥酸含量分别为0.1%和0.05%，硫苷含量分别为27.35μmol/g和23.70μmol/g，达到双低优质标准。含油量分别为38.04%和45.45%，达到国家规定标准（表5-9）。

（3）抗逆性 '双油9号'具有较强的抗逆性（表5-10）。

图5-36 '双油9号'灌浆期（大田）群体

1）抗寒性。三年田间调查结果表明，'双油9号'具有较强的抗寒能力，冻害率在12.10%~100%，平均为62.85%；冻害指数在3.45%~44.75%，平均为30.14%。比对照'豫油2号'抗寒性强（或持平），属中度抗寒类型。

表 5-9　2005-2007 年'双油 9 号'在河南省中间试验中的品质检测结果

项目	年份	含油量/%	芥酸/%	硫苷/（μmol/g)
区域试验	2005~2006	38.04	0.10	27.35
生产试验	2006~2007	45.45	0.05	23.70
平均值	2005~2007	41.75	0.08	25.53

表 5-10　2004～2007 年'双油 9 号'在河南省中间试验中的抗逆性调查结果

项目	年份	受害率/%	受害指数/%	抗性类型
抗寒性	2004～2005	76.47	42.21	中抗
	2005～2006	100.00	44.75	中抗
	2006～2007	12.10	3.45	中抗
病毒病抗性	2004～2005	15.00	4.00	高抗
	2005～2006	4.29	1.07	高抗
	2006～2007	0	0	高抗
菌核病抗性	2004～2005	5.44	3.81	耐病
	2005～2006	5.60	2.41	耐病
	2006～2007	2.94	1.90	耐病
抗倒伏性	2004～2005	强	—	抗
	2005～2006	强	—	抗
	2006～2007	强	—	抗

注："—"表示没有受害

2）病毒病抗性。'双油 9 号'具有较强的抗病毒病能力，病害率在 0～15.00%，平均为 6.43%；病害指数在 0～4.00%，平均为 1.69%。比对照'豫油 2 号'抗病毒性强，属高抗病类型。

3）菌核病抗性。'双油 9 号'具有较强的抗菌核病能力，病害率为 2.94%～5.60%，平均为 4.66%；病害指数为 1.90%～3.81%，平均为 2.70%。比对照'豫油 2 号'菌核病抗性强，属耐病类型。

4）抗倒伏性。'双油 9 号'具有很强的抗倒伏能力。在三年 16 点次中均表现抗倒伏。

（4）丰产性、稳定性和适应性　　2004～2006 年区域试验的产量与试点的互作方差分析结果表明，'双油 9 号'的产量主效应方差较大，说明其丰产性好（表 5-11）；与试点的互作方差较小，说明其稳产性较好，适应性较强。在固始县、罗山县等试点的产量水平较高，说明其在这几个试点的适应性更好。

表 5-11　'双油 9 号'的丰产性、稳产性和适应性方差分析

年份	丰产性参数		稳定性参数			最适应地区
	小区产量/kg	主效应值	方差	变异度	回归系数	
2004～2005	4.72	−0.38	0.17	8.72	1.04	洛阳、罗山、商丘
2005～2006	4.60	−0.18	0.09	6.42	0.88	固始、罗山

（三）'咖啡花 1 号'

'咖啡花 1 号'是河南省农业科学院经济作物研究所选育的油、菜和观赏多功能甘蓝型油菜常规种，其具有以下几点特征。第一，农艺性状较好，抗病、抗倒伏，油菜籽产量较高，适合进行油料生产。第二，该品种的花瓣为咖啡色，不同于传统油菜花的黄色和白色，是一种全新的花瓣颜色。第三，它的叶片、叶脉、叶柄和菜薹为深紫色，不同于常规油菜的绿色，可以用于观赏。第四，该品种菜薹中含有花青素（矢车菊色素1.52mg/kg），具有抗氧化的保健功能，而常规绿色油菜品种不具备此功能。第五，该品种菜薹的其他营养品质与普通油菜品种对照种'双油 9 号'相当。在 α-维生素 E 含量上，'咖啡花 1 号'（0.0918mg/100g）稍少，适合用作蔬菜。

1．育种目标的确定　　随着油菜产业化的深入发展，不仅要求油菜品种满足油料生产的需要，还要开发其他用途，如用作饲料、蔬菜、绿肥、旅游观光等。市场上的油菜品种几乎都是满足油料生产需要的，能够同时满足油料生产、饲料、蔬菜、旅游观光等的油菜品种十分缺乏。于是，河南省农业科学院经济作物研究所于十年前开始着手进行多功能油菜品种的选育。

2．亲本选配的理念　　根据以上育种目标，在现有的种质资源中很难找到能够同时满足上述需求的材料。因此，河南省农业科学院经济作物研究所把种质资源的范围扩大到十字花科其他作物，如蔬菜中的甘蓝、白菜和油菜等。亲本选配遵循以下原则。

1）从甘蓝、白菜等十字花科蔬菜资源中筛选具有特异花色、叶色、叶型、多种营养物质的材料，通过种间杂交人工合成具有特异性状的甘蓝型油菜新种质，最终得到了紫叶甘蓝'紫心'和大白菜品种'黄 75-28'，并用它们作为人工种间杂交合成新型甘蓝型油菜品系的父母本（图 5-37）。其中，'紫心'的叶片为深紫色，它不仅具有观赏性，还富含抗氧化剂花青素。大白菜品种'黄 75-28'，生长期为 70～75d，植株半直立，长势强，株高约 48cm，开展度 77cm 左右，外叶绿，叶面较平，叶柄浅绿色，叶球中桩叠抱，球高约 30cm，球宽约 20cm，球形指数 1.4，结球紧实，单株净菜重 3.1kg 左右。高抗芜菁花叶病毒病，抗霜霉病。

图 5-37　用于人工合成甘蓝型油菜的甘蓝品种'紫心'（A）和大白菜品种'黄 75-28'（B）

2）由于紫叶甘蓝'紫心'和大白菜资源'黄 75-28'芥酸含量高、硫苷含量高，因此它们合成的甘蓝型油菜芥酸和硫苷含量也很高。根据国家油菜品种审定要求，只有低芥酸、低硫苷的品种才能通过审定或者登记。因此，必须用低芥酸、低硫苷品系对人工合成的甘蓝型油菜品系进行品质改良。河南省农业科学院经济作物研究所从双低优质甘蓝型油菜品系中筛选出了'DL077'，其芥酸含量和硫苷含量均达到双低优质标准，且茎叶颜色呈现浅紫色，适合作为优质基因的供体材料对合成的甘蓝型油菜进行改良。

3．育种方法的选择　　这类品种的选育目标是能够同时满足油料生产、饲料、蔬菜、旅游观光等多种用途，属于常规甘蓝型油菜品种。但是需要从十字花科其他作物中寻找所需的资源转育特异花色、茎秆颜色性状。根据常规甘蓝型油菜品种审定和登记要求，其芥酸和硫苷含量必须达到双低优质标准，因此需要将远缘杂交育种与品质性状鉴定相结合。具体方法如下。

1）通过甘蓝与大白菜种间杂交，人工合成具有特异性状的甘蓝型油菜新品系。即通过甘蓝'紫心'×大白菜'黄 75-28'子房拯救培养获得种间杂交单倍体种子；再用秋水仙碱对单倍体苗进行染色体加倍，人工合成异源四倍体甘蓝型油菜。

2）对人工合成的甘蓝型油菜进行农艺性状和芥酸、硫苷品质改良。通过甘蓝和大白菜种间杂交合成的甘蓝型油菜的农艺性状接近其亲本甘蓝和大白菜，叶片大、叶片肥厚、叶片多、冬季心叶包裹在一起、分枝多、分枝长、株型松散、成熟期晚、种子芥酸含量高、硫苷含量高、茎叶均为紫色、花瓣为咖啡色，距离栽培油菜的农艺性状和低芥酸、低硫苷双低品质标准相差甚远，需要进行大幅度改良。因此，利用茎秆呈现浅紫的双低优质品系 'DL077' 作母本与人工合成的甘蓝型油菜品系进行杂交改良。

4. 育种后代材料的处理

（1）人工合成甘蓝型油菜　选用紫叶甘蓝品种'紫心'与大白菜品种'黄 75-28'远缘杂交。由于甘蓝与大白菜种间杂交难以获得种子，因此授粉后通过胚拯救培养（子房培养）获得单倍体种子；再将单倍体种子播种，形成单倍体幼苗植株；再利用 0.01% 的秋水仙碱溶液对幼苗进行染色体加倍，人工合成具有紫秆、咖啡色花瓣的新型甘蓝型油菜品系。

（2）合成甘蓝型油菜的农艺性状和品质性状的改良　以人工合成的甘蓝型油菜作母本，与甘蓝型低芥酸、低硫苷双低优质油菜品系 'DL077' 杂交、回交，将杂交后代进行游离小孢子培养，田间进行农艺性状、抗寒性、抗倒伏性、抗菌核病等抗逆性鉴定和筛选，室内通过近红外品质分析仪筛选低芥酸、低硫苷单株。经过 7 年努力，育成双低优质甘蓝型油菜'咖啡花 1 号'。

（3）农艺性状、产量性状和抗逆性状检测　2015～2017 年，同时在原阳试验点和唐河试验点进行'咖啡花 1 号'的田间试验比较，进行农艺性状考察和抗逆性（抗寒性、抗倒伏性、抗菌核病、抗病毒病）调查。收获后，利用 FOSS 公司 XDS 型近红外谷物品质分析仪检测种子的硫苷含量、芥酸含量、含油量等品质性状，并以此作为筛选的依据。在油菜抽薹后，从田间随机收获'咖啡花 1 号'油菜薹，保存于塑料密封袋中，于−70℃低温下保存。采用 GB 5009.5—2010 标准检测蛋白质含量；采用 GB/T 5009.10—2003 标准检测粗纤维含量；采用 GB/T 5009.82—2003 标准检测 α-维生素 E、（β+γ）-维生素 E 和 δ-维生素 E 含量；采用 GB/T 2640—2014 标准检测飞燕草色素、矢车菊色素、矮牵牛色素、天竺葵色素、芍药素和锦葵色素的含量。同时以绿叶绿薹的普通甘蓝型油菜'双油 9 号'和红菜薹'皇家红红菜薹'（株洲农之子）作对照（图 5-38）（Wen et al.，2019）。

5. 育成品种（或资源）的表现

（1）农艺性状　2016～2017 年，'咖啡花 1 号'在原阳试验点的农艺性状结果见表 5-12。与对照'双油 9 号'相比，'咖啡花 1 号'植株较矮（176.6cm），分枝部位较低（31.5cm），一次有效分枝数适中（8.1 个），主花序较长（26.7cm），单株角果数较多（235.1 个），角粒数较多（25.7 粒），千粒重 3.5g。'咖啡花 1 号'综合农艺性状较好（表 5-12），适合作为籽用油菜在生产上推广应用。

1999 年	组合选配：甘蓝‘紫心’×大白菜‘黄 75-28’，子房培养获得单倍体种子
2000～2003 年	利用 0.01%的秋水仙碱溶液对幼苗进行染色体加倍，人工合成具有紫秆、咖啡色花瓣的新型甘蓝型油菜品系
2008～2012 年	以人工合成的甘蓝型油菜作母本，与甘蓝型低芥酸、低硫苷双低优质油菜品系‘DL077’杂交、回交，将杂交后代进行游离小孢子培养
2013～2014 年	田间进行农艺性状、抗寒、抗倒伏、抗菌核病等抗逆性鉴定和筛选，室内通过近红外品质分析仪筛选低芥酸、低硫苷性状的单株
2015～2017 年	在原阳试验点和唐河试验点进行‘咖啡花 1 号’的田间试验比较，进行农艺性状考察，抗逆性（抗寒、抗倒伏、抗菌核病、抗病毒病）调查，室内芥酸、硫苷、含油量等品质性状检测，鉴定其产量水平 以绿叶绿薹的普通甘蓝型油菜‘双油 9 号’和红菜薹‘皇家红红菜薹’（株洲农之子）作对照，分析‘咖啡花 1 号’的菜薹营养品质

图 5-38　‘咖啡花 1 号’选育过程

表 5-12　2016～2017 年‘咖啡花 1 号’农艺性状（原阳试验点）

品种	分枝部位/cm	株高/cm	一次有效分枝数/个	主花序长度/cm	单株角果数/个	角粒数/粒	千粒重/g
咖啡花 1 号	31.5	176.6	8.1	26.7	235.1	25.7	3.5
CK（双油 9 号）	40.5	187.7	8.2	25.3	221.5	21.8	3.5

（2）油菜籽品质性状和抗逆性状　‘咖啡花 1 号’的油菜籽中，芥酸含量0.85%，硫苷含量 19.4μmol/g，达到双低优质油菜标准。其冻害指数达到 51.6，高于对照‘双油 9号’。因此其抗寒性稍差。其菌核病病害指数较低，菌核病发病率较低。该品种较抗倒伏，在田间成熟期表现为倾斜（表5-13）。因此，该品种籽粒品质好，抗逆性强，稳产性好。

表 5-13　2016～2017 年‘咖啡花 1 号’抗逆性（原阳试验点）

品种	芥酸含量/%	硫苷含量/（μmol/g）	冻害指数	受冻率/%	菌核病发病指数	菌核病发病率/%	倒伏率/%	倒伏程度
咖啡花 1 号	0.85	19.4	51.6	100	31.8	55.2	33.3	倾斜
CK（双油 9 号）	0.73	29.3	27.4	100	33.1	67.1	66.7	倒伏

（3）产量性状　‘咖啡花 1 号’在唐河和原阳试验点的油菜籽产量见表 5-14。唐河和原阳试点‘咖啡花 1 号’单产分别达到 169.91kg/亩和 178.89kg/亩，两个试点平均单产 174.4kg/亩，比对照‘双油 9 号’增产 4.16%，增产不显著。

表 5-14　2016～2017 年‘咖啡花 1 号’油菜籽产量比较结果

品种	产量/（kg/亩）		平均产量/（kg/亩）	比对照增产/%
	唐河	原阳		
咖啡花 1 号	169.91	178.89	174.40	4.16
CK（双油 9 号）	177.36	157.52	167.44	0.00

（4）菜薹营养成分分析　在油菜抽薹期取样，检测油菜薹的营养成分。结果表明，‘咖啡花 1 号’的菜薹蛋白质含量为 3.29g/100g，比对照‘双油 9 号’（4.04g/100g）少，

与'红菜薹'（3.15g/100g）相当。'咖啡花 1 号'与对照'双油 9 号'和'红菜薹'中的粗纤维含量几乎完全相同，均在 1%左右，差异不明显。在维生素 E 含量上，这三个品种在（β＋γ)-维生素 E 和 δ-维生素 E 含量上不存在差异；在 α-维生素 E 含量上存在差异，其中'红菜薹'α-维生素 E 的含量最高（0.194mg/100g），'双油 9 号'（0.162mg/100g）次之，'咖啡花 1 号'（0.0918mg/100g）最低。

花青素是一种由多种色素组成的复合型色素，主要包括飞燕草色素、矢车菊色素、矮牵牛色素、天竺葵色素、芍药素和锦葵色素。三个油菜品种中均没有检测到飞燕草色素、矮牵牛色素、天竺葵色素和锦葵色素。对照'双油 9 号'中完全不存在花青素；'咖啡花 1 号'中存在花青素，但是只检测出矢车菊色素，含量为 1.52mg/kg。'红菜薹'中花青素含量比'咖啡花 1 号'多，其中矢车菊色素含量高达 45.6mg/kg，而且还含有 0.93mg/kg 的芍药素。从花青素含量比较，'咖啡花 1 号'的营养价值比'红菜薹'稍低，明显比普通绿色油菜品种'双油 9 号'高（表 5-15、图 5-39～图 5-42）。

表 5-15　油菜薹营养成分分析结果

成分	单位	对照（双油 9 号）	咖啡花 1 号	红菜薹
蛋白质	g/100g	4.04	3.29	3.15
粗纤维	%	1.06	1.04	1.00
α-维生素 E	mg/100g	0.162	0.0918	0.194
（β＋γ)-维生素 E	mg/100g	0.00	0.00	0.00
δ-维生素 E	mg/100g	0.00	0.00	0.00
飞燕草色素	mg/kg	0.00	0.00	0.00
矢车菊色素	mg/kg	0.00	1.52	45.6
矮牵牛色素	mg/kg	0.00	0.00	0.00
天竺葵色素	mg/kg	0.00	0.00	0.00
芍药素	mg/kg	0.00	0.00	0.93
锦葵色素	mg/kg	0.00	0.00	0.00

图 5-39　'咖啡花 1 号'咖啡色花朵和紫色茎秆

图 5-40　'咖啡花 1 号'（A）与'双油 9 号'（B）花期单株对比图

图 5-41　'双油 9 号'普通黄花（A）和白花（B）与'咖啡花 1 号'（C）对比图

图 5-42　'咖啡花 1 号'花期群体

三、与国内外相近品种（或资源）的比较

油菜品种与其他农作物品种一样，具有很强的区域性，冬性油菜品种尤其如此。因此，不仅与国际上其他国家的油菜品种难以直接进行比较，即使是国内其他生态区域的品种，也很难比较。因此，下面这些比较基本只对本区域内的品种间进行。

（一）'双油杂 1008'

'双油杂 1008'在 2016～2018 年河南省油菜区域试验中，单位面积产量居参试杂交种前列。该杂交种苗期发苗快、叶色深绿、长势强、抗寒性强、植株高大、分枝多、抗倒伏、耐菌核病、抗病毒病、成熟期适中等。芥酸含量和硫苷含量符合国家双低优质油菜标准，含油量高。在黄淮流域和河南全省油菜产区表现出广泛的适应性，尤其适合罗山、南阳、遂平等县区种植。综合各项指标，'双油杂 1008'是一个高产、优质、抗逆的优良甘蓝型胞质不育三系油菜杂交种。

（二）'双油 9 号'

'双油 9 号'是河南省农业科学院经济作物研究所选育的甘蓝型常规低芥酸、低硫苷双低优质油菜品种，是继第一代'豫油 1 号'、第二代'豫油 2 号'之后的第三代双低优质油菜品种。它的芥酸和硫苷含量更低，含油量高。苗期长势强、抗寒、抗倒伏、植株更高大。单产比'豫油 2 号'增产 10%左右，居于常规双低优质油菜品种中较高水平，最高产量达到 217.5kg/亩。在河南省及黄淮流域具有广泛适应性，尤其适合在固始、罗山、洛阳和商丘等县市种植。

（三）'咖啡花 1 号'

'咖啡花 1 号'是河南省农业科学院经济作物研究所选育的、为满足农业产业全方位发展需要的第一个甘蓝型多功能油菜常规品种，它同时兼具油料生产、菜用、旅游观光三大功能。该品种不仅具有较高的油菜籽单产，而且其紫色茎秆中含有普通绿色茎秆油菜品种不具备的抗氧化物质——花青素，其咖啡色花瓣也是一个创新性状（Wen et al.，2019）。

之前报道的多功能油菜多数具备两项功能，如华中农业大学育成的油料与饲料兼用油菜品种'华协 1 号'（汪波等，2018）、绿肥与油料兼用的'饲油 2 号'（罗庆训等，2018）和'油肥 2 号'（邓力超等，2017），浙江大学和云南农业科学院分别育成了两个蔬菜与油料兼用的甘蓝型油菜品种'浙大 622'（颜贞龙和徐建祥，2017）和'云油杂 2 号'（雷元宽等，2013）。

四、经验与启示

1. 油菜育种要紧跟历史发展的潮流，满足市场需求　　我国油菜品种在过去 40 年中，经历了三次大的历史性更新换代，分别是：①高芥酸、高硫苷常规品种被低芥酸、低硫苷优质常规品种替代；②常规高芥酸、高硫苷油菜品种被高芥酸、高硫苷杂交种替代；③高芥酸、高硫苷杂交种被低芥酸、低硫苷优质杂交种替代。这三次更新换代是我国油菜育种在与西方发达国家存在差距，尤其是油菜品质指标不能满足国际优质油菜标准要求的情况下的被动行为。经过这三次转变，我国油菜育种由过去的落后，逐步到紧跟，再到引领世界油菜育种潮流的状态。我国在油菜基础研究、科研队伍建设和育种水平方面已处于国际领先地位。在过去 30 多年的育种实践中，始终以市场需求为育种目标，选育出能够满足生产需求的多种类型的油菜品种。

目前，为了满足农业增效、农民增收的社会发展要求，我国油菜生产也由单一油料生产向高效多元化方向转变，油菜作为饲料、旅游观光、绿肥和蔬菜的市场需求更迫切。因此，在选育传统油料用途的油菜品种的同时，也为满足多元化市场的需求，培育多功能兼备的油菜品种（Wen et al.，2019）。

2. 黄淮区独特的生态条件，要求选育的油菜品种具有很好的抗寒性和抗倒伏能力　　与南方冬油菜区相比，黄淮流域冬季极端低温可达−10℃～−7℃，一般油菜品种难以越冬，抗寒是本区域油菜品种最基本的要求。另外，黄淮流域春季多寒流大风天气，一般不抗倒伏的油菜品种会倒伏严重。倒伏不仅会直接导致减产，还会引发田间郁闭，湿度增加，诱发菌核病暴发流行，进一步造成大幅度减产。因此，抗寒和抗倒伏是黄淮流域选育高产、稳产油菜品种的关键因素（文雁成等，2008）。

3．利用丰富的十字花科种质资源，创造油菜育种新材料 在几十年的育种实践中，在甘蓝型油菜中特异种质资源已经得到了充分发掘和利用，再期望获得更新更大的发现，已经越来越难。通过基因工程等生物技术方法创造新的油菜种质又受到转基因油菜市场准入管理的限制。甘蓝型油菜属于十字花科芸薹属作物，与其亲缘关系相近的十字花科植物极其丰富，其中蕴含的有益和特异基因是一个十分宝贵的基因资源，有待开发和利用。种间杂交等方法可以有效地将这些特异基因转移到甘蓝型油菜中来。育种家在这方面进行了不懈努力，通过十字花科植物种间杂交，人工合成了新型甘蓝型油菜，把其他十字花科植物的特异性状转移到甘蓝型油菜中（文雁成等，1999，2014）。

4．拓宽细胞质雄性不育系和核恢复系的遗传基础，构建强优势杂交种亲本核心种群 油菜杂种优势利用途径很多，但是便于利用、稳定可靠、制种成本低的还是细胞质雄性不育系途径，包括 Polima 胞质不育系统和萝卜质不育系统。其中 Polima 胞质不育系统中，不育彻底且稳定的不育系较少，恢复系也较缺乏。通过长期大量杂交转育，扩大这两个群体，拓宽遗传基础，在此基础上构建强优势核心种群，从而配制出强优势组合。虽然甘蓝型油菜萝卜质不育系统的不育系不育彻底、稳定，也很容易转育，但是其恢复系不仅少，而且转育十分困难，既要筛选其农艺性状和抗逆性，还要测试其恢复能力，工作量大。为了提高转育选择效率，利用分子标记辅助选择手段对萝卜质恢复基因进行室内选择，加快育种进程。

5．加强适宜机械化生产的油菜品种选育 长期以来，油菜生产都是人工进行，不仅成本高，而且效率低。随着农村人口大规模向城市转移，农村劳动力成本上升，我国油菜生产遇到了瓶颈，油菜生产机械化是解决问题的必经之路。因此，我们在进行油菜品种选育过程中，注重选育适合机械化生产的油菜品种，主要是选育的品种应具备适合密植的叶型，有抗倒伏、成熟期一致、抗裂角、抗病等特性。

此外，通过通径分析，发现株高、单株角果数、角粒数和单株产量的通径系数为正值，分枝部位为负值。因此，通过增加株高、单株角果数、角粒数和单株产量，降低分枝部位可以有效提高油菜品种产量。千粒重和角果长度对产量的通径系数小，通过对它们的改良来增加产量的效果差。

第八节 杂交油菜'秦优7号'的选育

'秦优7号'系陕西省杂交油菜研究中心于1997年育成的甘蓝型高油、双低（低芥酸、低硫苷）优质油菜杂交种，其组合为：双低雄性不育系'陕 3A'×双低雄性不育恢复系'K407'。

'秦优7号'于2001～2005年先后通过陕西省、国家黄淮区、长江下游区、长江中游区及新疆品种审定，并获准在四川省、贵州省部分地区推广。2002年，'秦优7号'

获国家植物新品种权。

'秦优 7 号' 芥酸含量多年平均为 0.39%；硫苷含量平均为 25.36μmol/g 饼；含油量在黄淮区为 43%左右，长江下游区为 45%左右。在 1.2 万株/亩的密度下，单株有效角果 288.5～342.9 个，每角粒数 23.1～25.7 粒，千粒重 3.0～3.2g。

'秦优 7 号' 于 2000 年和 2001 年参加陕西省油菜区域试验，两年平均单产 208.4kg/亩，与对照 '秦油 2 号' 产量相当；'秦优 7 号' 参加生产试验比 '秦油 2 号' 增产 4.5%；同期参加全国油菜黄淮区域试验，产量、品质和综合抗性名列第一，两年平均单产 211.56kg/亩，较对照 '秦油 2 号' 增产 2.91%；其后 '秦优 7 号' 参加长江下游区和中游区区域试验、生产试验均表现突出，并通过国家农作物品种审定委员会审定。

该品种耐寒、抗倒伏、抗病。全生育期 217～245d，属中熟品种。

一、'秦优 7 号' 的特征特性

（一）品种来源

用自育的雄性不育系 '陕 3A' 和恢复系 'K407' 杂交配制。

（二）形态特征

甘蓝型，半直立。子叶肾脏形，幼茎紫红，心叶黄绿具紫缘，深裂叶，叶缘钝锯齿状，顶裂片圆大。五叶期色绿，越冬前深绿。花色黄，花瓣大而侧叠。匀生分枝，与主茎夹角较小。角果微紫色，中长较粗，且籽粒多。在 1.2 万株/亩密度下，株高 164.2～182.7cm，一次有效分枝 8.1～9.3 个，单株有效角果 288.5～342.9 个，每角粒数 23.1～25.7 粒，千粒重 3.0～3.2g。种子浅黑褐色。

（三）生物学特性

'秦优 7 号' 为弱冬性。在陕西关中东部全生育期为 240～250d；在长江下游区为 226d 左右，比 '中油 821' 晚熟 1～2d。耐肥抗倒，抗（耐）菌核病，轻感病毒病。前期发育慢，中后期特别是现蕾后发育迅速。长势强，整齐度好。

（四）生化特征

经越冬期叶柄酯酶同工酶谱分析：'秦优 7 号' 具有迁移率为 0.33（浅）、0.36、0.40（浅）的灰绿色酶带；迁移率为 0.50、0.55、0.58、0.61、0.68 的棕红色酶带；迁移率为 0.65、0.79（深）的咖啡色酶带。经种子幼芽酯酶同工酶谱分析：'秦优 7 号' 具有迁移率为 0.50、0.55、0.58、0.61、0.68、0.96 的棕红色酶带和迁移率为 0.79（深）的咖啡色酶带。

将种子幼芽和叶柄的酯酶同工酶谱分别分析，综合分析其结果，可将不育系 '陕 3A' 与恢复系 'K407''秦优 7 号' 区别开来，以鉴定杂交种 '秦优 7 号' 的纯度。

（五）品质特性

农业部油料及制品质量监督检验测试中心对国家区域试验多年的抽样检测结果显

示，芥酸含量平均 0.39%；硫苷含量平均 25.36μmol/g 饼；含油量 43.0%～45.0%，属高油分、双低优质油菜杂交种。

（六）适应地区

适宜黄淮流域甘蓝型冬油菜区和长江流域两熟栽培区种植。

二、'秦优 7 号'的组合配制年代和选育过程

'秦优 7 号'系 1996 年用自育的双低雄性不育系'陕 3A'与雄性不育恢复系'K407'杂交配制而成。后经预备试验、各级区域试验审定推广。其亲本不育系'陕3A'和恢复系'K407'的培育年代和选育过程如下。

（一）雄性不育系'陕 3A'及保持系'陕 3B'的选育过程

1. 选育过程　1986 年，以从华中农业大学引进的杂交油菜组合'华农杂种'中分离出的早熟、角大粒多、植株较矮的低芥酸、中硫苷含量材料'7842'作父本，与双高（高芥酸、高硫苷）不育系'陕 2A'杂交。

1987 年，发现杂种 F_1 不育性较彻底，熟期较早，性状较好；从中选不育性较彻底的株系中的单株作母本与'7842'回交；而用作回交父本的'7842'单株大量套袋自交，并对收获的套袋种子进行低芥酸，中、低硫苷品质筛选。

1988 年，从'7842'自交后代中获得双低优良单株，选择综合性状好且将回交母本不育性状保持较好的单株继续回交转育，同时对'7842'自交选择。

1989～1991 年，连续 3 代进行"单株选择、成对杂交、以母选父、选父看母、汰劣留良、双双互选，既注重不育性、又十分注意品质和综合农艺性状"的选择。

1992 年，在 BC_5 育成了不育率达 100%、不育度达 95%以上的株系，其母本被命名为雄性不育系'陕 3A'，对应的父本'7842'被命名为雄性不育保持系'陕 3B'。

2. 选育系谱图　选育系谱图如图 5-43 所示。

（二）雄性不育恢复系'K407'的选育过程

1. 选育过程　1983 年，以加拿大双低春性材料'Altex'作母本，以综合性状优良、适应性好的双高（高芥酸、高硫苷）恢复系'秦油 1 号'作父本杂交，获得杂交种 F_1。1984 年，F_1 套袋自交，收获的种子（F_2）用半粒法筛选低芥酸单粒。1985 年，F_2 按照性状和品质要求选低芥酸、中硫苷优良单株，种于隔离网室。1986 年，F_3 在隔离网室内先选株系，在株系中再选单株，收获后进行双低品质筛选。1987 年，F_4 在大田隔离条件下筛选双低优良单株。1988 年，F_5 在筛选出的双低优系中再选单株套袋自交，并与不育系成对测交选择恢复系。1989 年，在 F_6 中筛选出双低、且能使不育性完全恢复的单株'7399-8'，其芥酸含量为 0，硫苷含量为 19.09μmol/g 饼。该恢复系冬性强，虽有抗寒、秆硬、抗菌核病、角大、特殊配合力高等优点，但存在晚熟、茎秆缺乏弹性的缺点，所以仍需改造。

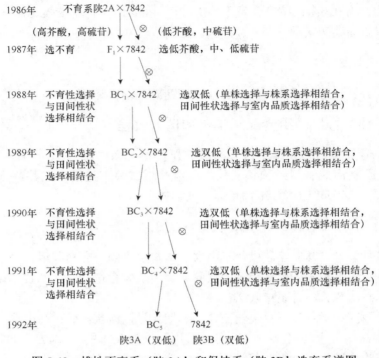

图 5-43 雄性不育系'陕 3A'和保持系'陕 3B'选育系谱图

1986 年，用陕西省宝鸡地区农业科学研究所选育的低芥酸品系'5557'单株自交，从中筛选出低芥酸、秆硬、角大、粒多的单株。1987~1988 年，继续进行自交单株性状选择、品质筛选，并与不育系对测。1989 年，于 S_3 代育成低芥酸恢复系'A74-2'。该恢复系为半冬性、耐寒、抗倒伏、抗菌核病，角果长粗，粒大粒多，中熟，低芥酸，一般配合力和特殊配合力高，但存在硫苷含量高的缺点。

1990 年，用双低恢复系'7399-8'作母本，低芥酸恢复系'A74-2'作父本杂交。1991 年，F_1 单株套袋自交。1992 年，F_2 以单株性状选择与双低品质选择相结合的方法，从中选出低芥酸、低硫苷的单株种于选择圃。1993 年和 1994 年，连续两年继续进行单株性状选择和品质筛选。1995 年，对中选的株系，选单株与不育系杂交成对测交选恢复系。1996 年，F_6 中得到低芥酸、低硫苷、高油分（含油量 44.15%）、能恢复不育性、代号为'96-1'的株系；1996 年秋种于网室繁殖，并试配双低杂交种'秦优 7 号'。1997 年，F_7 中继续混合选择育成了芥酸含量极微，而硫苷含量低于 20μmol/g 饼的株系，至此恢复系'K407'选育完成。

2. 选育系谱图　　雄性不育恢复系'K407'的选育系谱如图 5-44 所示。

（三）组合选配

1997 年，用雄性不育系'陕 3A'和恢复系'K407'配制出'秦优 7 号'，经 1997~1999 年 3 年组合试验和预备试验，平均单产 247.5kg/亩，比对照'秦油 2 号'

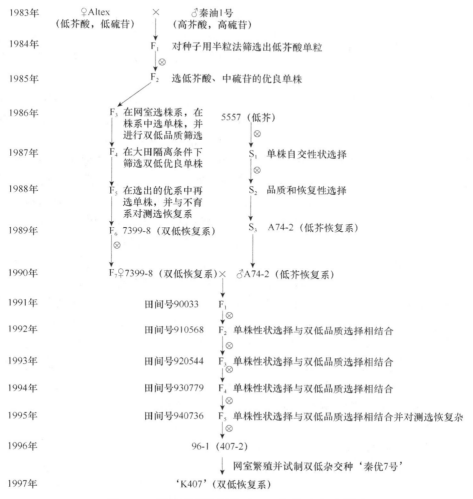

图 5-44 雄性不育恢复系 'K407' 的选育系谱图

增产 14.59%，其品质符合国家双低品种标准，至此选育工作完成。从 2000 年起，'秦优 7 号' 陆续进入省级或国家级区域试验。

三、'秦优 7 号' 的育种理念

1）聚合多基因多性状，使所育品种具有广适性、多抗性、丰产性和稳产性。'秦优 7 号' 聚合了 '陕 2A''Altex''7842''秦油 1 号''5557' 5 个品种的优良性状基因，虽然它不是产量最高的，但它的丰产性和稳产性是很强的。所以，聚合较多的有效优良基因是十分必要的。

2）细胞质雄性不育 "三系" 优质杂交种，其优质性状有赖于亲本不育系和恢复系，要重视二者优质性状的稳定性。

雄性不育 "三系" 杂交种 '秦优 7 号' 是由不育系 '陕 3A' 和恢复系 'K407' 杂交得来的，要使 '秦优 7 号' 具有低芥酸（芥酸含量小于 1%）、低硫苷（饼中的硫

苷含量小于 30μmol/g）、高含油量（含油量＞43%）的优良品质，亲本不育系（含繁育它的保持系）和恢复系必须达到或优于这一指标要求。在转育不育系和选育恢复系的过程中，为了少走弯路，对品质指标进行了世代监测，并在最后两年使其品质达到稳定。

3）为提高制种产量，降低制种成本，在不育系选育中，注意对柱头接受花粉能力强的性状的选择。在提高不育系结实的问题上，除要选育花瓣开裂度较好的不育品系外，还要十分注意不育系接受花粉的能力。杂交油菜育种实践表明，在同一生态条件下，不同的不育系自然结实的能力是不同的。不育系结实少的主要原因是柱头表面乳突细胞排列过密，成熟时分泌的黏液及各种生理活性物质较少，花粉黏附于柱头的数量不足等。为了提高制种产量，加强这一性状的筛选是十分必要的。从另一方面看，正因为不育系接受花粉的能力强，所以在杂种中出现少量的不育株时，因结实较好，对杂种产量也不会产生较大影响。不育系‘陕 3A’就具有这一性状特点。

4）解决油菜细胞质雄性不育初花期出现微粉自交的难题，提高制种纯度。油菜细胞质雄性不育系在初花期低温条件下出现微粉自交，使配制的杂种的恢复率降低，严重时会给生产造成重大损失。这是油菜制种中必须解决而又不好解决的一个难题。通过对油菜细胞质雄性不育微粉发生自交危害规律的研究，提出从栽培和化杀两方面解决难题的方案。栽培措施是：推迟播期，打掉主薹，增大父本行比，加强授粉。化杀措施是：在不育系花粉母细胞发育的单核期，用自研的 SX-1 化学杀雄剂喷施杀微粉，喷施浓度为 6mg/kg，喷量为 13～14kg/亩药液。由于采取了这些措施，规避了制种风险，制种纯度多年保持在 92%～96%，大大超过国家一级杂交种子“不低于90%”的标准。

5）快速、准确地鉴定杂种纯度，确保生产者、经营者和使用者的利益。传统的种子纯度鉴定方法是一年一度或在一个生长周期内进行的田间鉴定，这个方法虽然直观且较准确，但一般需一个生长周期才能完成，不但费人力、费时间，而且还不能适时地为种子收购、经销和大田生产提供质量参考。经研究，采用种子幼芽酯酶同工酶谱电泳分析法、醇溶蛋白电泳分析法、随机扩增多态性 DNA 标记（random amplified polymorphic DNA，RAPD）和简单重复序列（simple sequence repeat，SSR）分子标记技术分析法进行纯度鉴定等，用这些方法分析都可在 7d 左右完成纯度鉴定，且与田间鉴定结果的吻合率达 98%左右。这种快速、准确的鉴定结果，为以质论价收购种子、剔除伪劣种子、确保经销者和使用者的利益提供了条件。

四、‘秦优 7 号’的推广应用

‘秦优 7 号’自 2001 年在陕西省通过审定并推广以来，先后通过了国家黄淮区、长江下游区、长江中游区、新疆维吾尔自治区的审定，并准予在贵州、四川部分适种地（市）区推广。该品种曾长期是黄淮区、长江下游区国家区域试验的对照品种，是农业部推介的油菜主导品种。它的丰产性、稳产性、适应性好，成为我国 2004～2008 年年种植面积最大的油菜品种。截至 2013 年，该品种累计种植面积 5792 万亩，新增产值56.85 亿元。目前，它仍是黄淮区和长江下游区油菜的主栽品种之一。

附：杂交油菜'秦优7号'的雄性不育"三系"

一、细胞质雄性不育系'陕3A'

(一)细胞质雄性不育系'陕3A'的来源

以双高（高芥酸、高硫苷）不育系'陕2A'为母本，以双低（低芥酸、低硫苷）雄性不育保持系'陕3B'（原'7842'）为父本，经杂交和多代成对回交转育，于1992年育成。

(二)形态特征

'陕3A'甘蓝型，半直立，子叶肾脏形。幼苗五叶期前，心叶为紫色，真叶柄长，一般不出现裂叶，顶裂片椭圆形，叶缘微波状；五叶后，渐出现浅裂叶，伸长茎叶为深裂叶。顶裂叶小而长，叶暗绿色，叶面油亮光滑、无蜡粉，整个叶片较大而中厚，叶脉和茎秆淡绿色，短柄叶内卷微扭曲。主花序生长较慢，初花前和初花期低温条件下有死蕾现象，中后期生长良好。花瓣窄小，色黄，开裂较好，蜜腺、雌蕊发育正常，雄蕊败育呈三角状戟形，无花粉，雌雄蕊相对高度大于2。雄性不育率100%，不育度大于95%。分枝匀生、较长，角果长粗。在秋播1.2万株/亩密度条件下，株高150cm左右，有效分枝部位40cm，一次有效分枝约10个，单株有效角果160~180个，每果粒数约15.0粒，千粒重3.0g左右。

(三)生物学特征特性

'陕3A'弱冬性。在陕西关中东部秋播生育期为250d左右，在北方春油菜区春播生育期为100d左右。长势强，耐肥力，较抗倒伏，耐菌核病。

(四)生化特征

经越冬期叶柄酯酶同工酶谱分析：'陕3A'具有迁移率为0.33、0.36的灰绿色酶带；迁移率为0.50、0.55、0.58、0.61、0.68的棕红色酶带和迁移率为0.65、0.79（深）的咖啡色酶带。

经种子幼芽酯酶同工酶谱分析：'陕3A'具有迁移率为0.50、0.55、0.58、0.61、0.68、0.98（浅而细）的棕红色酶带和迁移率为0.79（深）的咖啡色酶带。

(五)产量和品质

用'陕3A'在繁殖不育系和配制杂交种时，一般单产60kg/亩左右，高产田单产可达80kg/亩以上。芥酸含量<1%，硫苷含量<30μmol/g饼。

(六)适应地区

用'陕3A'配制的杂交种适于在黄淮甘蓝型冬油菜区和北方春油菜区种植。

二、细胞质雄性不育保持系 '陕 3B'

（一）细胞质雄性不育保持系 '陕 3B' 的来源

1986 年，从华中农业大学引进的杂交油菜新组合 '华农杂种' 中分离出 '7842' 株系，经连续单株自交选择、品质分析筛选，并与 '陕 3A' 不育系成对杂交、回交，在双双互选中于 1992 年育成 '陕 3B'。

（二）形态特征

'陕 3B' 甘蓝型，半直立，子叶肾脏形。幼苗五叶期前，心叶微紫，真叶柄长，一般不出现裂叶，顶裂片椭圆，叶缘微波状；五叶后，渐出现裂叶，伸长茎叶为深裂叶。顶裂叶小而长，叶暗绿色，叶面油亮光滑、无蜡粉，整个叶片较大而中厚，叶脉和茎秆淡绿色，短柄叶内卷微扭曲。花蕾黄绿色，饱满，花色黄，花瓣大。分枝匀生，角果细长，直生微下垂。在秋播 1.2 万株/亩密度条件下，株高 140cm 左右，有效分枝部位 30cm，一次有效分枝约 9 个，单株有效角果 230~250 个，每果粒数约 28.0 粒，千粒重 3.0g。

（三）生物学特征特性

'陕 3B' 弱冬性。在陕西关中东部生育期 248d 左右，在北方春油菜区春播生育期 100d 左右。长势强，整齐度好，较抗倒伏。轻感霜霉病，较抗菌核病和病毒病。与雄性不育系 '陕 3A' 杂交能 100%保持 '陕 3A' 的不育特性。

（四）生化特征

'陕 3B' 越冬期叶柄和种子幼芽的酯酶同工酶谱与 '陕 3A' 基本相同。

（五）产量和品质

'陕 3B' 在秋播条件下，一般单产 150kg/亩左右，高产田单产可达 175kg/亩以上。芥酸含量<1%，硫苷含量<25μmol/g 饼。菜籽含油量 43%左右。

（六）适应地区

'陕 3B' 适于在黄淮甘蓝型冬油菜区和北方春油菜区种植。

三、细胞质雄性不育恢复系 'K407'

（一）细胞质雄性不育恢复系 'K407' 的来源

1983 年，用加拿大春性双低品种 'Altex' 与自育的双高恢复系 '秦油 1 号' 杂交，经过连续 5 代单株自交选择，并与不育系成对测交，于 1989 年育成双低恢复系 '7399-8'。1986 年，用陕西省宝鸡地区农业科学研究所选育的 '5557' 新品系经连续 3 代单株自交选择，于 1989 年育成低芥酸恢复系 'A74-2'。1990 年，用 '7399-8'

作母本，'A74-2' 作父本杂交，经连续 5 代单株选择与室内品质选择相结合，并与不育系成对测交，于 1997 年育成双低恢复系 'K407'。

（二）形态特征

双低恢复系 'K407' 甘蓝型，半直立，子叶肾脏形。裂叶 2~3 对，深裂叶，叶缘锯齿状，顶裂片长椭圆形，叶色深绿。茎秆绿色微紫，茎叶狭长三角形，半抱茎。花蕾鼓肚状，饱满，花色黄，花瓣中等而离生。分枝匀生，与主茎夹角小。角果直生，果身粗而中长，成熟浅紫色，籽粒较多，果皮较厚。在 1.2 万株/亩的密度下，株高 164cm，一次有效分枝 9 个左右，单株有效角果约 300 个，每角 21 粒，千粒重 3g 左右。种子黑褐色。

（三）生物学特征特性

双低恢复系 'K407' 半冬性。在陕西关中东部全生育期 248d 左右。抗寒、耐渍、耐旱、秆硬抗倒且弹性好。开花集中，灌浆快，长势强，整齐度好，活秆成熟。较抗菌核病和病毒病，轻感霜霉病。

（四）生化特征

经越冬期叶柄酯酶同工酶谱分析：'K407' 有两种谱带类型，其中 I 型具有迁移率为 0.36、0.40 的灰绿色酶带，迁移率为 0.50、0.55、0.58、0.68 的棕红色酶带及迁移率为 0.79（深）的咖啡色酶带，该酶谱类型占 32.5%；Ⅱ型具有迁移率为 0.36、0.40 的灰绿色酶带，迁移率为 0.68 的棕红色酶带及迁移率为 0.79（深）的咖啡色酶带，而无迁移率为 0.50、0.55、0.58 的棕红色酶带（图 5-45），该酶谱类型占 67.5%。

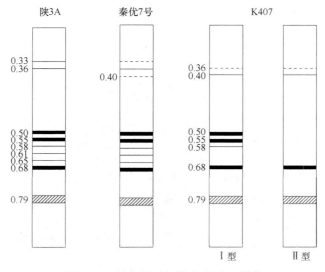

图 5-45 越冬期叶柄的酯酶同工酶谱

经幼芽酯酶同工酶谱分析：‘K407’有两种谱带类型，其中Ⅰ型具有迁移率为 0.50、0.55、0.58、0.61、0.68、0.96（深）的棕红色酶带及迁移率为 0.79（深）的咖啡色酶带；Ⅱ型具有迁移率为 0.68、0.96（深）的棕红色酶带及迁移率为 0.79（深）的咖啡色酶带，而无迁移率为 0.50、0.55、0.58、0.61 的棕红色酶带（图 5-46）。

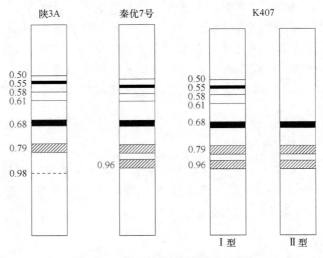

图 5-46　种子幼芽的酯酶同工酶谱

（五）产量和品质

双低恢复系‘K407’一般单产 160kg/亩左右，高产田单产可达 180kg/亩以上。芥酸含量接近 0，硫苷含量＜30μmol/g 饼，含油量 44%左右。

（六）适应地区

双低恢复系‘K407’与‘陕 3A’配制的杂交种适合在黄淮甘蓝型冬油菜区、长江流域两熟栽培区种植。

‘秦优 7 号’田间群体如图 5-47 和图 5-48 所示。

图 5-47　‘秦优 7 号’黄淮区群体

图 5-48 '秦优 7 号'长江流域群体

主要参考文献

曹光诚，孙勇如，陈占宽，等．1996．人工雄性不育基因和恢复基因的克隆与构建研究．中国农业科学，3：20-26.

陈凤祥，胡宝成，李强生，等．1993．甘蓝型油菜细胞核雄性不育材料 9210A 的发现与初步研究．中国农业大学学报，A4：57-61.

程宁辉，高燕萍，杨金水，等．1997．水稻杂种一代与亲本幼苗基因表达差异的分析．植物学报，39（4）：379-382.

崔德祈，邓锡兴．1979．甘蓝型杂交油菜的研究利用．中国油料，（2）：15-20.

邓力超，李莓，范连益，等．2017．绿肥用油菜品种"油肥 2 号"的选育．中国农业信息，12：49-51.

董振生，庄顺琪，刘创社，等．1995．白菜型油菜显性核不育的遗传分析及选育方法研究．西北农业学报，（2）：22-26.

傅廷栋．1995．杂交油菜的育种与利用．武汉：湖北科学技术出版社.

傅廷栋．2013．油菜科学研究与生产有关问题的思考．中国作物学会油料专业委员会第七次会员代表大会及学术年会综述与摘要集：1-5.

傅廷栋，杨小牛，杨光圣．1989．甘蓝型油菜波利马雄性不育的选育与研究．华中农业大学学报，3：201-207.

傅廷栋．1989．论油菜的起源进化与雄性不育三系选育．中国油料，1：7-10.

顾锡坤，唐桂英，龚仁才，等．1980．甘蓝型油菜细胞核雄性不育"两用系"的选育与利用．中国油料，（1）：14-18.

官春云，王国槐，赵均田，等．1981．杀雄剂一号诱导油菜雄性不育效果及其机理的初步研究．遗传，5：15-17.

韩月澎，邢永忠，陈宗样，等．2002．杂交水稻亲本明恢 63 对纹枯病水平抗性的 QTL 定位．遗传学报，29（7）：622-626.

何光华，裴炎，杨光伟，等．2000．我国中籼杂交稻亲本的 DNA 变异性研究．作物学报，26（4）：449-454.

侯国佐，王华，张瑞茂．1990．甘蓝型油菜胞核雄性不育材料 117A 的遗传研究．中国油料，2：7-10.

湖南省油菜杂优协作组．1976．甘蓝型油菜雄性不育系湘一型及其恢复系的选育．湖南农业科技，5：15-19.

华中农学院农学系．1977．甘蓝型油菜自交不亲和系杂种．油料作物科技，4：48-58.

季天委，方萍，刑永忠，等．2005．水稻幼苗根际联合固氮能力的 QTL 定位．植物营养与肥料学报，11（3）：394-398.

雷元宽，吴进明，符明联，等．2013．菜油两用油菜品种云油杂 2 号适宜栽培技术研究．安徽农业科学，16：7079-7080，7103.

李殿荣．1980．甘蓝型油菜三系选育初报．陕西农业科学，1：26-29.

李殿荣．1986．甘蓝型油菜雄性不育系、保持系、恢复系选育成功并已大面积推广．中国农业科学，5：94.

李健雄，余四斌，徐才国，等．2000．"汕优"63 的产量及其构成因子的数量性状基因位点分析．作物学报，26（6）：892-898.

李培武，丁小霞．2008．我国双低油菜全程质量控制标准体系的研制．农业质量标准，2：9-11.

李树林，钱玉秀，吴志华．1985．甘蓝型油菜细胞核雄性不育的遗传规律探讨及应用．上海农业学报，1（2）：1-12．

李树林，钱玉秀，吴志华．1986．甘蓝型油菜细胞核雄性不育的遗传验证．上海农业学报，2（2）：1-8．

李树林，钱玉秀，周熙荣．1987．甘蓝型油菜细胞核雄性不育的遗传性．上海农业学报，3（2）：1-8．

李树林，周志疆，周熙荣．1993．甘蓝型油菜隐性核不育系 S45AB 的遗传研究．上海农业学报，9（4）：1-7．

梁康迳，林文雄，王雪仁，等．2000．水稻茎秆抗倒性的遗传及基因型×环境互作效应研究．福建农业学报，15（3）：9-15．

刘后利．1985．油菜的遗传与育种．上海：上海科学技术出版社：9-28．

刘后利．1987．实用油菜栽培学．上海：上海科学技术出版社．

刘后利，付廷栋，杨小牛，等．1981．甘蓝型油菜自交不亲和系、保持系及其恢复系的选育初报．华中农学院学报，3：9-28．

刘庆昌．2015．遗传学．3 版．北京：科学出版社．

罗庆训，邹成华，樊庆，等．2018．适宜贵州山区种植的绿肥用油菜品种筛选．农技服务，1：78-79．

潘存红，陈宗祥，李爱宏，等．2009．水稻黑条矮缩病抗性 QTL 分析．作物学报，35（12）：2213-2217．

彭仁旺，周雪荣，方荣祥，等．1996．转基因雄性不育油菜的选育简介．遗传学，1：84-85．

彭志红，彭克勤，胡家金，等．2002．富钾植物 DNA 导入水稻变异后代苗期低钾种质的筛选．湖南农业大学学报，28（6）：463-466．

亓芳丽，姜明松，袁守江，等．2008．水稻野败型细胞质雄性不育恢复基因的定位．农业生物技术科学，24（8）：114-117．

任淦，彭敏，唐为江，等．2005．水稻种子衰老相关基因定位．作物学报，31（2）：183-187．

任天举，李经勇，张晓春，等．2004．水稻杂种 F_1 再生力特性的配合力和遗传力分析．西南农业学报，17（3）：287-291．

上海农业科学院油菜研究组．1978．油菜雄性不育两性系的选育．上海农业科技，17：7-9．

沈洪学，朱德江，代春鹏，等．2018．饲料油菜种植与利用示范推广．养殖与饲料，1：38-39．

盛永俊太郎．1940．菜种农林三号型に偶发ちる不稔个体．遗传学杂志，16（2）：72-74．

时克．2008．杂交稻恢复系明恢 63 抗稻瘟病新基因 $Pimh$（t）的精细定位．北京：中国农业科学院．

斯平．1985．甘蓝型油菜自交不亲和型三系的相互关系以及盐水溶液克服自交不亲和型的研究．武汉：华中农业大学硕士学位论文．

四川农业科学院油菜研究室．1972．油菜雄性不育及杂种优势利用研究．四川农业科技动态，2：1-4．

孙其信．2011．作物育种学．北京：高等教育出版社．

谈移芳．1998．汕优 63 遗传改良的部分性状遗传学基础分析．武汉：华中农业大学博士学位论文．

汪波，宋丽君，王宗凯，等．2018．我国饲料油菜种植及应用技术研究进展．中国油料作物学报，40（5）：695-701．

王汉中，殷艳．2013．我国油料产业形势分析与发展对策建议．中国作物学会油料专业委员会第七次会员代表大会及学术年会综述与摘要集：17-23．

王建飞，陈宏友，杨庆利，等．2004．盐胁迫浓度和盐胁迫时的温度对水稻耐盐性的影响．中国水稻科学，18（5）：449-454．

王武萍，庄顺琪，董武生．1992．白菜型油菜细胞核雄性不育三系选育．西北农业学报，（1）：37-40．

文雁成，鲁丽萍，张书芬，等．2014．利用十字花科种间杂交创造甘蓝型油菜种质资源的研究．河南农业科学，43（6）：30-34．

文雁成，宋文光．1994．胞质不育杂交油菜中的不育株率对产量的影响．中国油料，（2）：1-3．

文雁成，张书芬，王建平，等．1999．对甘蓝与大白菜种间杂交合成的甘蓝型油菜的研究．中国油料作物学报，21（4）：8-11．

文雁成，张书芬，王建平，等．2008．甘蓝型油菜双低优质抗寒核不育两型系 8AB 的选育//2008 年中国油料作物学术年会论文集．北京：中国农业科技出版社．

文雁成，张书芬，王建平，等．2010．甘蓝型油菜萝卜质雄性不育恢复系的筛选和初步研究．华北农学报，25（4）：102-106．

文雁成，张书芬，王建平，等．2016．甘蓝型油菜双低萝卜质不育恢复系快速改良技术研究．华北农学报，31（1）：102-109.

吴方喜，蔡秋华，朱永生，等．2011．籼型杂交稻恢复系明恢 63 的利用与创新．福建农业学报，26（6）：1101-1112.

席代汶，陈卫江，宁祖良，等．1996．甘蓝型油菜细胞核生态不育及其应用研究．湖南农业科学，5：12-14.

谢华安．1998．明恢 63 的选育与利用．福建农业学报，13：1-6.

谢华安．2005．汕优 63 选育理论与实践．北京：中国农业出版社.

邢永忠，谈移芳，徐才国，等．2001b．利用水稻重组自交系群体定位谷粒外观性状的数量性状基因．植物学报，43（8）：840-845.

邢永忠，徐才国，华金平，等．2001a．水稻株高和抽穗期基因的定位和分离．植物学报，43（7）：721-726.

熊秋芳，张效明，文静，等．2014．菜籽油与不同食用植物油品质的比较——兼论油菜品质的遗传改良．中国粮油学报，29（6）：122-127.

徐才国，唐为江，邢永忠．2003．水稻优良恢复系明恢 63 两个恢复基因恢复力的单独评价．分子植物育种，1（4）：497-501.

颜贞龙，徐建祥．2017．油菜新品种浙大 622 菜油两用高效栽培关键技术．现代农业科技，18：30.

杨光圣．1988．甘蓝型油菜胞质雄性不育研究．遗传，10（5）：8-11.

杨光圣，傅廷栋．1993．植物杂种优势利用的一条新途径——细胞核＋细胞质雄性不育．中国农业大学学报，A4：48-53.

杨光圣，傅廷栋，马朝芝，等．1997．甘蓝型油菜细胞核＋细胞质雄性不育三系的研究与利用．作物学报，2：144-149.

杨红，储昭晖，傅晶，等．2008．抗稻瘟病主效 QTL *rbr2* 是 *Pib* 的等位基因．分子植物育种，6（2）：213-219.

杨绍华．2001．水稻若干重要农艺性状的 QTL 定位．福州：福建农林大学硕士学位论文.

杨跃华，裴炎，何光华，等．1998．明恢 63 对野败胞质不育性恢复的遗传分析．西南农业大学学报，20（2）：111-113.

袁隆平．1985．杂交水稻简明教程．长沙：湖南科学技术出版社.

袁隆平．2010．利用野败育成水稻三系的情况汇报//袁隆平．袁隆平论文集．北京：科学出版社.

张启发．1998．水稻杂种优势的遗传基础研究．遗传，20：1-2.

张少恒．2013．油菜萝卜质不育新恢复材料鉴定及恢复基因的传递分析．武汉：华中农业大学硕士学位论文.

张天真．2003．作物育种学概论．北京：中国农业出版社.

Akagi H, Nakamura A, Yokozeki-Misono Y, *et al*. 2004. Positional cloning of the rice *Rf-1* gene, a restorer of BT-type cytoplasmic male sterility that encodes a mitochondria-targeting PPR protein. Theoretical and Applied Genetics, 108 (8): 1449-1457.

Alavi M, Ahmadikhah A, Kamkar B, *et al*. 2009. Mapping *Rf3* locus in rice by SSR and CAPS markers. International Journal of Genetics and Molecular Biology, 1 (7): 121-126.

Bannerot H, Boulidard L, Cauderon Y, *et al*. 1974. Cytoplasmic male sterility transfer from *Raphanus* to *Brassica*. Proc. Eucarpia Crop Sect. Cruciferae: 52-54.

Bazrkar L, Ali AJ, Babaeian NA, *et al*. 2008. Tagging of four fertility restorer loci for wild abortive—cytoplasmic male sterility system in rice (*Oryza sativa* L.) using microsatellite markers. Euphytica, 164 (3): 669-677.

Bin Y, Shen XL, Li XH, *et al*. 2007. Mitogen—activated protein kinase OsMPK6 negatively regulates rice disease resistance to bacterial pathogens. Planta, 226: 953-960.

Broda I, Krzymanski J, Popzawska W. 1987. Male sterility of the Bronowski type as used for hybrid seed production. Astracts of 7th Int. Rapeseed Congress. Poznan: 85.

Chen HL, Wang SP, Xing YZ, *et al*. 2003. Comparative analyses of genomic locations and race specificities of loci for quantitative resistance to *Pyricularia grisea* in rice and barley. Proc Natl Acad Sci USA, 100: 2544-2549.

Chen HL, Wang SP, Zhang QF. 2002. New gene for bacterial blight resistance in rice located on chromosome 12 identified from Minghui 63, an elite restorer line. Phytopathology, 92: 750-754.

Collins GN. 1916. Correlated characters in maize breeding. Journal of Agricultural Research, 6: 435-453.

Davenport CB. 1910. The imperfection of dominance and some of its consequences. American Naturalist, 44: 129-135.

Deloure R, Eber F, Renard M. 1995. Radish cytoplasmic male sterility in rapeseed: Breeding restorer lines with a good female fertility. Proc 8th Int Rapeseed Cong, Saskatoon: 1506-1510.

Fan CC, Xing Z, Mao HL, et al. 2006. GS3, a major QTL for grain length and weight and minor QTL for grain width and thickness in rice, encodes a putative transmembrane protein. Theoretical and Applied Genetics, 112: 1164-1171.

Hu J, Wang K, Huang WC, et al. 2012. The rice pentatricopeptide repeat protein RF5 restores fertility in Hong-Lian cytoplasmic male-sterile lines via a complex with the glycine-rich protein GRP162. The Plant Cell, 24 (1): 109-122.

Jones DF. 1917. Dominance of linked factors as a means of accounting for heterosis. Genetics, 2 (5): 466-479.

Liu TM, Shao D, Kovi MR, et al. 2010. Mapping and validation of quantitative trait loci for spikelets per panicle and 1000-grain weight in rice (Oryza sativa L.) . Theoretical and Applied Genetics, 120: 933-942.

Mariani C, De Beuckeleer M. 1990. Induction of male sterility in plants by a chimaeric ribonuclease gene. Nature, 347 (6295): 737.

Mithias R. 1985. A new dominant gene for male sterility in rapeseed, Brassica napus L. Zeitschrift fur Pflanzenzuchtung, 94: 170-173.

Ogura H. 1968. Studies on the new male sterility in Japanese radish with special references to the utilization of this sterility towards the practical raising of hybrid seed. Mem Fac Agric Kagoshima Univ, 6 (2): 39-78.

Olsson G. 1960. Self-incompatibility and outcrossing in rape and white mustard. Hereditas, 46: 241-252.

Qiu DY, Xiao J, Ding XH, et al. 2007. OsWRKY13 mediates rice disease resistance by regulating defense-related genes in salicylate-and jasmonate-dependent signaling. Molecular Plant-Microbe Interactions, 20 (5): 492-499.

Schuster W. 1969. Vargleich von zwei Zuchtverfahren in der Erhaltungszuchtung von Winterraps. Z Pflanzenzuchtg, 62: 47-62.

Shiga T , Baba S. 1971. Cytoplasmic male sterility in rape plant (B. napus). Jap J Breed, 21, Suppl (2): 16-17.

Shiga T , Baba S. 1973. Cytoplasmic male sterility in oil seed rape plant (B. napus) and its utilization to breeding. Jap J Breed, 23 (4): 187-197.

Sun XL, Cao YL, Yang ZF, et al. 2004. Xa26, a gene conferring resistance to Xanthomonas oryzae pv. oryzae in rice, encodes an LRR receptor kinase-like protein. The Plant Journal, 37: 517-527.

Srivastava VK, Nath P. 1983. Studies on heterosis in bitter gourd (Momordica charantia L.) . Egyptian Journal of Genetics and Cytology, 12 (2): 317-322.

Takahi Y. 1990. Monogenic recessive male sterility in oil rape induced by irradiation. Z Pflanzenzuchtg, 64: 242-247.

Tan YF, Li JX, Yu SB, et al. 1999. The three important traits for cooking and eating quality of rice grains are controlled by a single locus in an elite rice hybrid, Shanyou 63. Theoretical and Applied Genetics, 99: 642-648.

Tan YF, Xing YZ, Li JX, et al. 2000. Genetic bases of appearance quality of rice grains in Shanyou 63, an elite rice hybrid. Theoretical and Applied Genetics, 101: 823-829.

Thompson R. 1972. Cytoplasmic male sterility in oil seed rape. Heredity, 29: 253-257.

Wang GN, Ding XH, Yuan NM, et al. 2006a. Dual function of rice OsDR8 gene in disease resistance and thiamine accumulation. Plant Molecular Biology, 60: 437-449.

Wang K, Cui KH, Liu GL, et al. 2014. Identification of quantitative trait loci for phosphorus use efficiency traits in rice using a high density SNP map. BMC Genetics, 15: 155.

Wang ZH, Zou YJ, Li XY, et al. 2006b. Cytoplasmic male sterility of rice with Boro II cytoplasm is caused by a cytotoxic peptide and is restored by two related PPR motif genes via distinct modes of mRNA silencing. The Plant Cell, 18 (3): 676-687.

Wei D, Cui KH, Ye GY, et al. 2012. QTL mapping for nitrogen-use efficiency and nitrogen-deficiency tolerance traits in rice. Plant Soil, 359: 281-295.

Wen YC, Zhang SF, He JP, et al. 2019. Breeding of a multi-functional Brassica napus variety. Berlin: Proceedings of 15th International Rapeseed Congress.

Xie FM, Zhang JF. 2018. Shanyou 63: an elite mega rice hybrid in China. Rice, 11: 17.

Xing YZ, Tan YF, Hua JP, et al. 2002. Characterization of the main effects, epistatic effects and their environmental interactions of QTLs on the genetic basis of yield traits in rice. Theoretical and Applied Genetics, 105: 248-257.

Xing YZ, Tang WJ, Xue WY, et al. 2008. Fine mapping of a major quantitative trait loci, qSSP7, controlling the number of spikelets per panicle as a single Mendelian factor in rice. Theoretical and Applied Genetics, 116: 789-796.

Xue WY, Xing YZ, Weng XY, et al. 2008. Natural variation in Ghd7 is an important regulator of heading date and yield potential in rice. Nature Genetics, 40: 761-767.

Yacouba NT, Yu B, Gao GJ, et al. 2013. QTL analysis of eating quality and cooking process of rice using a new RIL population derived from a cross between Minghui 63 and Khao Dawk Mali105. Australian Journal of Crop Science, 7 (13): 2036-2047.

Yang GS, Fu TD. 1990. The Inheritance of Polima Cytoplasmic Male Sterility in Brassica napus L. Plant Breeding, 104 (2): 121-124.

Yang Z, Sun X, Wang S, et al. 2003. Genetic and physical mapping of a new gene for bacterial blight resistance in rice. Theoretical and Applied Genetics, 106: 1467-1472.

Yu CC, Wang LL, Xu SL, et al. 2015. Mitochondrial ORFH79 is essential for drought and salt tolerance in rice. Plant and Cell Physiology, 56 (11): 2248-2258.

Yu SB, Li JX, Xu CG, et al. 1997. Importance of epistasis as the genetic basis of heterosis in an elite rice hybrid. Proceedings of the National Academy of Sciences USA, 94: 9226-9231.

Yu SB, Li JX, Xu CG, et al. 2002. Identification of quantitative trait loci and epistatic interactions for plant height and heading date in rice. Theoretical and Applied Genetics, 104: 619-625.

Zhang G, Bharaj TS, Lu Y, et al. 1997. Mapping of the Rf3 nuclear fertility-restoring gene for WA cytoplasmic male sterility in rice using RAPD and RFLP markers. Theoretical and Applied Genetics, 94: 27-33.

第六章 轮回选择的理论基础及其育种案例分析

轮回选择（recurrent selection）是作物群体改良的常用方法之一。它通过循环式多次交替进行"选择—互交"程序，改进作物变异群体的遗传构成，提高群体中有利基因和基因型频率。"轮回选择"一词是 Hull 于 1945 年首次使用的。后经逐步完善，该方法成为玉米群体改良的常用方法。其后逐渐应用到自花授粉作物和常异花授粉作物上，如小麦、棉花、大豆、高粱、牧草等。

第一节 轮回选择的理论基础

遗传学上的群体指的是该群体内个体间随机交配形成的遗传平衡群体。根据群体遗传学的理论，一个容量足够大的随机交配群体，其基因、基因型频率的变化遵从哈迪–温伯格（Hardy-Weinberg）定律。

一、Hardy-Weinberg 定律

假如在一个二倍体的随机交配群体内，等位基因 A 和 a 的频率分别为 p 和 q，则基因型 AA、Aa 和 aa 的频率分别为 p^2、$2pq$、q^2，只要这 3 种基因型个体间进行完全随机交配，子代的基因频率、基因型频率与亲代保持完全一致。即在一个完全随机交配的群体内，如果没有其他因素（如选择、突变、遗传漂移等）干扰时，则基因频率和基因型频率保持恒定，各世代不变，即"Hardy-Weinberg 定律"。实际上，由于群体数量的限制、环境的变化、人们对群体施加的选择、突变或遗传漂移等因素，常常会不断打破群体的这种平衡。轮回选择的实质就是要不断打破群体基因和基因型的平衡，不断地提高被改良群体内人类所需基因和基因型的频率。

二、选择和基因重组是群体进化的主要动力

从作物育种的角度来看，选择和基因重组是群体基因频率和基因型频率改变的主要因素和动力。作物的许多经济性状，如产量、品质等都是数量性状，具有复杂的遗传基础，是彼此相互联系、相互制约，作用性质和方向相同或相异的多个基因共同作用的结果。性状遗传基础的复杂性意味着性状重组的丰富性和可选择性。将不同种质具有的潜在有利基因充分聚合和集中，并不断提高育种目标性状要求，这就是作物育种家所追求的目标。

从生物进化的观点来看，一般认为有利基因是显性基因。但在作物育种实践中，并不排除隐性有利基因的存在。即便有利基因都为显性基因，要获得许多显性基因都是纯合的个体也是十分困难的。根据遗传学的原理，显性纯合个体在一个随机交配群体中出

现的频率为（1/4）^{n}，这里的 n 为控制目标性状的基因数目。若目标性状受 1 对基因控制，显性纯合个体在自由交配群体中出现的频率为 1/4，即（1/4）^{1}；2 对基因控制的目标性状，显性纯合个体在随机交配群体中出现的频率为 1/16，即（1/4）^{2}。众所周知，育种目标所要求的经济性状及其他农艺、品质性状，绝大多数是受多基因控制的数量性状。因此，要获得多基因控制的目标性状的纯合体就更困难了。假如作物产量受 20 个位点基因控制（实际上控制数量性状的基因位点可能远远不止 20 个），当育种基础群体中优良基因频率较低时，如低于 0.5 时，从理论上讲，要出现 20 个位点基因都是纯合的个体，对二倍体作物来说（如玉米），要求至少种植 36 450 000hm^2 的群体。而且由于受基因连锁的限制，实际种植的面积还要大得多才能达到此目的。所以，试图通过扩大群体种植面积增加群体数量来增加目标个体出现的频率，对育种者而言，实际上是行不通的。然而在同样前提下，当基础群体的优良基因频率由原来的 0.5 上升到 0.9 时，则群体每 1000 株中就会有 15 株合乎要求的显性纯合个体出现。由此可见，通过选择打破群体的遗传平衡，提高群体优良基因的频率；通过基因重组打破群体有利基因与不利基因间的连锁，增加群体有利基因型出现的频率是提高群体中显性纯合个体频率的关键。因此，轮回选择的原理是利用群体进化的法则，通过异源种质的合成、自由交配、鉴定选择等一系列育种手段和方法，促使基因重组，不断打破优良基因与不良基因的连锁，从而提高群体优良基因频率和基因型频率，增大后代中出现优良基因重组体的可能性。通过作物轮回选择，可以提高育种效率和育种水平。

第二节　异花授粉作物的轮回选择——以玉米为例

轮回选择用于高油玉米群体改良。高油玉米（high oil corn，HOC）与普通玉米相比，具有高油、高能、营养全面等特点，是畜牧养殖、油脂加工等行业的优质原料。我国在 HOC 研究领域已处于国际先进水平，该技术是我国作物育种研究领域的又一重要成果。

HOC 研究起始于美国 Illinois 大学。经过近一个世纪的轮回选择，到 20 世纪 80 年代，Illinois 大学已获得含油量超过普通玉米 15% 的高油群体 'IHO' 和 'Alexho'。中国农业大学宋同明教授从 20 世纪 80 年代开始一直致力于高油玉米群体的改良工作，经过 30 余年的努力，成功创造了多个高油玉米群体，其中 'BHO' 'KYHO' 等具有独立知识产权，高油玉米群体的含油量已达到高油玉米育种的要求。这些高油玉米种质的育成对国际 HOC 的发展产生了重要影响。我国也因此成为当今世界 HOC 种质的主要发展中心之一。

高油玉米是指籽粒油分含量在 6% 以上的玉米类型。现有主要高油玉米资源均来自普通玉米。而普通玉米籽粒油分含量一般在 4% 左右，为此需要利用科学手段不断选择才能提高玉米籽粒油分含量，实现高油玉米的种质创新。中国农业大学通过基础群体的构建及选择方法改进等，使玉米油分选择更加高效。从开始采用的"单粒种子含油量表型轮回选择法"，到后来自主创造的"大群体、多参数、分阶段、综合轮回选择法"，促进了高油种质群体的快速创建。"大群体、多参数、分阶段、综合轮回选择法"的具体步骤和选择内容如下。

每一群体由 110 个果穗组成，每个果穗取含油量最高的 3 个籽粒，共 330 粒。田间种植时，分 A、B 两区，各 16 行 165 株。两区相互混合授粉。选择分别在 4 个不同阶段进行。

授粉期：对农艺性状（株型、健壮度、雌雄协调性等）进行选择，淘汰 20%的植株（授粉前砍除）；A、B 两区共授粉 250 株左右。

收获前：对抗病性、抗倒伏性和保绿性进行选择，淘汰 20%～25%的植株，取下雌穗袋；A、B 两区共收获 180 穗左右。

室内：根据果穗大小、籽粒大小、结实性和穗粒腐病情况进行选择，淘汰 30%～35%的病穗、小粒穗和结实不好的果穗，保留 110～120 穗。

油分测定：每穗选中部籽粒 100 粒，利用核磁共振仪进行单粒测油，并记录粒重；每穗保留含油量最高的 5 粒，并把这 5 粒分为前 3 粒和后 2 粒；再把所有的前 3 粒和后 2 粒分别混合，据粒重各自排队，重新测油；在前 3 粒中再根据含油量和粒重淘汰约 30%的籽粒，即 100～120 粒；从后 2 粒中挑选含油量和粒重都高的 70～80 粒补充，使群体总粒数稳定在 320～330 粒。

使用该方法对 HOC 进行群体改良，群体含油量提高迅速。30 多年来，中国农业大学通过上述方法共创造了 9 个高油玉米基础群体，具体情况见表 6-1。

表 6-1 中国农业大学通过轮回选择创造的 9 个高油玉米群体

高油玉米群体名称	原始群体含油量/%	轮回选择轮数	目前群体含油量/%	材料来源	群体含油量世界排名
北农大高油（BHO）	4.71	21	18.14	'中综 2 号'综合种	3
亚伊高油（AIHO）	13.50	12	20.43	由'IHO C80'与'ASK C23'杂交后的第三代选择而来	2
抗病硬秆高油（KYHO）	3.73	11	15.16	7 个国内常用自交系和 7 个选引进杂交种的二环系通过链状杂交方式获得	8
旅大红骨高油（LDHO）	4.67	4	10.68	9 个含有旅大红骨血缘的自交系通过链状杂交方式组建	
抗病高油（Syn. D. O）	7.60	12	17.24	美国引进材料	4
瑞德黄马牙高油（RYDHO）	7.16	13	15.93	美国引进材料	6
坚秆综合种高油（RSSSCHO）	3.67	7	12.73	美国引进的普通玉米群体	10
重组 ASK（RASK）	13.67	4	15.86	17 个从'ASK C23'得到的高油系经链状杂交而来	7
早熟高油（ZHO）	5.79	7	13.34	15 个早熟杂交种进行链状杂交而来	9

中国农业大学用"大群体、多参数、分阶段、综合轮回选择法"创造的 9 个高油玉米群体，其含油量平均每轮选择提高了 0.79%，大大高于国际上通用的选择方法（每轮提高 0.5%），因而该方法是当今玉米含油量选择最先进的方法。图 6-1 为中国农业大学高油（BHO）玉米轮回选择进展图。

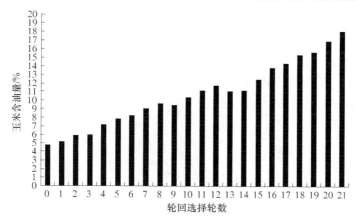

图6-1 中国农业大学高油（BHO）玉米轮回选择进展图

中国农业大学的宋同明、陈绍江等利用 9 个 HOC 群体育成了 140 多个稳定的高油玉米自交系，并从中筛选出 22 个高油玉米骨干系，育成了 18 个高油玉米杂交种，其中 5 个通过了国家审定，13 个通过了省级审定。

在此基础上，宋同明等发明了一个利用普通玉米杂交种生产高油玉米的新方法，即"普通玉米高油化三利用技术"。采用该专利技术进行玉米生产，能够利用普通玉米生产高油玉米，从而可以在不降低产量的情况下，提高玉米籽粒品质，实现高产、优质相结合。

此外，在高油玉米研究的基础上，油分的花粉直感效应还被应用于玉米单倍体育种的单倍体籽粒鉴别过程中。利用选育的高油种质，与单倍体诱导系杂交，育成了高油型的玉米单倍体诱导系。使用高油型的单倍体诱导系杂交后，由于二倍体含有高油遗传背景，因此表现为油分含量高。而单倍体籽粒则不含有高油遗传背景，与其母本籽粒油分含量相差不大。基于油含量的差异即可以实现单倍体和二倍体的鉴别。使用核磁共振油分测定方法，通过设计自动进样、自动测定和自动分选，研制了核磁共振单倍体鉴别自动化系统，实现了单倍体的精准自动化鉴别。促进了我国单倍体育种技术的跨越式发展，并产生了重要的国际影响。

高油群体也成为利用基因组学研究作物数量性状遗传机制的宝贵材料。例如，中国农业大学杨小红教授团队就利用宋同明教授育成的'旅大红骨'高油群体，结合高通量测序技术及数量遗传学和群体遗传学方法，研究了玉米籽粒油分提高的遗传基础及该过程中其他农艺性状的变化，发现了 50 余个与籽粒油分含量相关的 QTL，加深了对玉米籽粒油分含量等复杂数量性状的认识。利用高油玉米轮回选择群体育成的高油型自交系如'GY923''BY815'等也已经应用于籽粒油分相关基因的克隆和验证研究，对我国玉米功能基因组研究的发展起到了推动作用。

第三节 '矮败小麦'育种技术体系的建立与应用

2011 年 1 月 14 日，在中共中央国务院召开的国家科学技术奖励大会上，由中国农业科学院刘秉华老师主持，中国农业科学院作物科学研究所、江苏徐淮地区淮阴农业科学研究所、四川省农业科学院作物研究所、河南省农业科学院小麦研究中心和中国农业大学等 10 个单位共同参加的研究成果——"'矮败小麦'及其高效育种方法的创建与应用"获 2010 年国家科学技术进步奖一等奖。

这里的矮败，就是矮秆败育。这里的败育是指雄性不育。'矮败小麦'既是矮秆的，又是雄性不育的。'矮败小麦'的创制与'太谷核不育小麦'的发现和研究利用是分不开的。

一、太谷核不育小麦

（一）太谷核不育小麦的发现

雄性不育性在玉米、高粱、水稻等作物杂种优势方面的成功应用，促进了其他作物雄性不育性的发现和研究。在小麦中，不仅发现了能够"三系"配套的细胞质雄性不育性，而且发现和诱导出了大量的细胞核雄性不育类型。细胞核雄性不育性受控于核基因，不受细胞质影响，因此在杂种优势利用和群体改良中有特殊的功能用途。

1970 年前后，我国科技人员与农民群众共同努力，发现了不少有价值的雄性不育材料。1971 年，山西省太谷县郭家堡村农民技术员高忠丽从山西农学院选种教研室引进一个编号为'2-2-3'的小麦新品系。该品系是复交组合（{[（'早熟 1 号'×'30600'）×（'太谷 49'×'苏联 1 号'）]×（'早洋'×'小红'）}×'963'）×（'太谷 49'×'桑怕斯多尔'）的第 6 代材料。次年，她在该品系繁殖田中发现了 1 株雄性不育小麦，并用其他植株的花粉授粉，将杂交种保存了下来。

（二）太谷核不育小麦的特征特性

太谷核不育小麦开花时，雄性不育株穗子蓬松，颖壳颜色较淡，雄蕊退化，花丝短而纤细，花药瘦小，呈小箭头状，灰白色，不开裂，内无花粉粒；雌蕊发育正常，柱头外露，在未接受外来花粉的情况下，多日新鲜不萎。

太谷核不育小麦的显性不育基因 *Ta1*（*Ms2*）被转移到数百种遗传背景不同的小麦品种和材料上，在各种不同的生态环境下生长发育，甚至人为地施加理化因素干扰其生长发育，但最终都未能影响显性不育基因的正常表达，迄今也未发现不育株自交结实的实例。充分说明，太谷核不育小麦的不育性十分稳定，雄性败育非常彻底。

（三）太谷核不育小麦的遗传分析

在 1972 年之后的几年中，高忠丽等用保存下来的不育材料做杂交试验，并提供给中国农业科学院原子能利用研究所、山西省农业科学院等单位。这些单位做了大量的测交和回交，试图寻找这个不育材料的恢复系，进而实现"三系"配套。试验结果虽未能如愿，但却积累了大量的试验资料。这些资料清晰地显示，该不育材料的测交、回交和姊妹交后代均分离出不育株和可育株，既找不到完全的恢复系，也找不到完全的保持系，且不育株与可育株的分离比例近 1:1；可育株套袋自交结实正常，后代育性不再发生分离。1977 年冬，太谷县派人携带有关研究资料请教全国 14 个科研教学单位的 20 多位专家教授，他们都认为'2-2-3'不育系是核不育材料。

'2-2-3'雄性不育株接受其他品种、品系或雄性可育姊妹株的花粉，后代总是分离出不育株和可育株两种表现型的事实证明，其不育性呈显性遗传；在雄性不育株中的基因型为显性杂合。测交、回交和姊妹交后代不育株与可育株 1∶1 的分离比例进一步明确'2-2-3'雄性不育小麦是受显性单基因控制的雄性不育材料（邓景扬和高忠丽，1980；王琳清等，1980）。

'2-2-3'雄性不育材料被命名为太谷核不育小麦，其雄性不育单基因的符号被规定为'$Ta1$'（邓景扬和高忠丽，1980）。这样，可以推测太谷核不育小麦的基因型为 $Ta1ta1$，而正常品种、品系及可育姊妹株的基因型应为 $ta1ta1$。太谷核不育株能够产生携带 $Ta1$ 和 $ta1$ 的两种配子，其杂交后代应有一半雄性不育株和一半雄性可育株，与实际的观察结果相符。因此，确定'2-2-3'不育小麦是受显性单基因控制的雄性不育材料的结论是正确的。

按照惯例，植物雄性不育的基因符号为 Ms 或 ms。Ms 是英文 male sterility（雄性不育）的缩写。$ms1$ 是一个隐性核不育基因，位于小麦 4A 染色体短臂上；$Ms2$，即 $Ta1$ 是在国际上被注册的第二个小麦雄性不育基因，它位于 4D 染色体短臂上，距离着丝粒31.16 个交换单位（刘秉华和邓景扬，1986）。

（四）$Ta1$ 基因定位

1. $Ta1$ 基因染色体组定位　　20 世纪 80 年代初，定位小麦雄性不育核基因还没有十分成功的方法。定位核不育基因的困难在于携带核不育基因的不育株只能作母本，很难进行单体分析。为了定位我国发现的太谷核不育小麦的显性雄性不育单基因 $Ta1$（$Ms2$），刘秉华等设计了一种端体分析方法。在对 $Ta1$ 进行端体分析的同时，还进行染色体组定位的研究工作，以提高定位的准确性和减少端体分析的工作量。

1980 年 10 月，将太谷核不育小麦（AABBDD，$2n=6x=42$）和硬粒小麦品种'墨西卡利 75'（$2n=4x=28$）播种在温室，让'墨西卡利 75'给携带显性不育基因的太谷核不育小麦授粉，得到的杂交种于次年 9 月播种在温室；以'墨西卡利 75'为轮回父本，与杂交后代分离出的核不育株回交，调查回交后代不育株与可育株（包括部分可育株）的株数，并进行细胞学观察。核不育株孕穗后花药黄白色，呈小箭头状；而种间杂交的部分不育株花药较大，并且是绿色的，二者在外表上很容易区分。从表 6-2 可以看出，杂交第一代携带 $Ta1$ 的不育株与不携带 $Ta1$ 的部分可育株的比例接近于 1∶1；而回交 1~3 代后育性却明显偏离 1∶1 的分离比例（表 6-2）。为什么杂交一代与回交后代出现的育性分离比例不一样？

表 6-2　太谷核不育小麦与硬粒小麦杂交及回交后代的育性调查结果

世代	项目			
	携带 $Ta1$ 的不育株数	不携带 $Ta1$ 的可育株数	不育株/可育株	试验地点
F_1	61	56	1∶0.92	北京温室
BC_1	54	144	1∶2.7	青海大田
BC_2	98	356	1∶3.6	北京温室
BC_3	17	166	1∶9.8	北京网室

　　这是因为染色体组型为 AABBDD 的'太谷核不育小麦'只有接受正常可育的异株花粉才能够结实。由于'太谷核不育小麦'的显性不育基因总是处于杂合状态，它所产生的雄配子也总是一半携带显性不育基因，一半不携带显性不育基因。用染色体组型为 AABB 的四倍体硬粒小麦给六倍体的'太谷核不育小麦'授粉产生的 F_1，当然也有近一半携带显性不育基因的不育株和近一半不携带显性不育基因的部分可育株。六倍体普通小麦与四倍体硬粒小麦的杂交 F_1 是五倍体（AABBD），而五倍体在减数分裂时 A 组和 B 组的 28 条染色体配成 14 个二价体，而 D 组的 7 条染色体都处于单价体状态。Sears 的研究结果表明，在中国春小麦遗传背景下，单价体在走向两极的过程中，大约有 50%由于落后而被遗弃在细胞质中。如果显性不育基因 *Ta1* 在 A 组或 B 组的某一染色体上，携带显性不育基因的染色体在减数分裂时可配对形成二价体，F_1 五倍体的核不育株仍将产生一半携带 *Ta1* 和一半不携带 *Ta1* 的雌配子，这些雌配子与硬粒小麦雄配子结合产生的回交一代，也将有一半不育株和一半可育株（包括部分可育株和全可育株）。但这与观察到的可育株显著多于不育株的事实不符，说明显性核不育基因在 A 组或 B 组的某一染色体上的假设是不正确的。

　　如果显性核不育基因不在 A 组或 B 组染色体上，而在 D 组的某一染色体上，由于携带显性不育基因的染色体处于单价体状态，单价体在减数分裂时有很大一部分不能包括在新的细胞核中，结果导致显性核不育基因的频繁丢失，回交一代不育株和可育株（包括部分可育株和全可育株）的分离比例就会显著地偏离 1∶1。回交二代、回交三代也是这种情况，只不过不携带 *Ta1* 的部分可育株逐渐转变为全可育株。按照上述理论假设推出的育性分离情况，与观察到的在回交中一代不育株与部分可育株（包括全可育株）的比例是 1∶2.7；而回交二代、回交三代分别为 1∶3.6、1∶9.8 的结果是一致的。因此认为，太谷核不育小麦的显性不育基因 *Ta1* 是在 D 组的某一染色体上。从这里可以看到，随着回交代数的增进，遗传背景的变化，普通小麦 D 组单价体被排除的速度也逐渐加快，因此不育株在回交后代所占的比例也越来越小。

　　在调查回交后代育性的同时，还对回交后代，特别是回交三代材料进行了细胞学观察，结果见表 6-3。

表 6-3　回交三代育性与染色体组成的关系

育性	细胞学检查株数	染色体组成				
		14″	14″+1′	14″+2′	14″+3′	14″+4′
可育株	109	86	11	7	3	2
不育株	15	0	9	2	2	2

注：数字加一个上角撇表示有几个正常单价体；数字加两个上角撇表示有几个正常二价体。后同

　　从表 6-3 可以看出，在 109 株可育株中，只有 A 组和 B 组的 14 对染色体、没有 D 组单价体的植株（14″）有 86 株，占 79%；在 15 株不育株中，没有一株染色体组成是 14″的；凡是不育株都带有 D 组的染色体。如果显性不育基因 *Ta1* 在 A 组或 B 组的某一染色体上，在回交后代具有 14″（AABB）染色体组成的植株中将有近一半的可育株和近一半的不育株，而这与观察到的——凡是染色体组成为 14″的植株都是可育株的事实不符。如果显性不育基

因 *Ta1* 在 D 组的某一染色体上，则凡是不育株都必然是 14 个二价体加上 1～7 个 D 组的单价体，而绝不可能只有 A 组和 B 组的 14 个二价体，这与试验观察结果是完全一致的。

在试验中，还观察了回交二代染色体组成是 14″＋1′的不育株与硬粒小麦回交后代的育性表现和染色体组成的关系。结果表明，所有不育株（5 株）的染色体组成都是 14″＋1′；而所有可育株（43 株）的染色体组成都是 14″。回交后代的育性检查和细胞学观察结果一致，确认太谷核不育小麦的显性不育单基因 *Ta1* 位于 D 组的某一染色体上。

2. *Ta1* 基因染色体定位　　利用染色体组定位得到的 14″（AABB）＋1′（D）不育株可以设计出一种染色体定位方法，这就是端体测验。因为 *Ta1* 基因位于 14″＋1′不育株唯一的单价体上，所以让 D 组的双端体系统分别与 14″＋1′不育株杂交，对 F₁ 育性与染色体构成进行检查，就可以确定 *Ta1* 基因所在的染色体。如果 F₁ 不育株的染色体组成是 15 个二价体，加上 1 个端体单价体和 5 个正常单价体，则说明 *Ta1* 基因不在有关端体的染色体上（图 6-2）；如果 F₁ 不育株的染色体组成是 14 个二价体，加上 1 个异形二体和 6 个单价体，则说明 *Ta1* 基因就在有关端体的染色体上（图 6-3）。

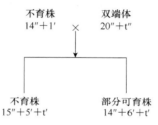

图 6-2　*Ta1* 基因不在染色体的双端体与 14″＋1′不育株杂交 F₁ 的表现型和染色体构成

t. 端体；t′. 有一个单端体（即有一个单价体，且为端体）；t″. 有一对双端体（即有一对染色体都是端体）；1′. 1 个单价体；5′. 5 个单价体；6′. 6 个单价体；14″. 14 个二价体；15″. 15 个二价体；20″. 20 个二价体。后同

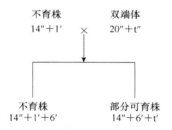

图 6-3　*Ta1* 基因所在染色体的双端体与 14″＋1′不育株杂交 F₁ 的表现型和染色体构成

1′t′. 有一对异形二体（即一对染色体中一条为正常染色体，另一条为端体染色体）

刘秉华等用 1DL、2DS、3DL、4DL、5DL、6DL、6DS、7DL 和 7DS 双端体分别与 14″＋1′不育株杂交，在 F₁ 检查不育株和可育株的染色体组成。结果发现，1DL、2DS、3DL、5DL、6DL、6DS、7DL、7DS 双端体与 14″＋1′不育株杂交，F₁ 中的不育株在减数分裂中期Ⅰ见到 15 个二价体，加上 5 个正常单价体和 1 个端体单价体，说明携带 *Ta1* 基因的 D 组单价体与上述端体没有配对，即 *Ta1* 基因不在这些端体的染色体上（图 6-2）。4DL 双端体与 14″＋1′不育株杂交的 F₁ 中的不育株在减数分裂中期Ⅰ则见到 14 个二价体，加上 1 个异形二体和 6 个单价体，同时在减数分裂后期Ⅰ见到 6 个落后的单价体和分到一极的端体，说明携带显性不育基因 *Ta1* 的 D 组单价体与 4D 长臂端

体配成了异形二体，即说明 *Ta1* 基因位于 4D 染色体上（图 6-3）。

3. *Ta1* 基因染色体臂定位和遗传距离测定　　具有正常染色体组成的太谷核不育小麦与双端体（20″＋t″）杂交，其后代群体在育性表现上是一半雄性不育株和一半雄性可育株，在细胞学上是异形二体（20″＋t″）。再用正常二体花粉分别给各个端体组合后代不育株授粉，产生的后代中，无论是显性核不育基因所在染色体的端体家系（鉴定家系），还是显性核不育基因不在染色体的端体家系（非鉴定家系），都分离出一半可育株和一半不育株。从育性表现上，无法区分鉴定家系和非鉴定家系。但如果对后代分离的可育株或不育株进行细胞学检查，即可发现，鉴定家系和非鉴定家系的染色体组成是不同的。在非鉴定家系的端体中，可育株或不育株的染色体组成既有正常二体，又有异形二体，并且二者的株数近乎相等（图 6-4）。在鉴定家系的端体中有两种情况：一是显性核不育基因所在染色体臂的端体家系，可育株的染色体组成是异形二体，不育株的染色体组成是正常二价体。但由于 F₁ 异形二体存在着交换的可能性，因此也会出现一些可育的正常二体和不育的异形二体（图 6-5）。根据重组类型的多少，可以测出显性核不育基因与着丝粒之间的遗传距离。二是显性核不育基因不在染色体臂（但在此染色体的另一个臂上）的端体家系，可育株只能是异形二体，不育株只能是正常二体（图 6-6）。

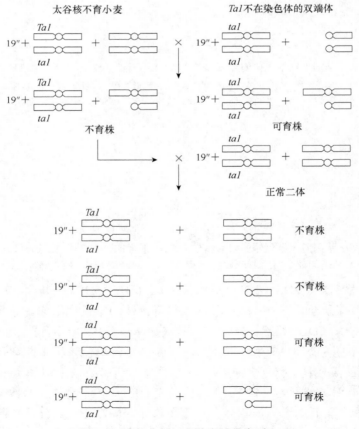

图 6-4　端体分析（非鉴定端体家系）

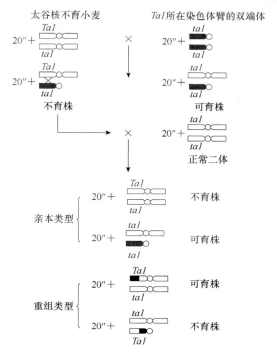

图 6-5　端体分析（显性不育基因所在染色体臂的端体家系）

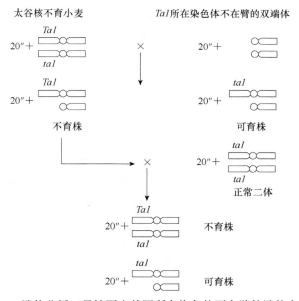

图 6-6　端体分析（显性不育基因所在染色体不在臂的端体家系）

用 D 组双端体系统分别与太谷核不育小麦杂交，从 F_1 选出不育株，用正常小麦品种（'农大 139''中国春'等）授粉，在（太谷核不育小麦×双端体）F_1 不育株×正常小麦品种的杂交后代中，分端体家系逐株（可育株和不育株）检查染色体组成，统计可育株或不育株中正常二体与异形二体的比例，并做适合性测验。

从表 6-4 可以看出，在 4D 染色体长臂端体家系中观察了 129 个可育株，其染色体组成除 1 株是单体外，其他 128 株都是异形二体；在观察的 81 株不育株中，其染色体组成都是正常二体。也就是说，所有可育株都是异形二体（1 株单体除外），而所有不育株都是正常二体，这种情况只能发生在 *Ta1* 基因所在染色体不在臂的端体家系中（图 6-6）。可育株中观察到的 1 株单体，从染色体形态和大小看是 4D 单体，它是由减数分裂中期Ⅰ异形二体提早分离、末期长臂端体丢失形成 $n=20$ 的雄配子所致。

表 6-4 端体分析

端体类型	异形二体	正常二体	单体	χ^2（1∶1）
	20″+1t″	20″	20″+1′	$\chi^2_{0.05}=3.84$
1DL	21	21	1	0.02
2DL	11	15	1	0.35
2DS	23	26	1	0.08
3DL	23	20	5	0.09
3DS	13	15	1	0.04
4DL	128	0	1	126.00
4DS	118	56	8	21.39
5DL	47	44	4	0.04
6DL	22	19	2	0.10
6DS	25	30	7	0.29
7DL	12	15	0	0.15
7DS	23	25	3	0.02

注：χ^2 为卡方测验

在 4D 染色体的短臂家系中观察了 182 个可育株，其中正常二体 56 株，异形二体 118 株，单体 8 株；另外，在观察的 76 株不育株中，正常二体 51 株，异形二体 22 株，单体 3 株。无论是可育株，还是不育株，其正常二体与异形二体的比例都显著地偏离 1∶1，这种情况一般只能发生在 *Ta1* 基因所在染色体臂的端体家系中（图 6-5）。

Sears 根据小麦缺体系统的育性表现，把控制小麦雄性育性的基因定位在 4A、5A、4B、5B 和 5D 染色体上，并根据双端体系统的育性表现，进一步把控制雄性育性的基因定位在这些染色体的长臂上。同时，他还确定 4D 短臂与 4A 和 4B 长臂是部分同源的。

把太谷核不育小麦的 *Ta1* 基因定位在 4DS 上，说明在 4D 染色体短臂上可能潜伏着与雄性育性有关的基因位点。在 4DS 端体家系中，可育株中出现的正常二体和不育株中出现的异形二体是 F_1 中异形二体发生交换而出现的重组类型，这样就可以计算出 *Ta1* 基因与着丝粒之间的遗传距离。

$$S=\left[1/2\left(\frac{可育的正常二体}{可育株数（不包括单体）}+\frac{不育的异形二体}{不育株数（不包括单体）}\right)\right]\times100$$

$$=\left[1/2\left(\frac{56}{174}+\frac{22}{73}\right)\right]\times100=[(32.18+30.14)/2]=31.16（交换单位）$$

二、'矮败小麦'

我国发现的太谷核不育小麦是受显性单基因控制的雄性不育材料（邓景扬和高忠丽，1980；王琳清等，1980），它的显性雄性不育基因 *Ms2* 位于 4D 染色体短臂上（刘秉华和邓景扬，1986）。太谷核不育小麦作为一个有用的遗传改良工具，已广泛用于我国小麦育种实践中。

'矮变一号'是陕西省西安市农业科学研究所从小麦品种'矮秆早'中选出的矮秆天然突变体，是小麦的重要矮源之一。陆维忠等（1982）首先报道了对'矮变一号'矮秆性状的遗传研究结果，随后又进行了深入研究（陆维忠等，1985）。王玉成等（1982）对'矮变一号'矮秆基因进行了单体分析，认为'矮变一号'的矮秆性状受两对作用不等的半显性基因控制，它们分别位于 4D 和 2A 染色体上。刘秉华（1993）分析前人的试验资料和研究结果认为，'矮变一号'的矮秆性状受一对显性基因（或一对不完全显性基因）控制，它位于 4D 染色体上，与 2A 染色体无关。Izumi 等（1983）把'矮变一号'的显性矮秆基因命名为 *Rht10*，并将其定位在 4D 染色体短臂上。为了拓宽太谷核不育小麦的应用范围，提高它的应用效能，刘秉华等以矮秆为标记性状，开展了太谷核不育小麦附加性状标记的研究。

（一）*Ms2* 基因与 *Rht10* 基因是紧密连锁的

用株高 25.5cm 的'矮变一号'纯合体（*Rht10Rht10*）给株高 108cm 的核雄性不育'中国春'（*Ms2ms2*）授粉，F_1 都是株高 48cm 左右的植株，其中一半是不育株（*Rht10rht10Ms2ms2*），另一半是可育株（*Rht10rht10ms2ms2*）。这与'矮变一号'的矮秆性状受控于显性基因（或不完全显性基因）的期望结果是一致的。

正常可育的高秆父本品种'中国春'小麦，对 F_1 的矮秆不育株来说是一个双隐性亲本（*rht10rht10ms2ms2*），从它与矮秆不育株杂交后代表现型的类型和比例可以推测矮秆不育株的配子类型和比例。如果育性和株高这两对性状是独立遗传的，测交后代应有矮秆不育、高秆不育、矮秆可育和高秆可育 4 种表现型，并呈现 1:1:1:1 的分离比例。在 1984～1986 年的试验中，测交后代共有 321 株，只出现矮秆可育（152 株）和高秆不育（169 株）两种与原始亲本相同的表现型，而没有矮秆不育和高秆可育这两种重组类型（表 6-5）。这表明，在减数分裂时，*ms2* 和 *Rht10* 包含在一个配子中；而 *Ms2* 和 *rht10* 包含在另一个配子中，即育性基因与株高基因是连锁遗传的。*Ms2* 和 *rht10* 位于一条染色体上，*ms2* 和 *Rht10* 位于另一条染色体上，这两条染色体是一对同源染色体。因为控制育性和株高的基因位点相距极近，所以在 321 株测交后代群体中没有出现重组类型，这与把 *Ms2* 基因及 *Rht10* 基因定位在同一染色体臂上（4DS）的结论是吻合的。所不同的是过去所测的 *Ms2* 和 *Rht10* 间的遗传距离较大；而刘秉华等的结果表明，这两个基因是紧密连锁的。

表 6-5　测交后代育性与株高重组类型

年份	总株数/株	高秆/株		矮秆/株	
		可育株	不育株	可育株	不育株
1984~1986	321	0	169	152	0
1985~1987	3248	13	1639	1588	8
1986~1988	5216	32	2632	2538	14

（二）'矮败小麦'的创制

为了得到矮秆不育这种重组类型，将带有矮秆基因标记的显性核不育材料用于育种实践，在 1985~1987 年的试验中，用'矮变一号'给核雄性不育'北京 13 号'等授粉；F$_1$ 的矮秆不育株再用'丰抗 2 号''北京 837'等非矮秆品种测交。在 3248 株测交后代群体中，筛选出 8 株矮秆不育株。细胞学检查和后代遗传分析表明，它们均为三体等非整倍体。在 1986~1988 年的 5216 株测交群体中，分离出高秆不育株 2632 株，矮秆可育株 2538 株，高秆可育株 32 株，矮秆不育株 14 株。对测交后代的高秆可育株和矮秆不育株这两种类型进行了细胞学检查，结果表明：32 株高秆可育株中除 2 株为正常二体外，其余 30 株均为单体；14 株矮秆不育株中除 1 株的染色体组成正常外，其余 13 株都是三体等类型的非整倍体。高秆可育株中的单体和矮秆不育株中的三体是 F$_1$ 矮秆不育株（母本）携带 Rht10 基因的 4D 染色体及携带 Ms2 的 4D 染色体，在减数分裂时不分离或提早分离形成不含或含有一对 4D 染色体的 $n=20$ 配子或 $n=22$ 配子所致。

染色体组成正常的矮秆不育株接受'丰抗 2 号'等非矮秆品种花粉，在测交后代的 235 株中分离出两种表现型，即矮秆不育株和非矮秆可育株，两种类型的株高区分极为明显。这个结果表明，已经选育出太谷核不育小麦显性不育基因 Ms2 与'矮变一号'显性矮秆基因 Rht10 连锁十分紧密的材料，定名为'矮败小麦'。为了测定太谷核不育基因 Ms2 与矮秆基因 Rht10 间的连锁交换率，1990 年刘秉华等种植了 3917 株'矮败小麦'后代群体。在这个较大的群体中，分离出矮秆不育株 1874 株、矮秆可育株 2 株、高秆可育株 2036 株和 5 株高秆不育株，根据以上数据，可以计算出这两个显性基因之间的连锁交换率是 0.18%。

（三）'矮败小麦'的特点和优点

在自然界，作物的异花传粉有利于基因的交流和重组；而自花传粉有利于基因的纯合稳定。'矮败小麦'用非矮秆品种的花粉授粉，其后代群体中有一半异交结实的矮秆不育株和一半自交结实的非矮秆可育株，集合自花授粉和异花授粉的特点于一体。'矮败小麦'的矮秆不育株似花粉接收器，接受外来基因（花粉）并进行重组，重组后的基因通过后代分离的非矮秆可育株自交而纯合稳定，并从中选育出优良品种。循环往复，不断丰富遗传基础，持续选育优良品种。

1）'矮败小麦'群体中的不育株与可育株，其株高差异一目了然，省去了人工鉴别不育株和可育株的大量劳动。

2）太谷核不育小麦后代群体中一半不育株和一半可育株的平均株高没有显著差异，不育株接受高于自身植株花粉的机会多，而接受低于自身植株花粉的机会少，因而轮选群体株高有逐渐升高趋势。利用'矮败小麦'进行轮回选择能够有效克服这种弊端。

3）把鉴别不育株与可育株的时期提早在起身拔节期。借助于赤霉酸反应（'矮败小麦'含有对赤霉酸反应不敏感的矮秆基因 *Rht10*），可以把鉴别育性的时期进一步提早在幼芽期。如有必要，可以及早除去后代群体中非矮秆可育株，以便控制授粉。

4）'矮败小麦'群体分为两层，接受花粉的矮秆不育株在下，提供花粉的非矮秆可育株在上，矮秆不育株便于接受父本的花粉，从而提高异交结实率。

5）由于群体中有一半矮秆株和一半非矮秆株，因此便于分株，有利于群体中单株的选择和淘汰。

三、'矮败小麦'轮回选择技术体系

一个新材料的出现往往伴随着一个新研究领域的开拓，并带来旧方法的改革。'矮败小麦'的育成为小麦育种提供了一个新的有价值的遗传改良工具，必将推动小麦育种方法的革新。

近些年来，国内乃至国外的小麦育种工作都处于爬坡状态，选育的大多数品种在主体性状上没有突破性进展。不少人认为，这是由于资源匮乏，能够利用的亲本材料都用过了。这也说明了创新种质、丰富已有基因库的重要性。如果2个、3个，甚至4个亲本不能包括育种目标所需求的全部基因，那6个、8个，甚至10个亲本应该能够满足育种目标的需要。问题是如何把这些亲本的优良基因组装起来，获得较为理想的重组体。常规的有性杂交方法能将少数亲本的优良性状组合在一起，而多个亲本优良性状的重组需要借助于轮回选择。

轮回选择对群体的改良作用已被玉米等异花授粉作物的实践所证实。自花授粉作物要成功开展轮回选择，有效进行群体改良，必须具有适宜的工具材料。雄性不育材料是大规模生产杂交种的工具，但核质互作雄性不育材料的后代，无论是雄性不育株，还是雄性可育株，都携带有雄性不育细胞质，显然不适合用作遗传改良工具。大麦、小麦、大豆等自花授粉作物都有利用隐性核不育材料开展轮回选择的实例，但由于隐性核不育材料后代群体中的不育株达不到要求的比例，同时不育株的异交特性不够理想，因此影响轮回选择的效果。由显性单基因控制的雄性不育，即显性不育，其后代群体中总是有一半雄性不育株和一半雄性可育株。如果不育株异交结实特性好，这种材料就是比较理想的群体改良工具。

太谷核不育小麦是一个显性核不育材料，它雄性败育彻底，不育性稳定，开放授粉异交结实率高，是迄今发现的最有特色的植物雄性不育材料之一。利用太谷核不育小麦开展轮回选择曾经比较普遍，后来使用率大幅降低。究其原因，主要有二：一是在抽穗至开花短短几天时间内识别出群体中的不育株与可育株并人工做出标记，存在较大困难；二是群体内不育株与可育株的平均株高类似，矮秆株容易接受高秆株的花粉，而高秆株很难接受矮秆株的花粉，这样经过几次随机互交以后，群体株高就显著升高了，影响了轮回选择效果。

　　'矮败小麦'是具有矮秆基因标记的太谷核不育小麦。在'矮败小麦'后代群体中，有一半矮秆不育株和一半非矮秆可育株，二者的株高差异十分明显，在起身拔节期就能够鉴别出来。'矮败小麦'保留了太谷核不育小麦的优点，克服了太谷核不育小麦的不足，发挥了'矮变一号'的特长，是理想的群体改良工具。

　　根据轮回选择的一般原理和方法，结合'矮败小麦'的特点，经过反复实践和思考，刘秉华等逐渐摸索出一套简单易行的群体改良方法，建立起'矮败小麦'改良群体，且改良群体的抗倒伏性、抗病性、产量和品质等性状都得到了较大幅度的提升，从中选出优良品种的概率大大增加。例如，从'矮败小麦'后代群体中选育的小麦品种'RS981'表现为矮秆、抗病、大穗大粒、中偏早熟、成熟落黄好，同时品质较好，推广应用前景广阔。'矮败小麦'及其配套育种技术的广泛采用，引导了小麦育种方法的革新，进一步提高了小麦品种的性状水平。

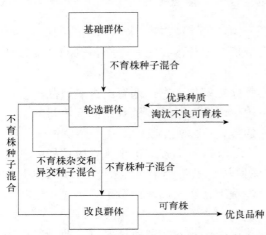

图 6-7 '矮败小麦'群体改良的程序和方法

　　图 6-7 是利用'矮败小麦'开展轮回选择的程序和方法。其主体技术包括：组建一个好的基础群体，利用控制授粉向群体引进优良基因；通过开花前不良可育株的淘汰提高优良基因频率；借助于可育株与不育株的异交使优良基因相互重组；同时把握好矮秆不育株的收获关。

（一）基础群体组建

　　基础群体是轮回选择的物质基础，要根据群体改良的中期或长期目标审慎选择亲本，亲本数量以 15～20 个为宜。各亲本分别与矮败株杂交，并与 F₁ 矮秆不育株回交 1 次，使轮回父本的遗传组成占到 75%。在矮败株上收获的回交后代种子，按一定比例混合成轮回选择的基础群体。例如，刘秉华等在组建抗病基础群体时，选用 7 个抗病亲本（抗白粉病、抗条锈病等）、8 个丰产亲本和 3 个优质亲本，各类亲本在群体所占的遗传份额分别为 30%、60% 和 10%；在组建优质群体时，选用 6 个优质亲本、8 个丰产亲本和 4 个抗病亲本，三者在群体中所占的遗传份额分别是 40%、50% 和 10%；在组建超高产基础群体时，选用 10 个农艺亲本、5 个抗病亲本、5 个矮秆亲本和 4 个优质亲本，它们所占的遗传份额分别为 70%、12%、10% 和 8%。

（二）轮回选择

　　基础群体内的可育株与不育株进行 1～2 次的自由授粉后，从矮秆不育株上收获的种子混合成轮回选择群体。

　　1. 引入优良种质　传统的轮回选择方法一般很少或不再将外界种质引进已经组成的基础群体中。在小麦群体改良实践中发现，这样做的群体改良效果并不理想。相反，通过控制授粉，持续不断地将优异种质引入群体，取得了较好的群体改良效果。

能够引入群体的优异种质包括产量性状突出的品种或品系，综合农艺性状优异的品种或品系，以及新的抗源和新的优质源等。应该指出，引入种质的另外一个重要部分是从轮选群体选出经鉴定证明是优异的可育株后代材料。在引进优异种质时，一定要选择综合性状好的矮秆不育株作为花粉受体，这样不仅对花粉进行了选择，而且对卵细胞也进行了选择。

每轮引入种质占群体的遗传份额要根据手头优异种质状况和群体实际表现确定，最高可以达到 50%。刘秉华等掌握的比例是 10%～20%，其中很大部分是经鉴定又回归群体的可育株后代。随着轮回次数的增加，群体内优良基因频率不断提高，引入种质在整个群体中所占的比例应逐步下降，尽可能避免不良基因进入已经改良的群体中。

2．淘汰不良可育株　开花散粉前及时淘汰轮选群体内的不良可育株，是提高群体内优良基因频率的重要步骤。淘汰的对象主要包括穗子短而尖、茎秆细弱及植株过高而农艺性状又不突出的各类可育株。每轮淘汰的比例为可育株群体的 5%～10%。轮回选择的前几轮淘汰对象要严格掌握，尽可能少淘汰，以免把目标基因淘汰出群体。但当群体得到较大改良以后，表现不良的可育株要毫不犹豫地淘汰出局。

3．互交重组　轮回选择群体内极少存在相同基因型个体，非矮秆可育株与矮秆不育株的自由串粉实现了不同基因型植株间的基因交流和重组，为新基因重组体的出现创造了条件。轮回选择群体内基因重组体的水平主要取决于互交次数和优良基因的频率。互交 1 次有 2 种基因型的重组体，互交 2 次和 3 次则可能分别有 4 种和 8 种基因型的重组体，等等。在轮回选择过程中，通过互交，群体内的基因进行大规模、反复重组，不断提高重组体的水平。

4．收获矮秆不育株　矮秆不育株的收获是选择的重要一环，直接影响下一轮群体的遗传构成。收获种子的矮秆不育株一般不少于不育株总数的 50%，多在 60%～80%；每个矮败不育株上收获的穗子不多于 4 个，一般为 2 个。选收不育株的指标是株型、丰产性、抗病性和成熟期等。在矮秆不育株中，可能有 45cm、55cm 和 65cm 几类不同高度的株型，一般选择前 2 种，淘汰后 1 种。因为前 2 种除含有 *Rht10* 矮秆基因外，还可能含有其他矮秆基因；而高度为 65cm 的类型一般不含 *Rht10* 以外的矮秆基因，后代分离出的可育株偏高。

（三）改良群体

选择与互交是轮回选择的两个基本环节。通过选择和淘汰，改变轮选群体的遗传构成，提高优良基因频率；借助于可育株与不育株的互交，使分散于不同个体的优良基因重组。经过反复的选择与互交程序，群体内优良基因频率和优良基因重组体的水平不断提高，进而使群体得到改良。

在改良群体内，每个可育株都可能是一个好的复合杂交 F_1，经自交分离与选择，育成优良品种的概率大为增加。以北京生态区的'矮败小麦'改良群体为基础，可以在较短时间内发展其他生态区的改良群体。'矮败小麦'及其育种方法的广泛应用，必将对 21 世纪的小麦育种产生较大影响。

四、'矮败小麦'在小麦育种中的利用

通过轮回选择，打破有利基因与不利基因的遗传连锁，协调基因互作关系，聚合有益基因，有效解决高产与多抗、高产与广适、矮秆与高产、优质与高产等不能同时兼具的问题，育成一批小麦新品种。

（一）高产、稳产小麦品种

利用'矮败小麦'高效育种方法育成了'轮选'系列、'川麦'系列等高产、稳产小麦新品种。'轮选 987'株型松紧适中，群体结构合理，产量三要素协调。'轮选 987'参加两年国家区域试验，平均产量比对照增产 14.8%，居各参试品种第一位。一个区试点折合单产 715kg/亩；河北省徐水县（现为徐水区）生产田单产 673.5kg/亩，分别创当时国家区域试验和北部冬麦区小麦生产最高产量纪录。在北京市组织的小麦高产竞赛中，'轮选 987'连续多年获得冠军。2014 年，北京市窦店村种植 170 亩'轮选 987'，北京市农业局组织专家实产验收，平均单产 682kg/亩，创造了北京市小麦单产最高纪录，也打破了该品种 2011 年创造的 605kg/亩单产纪录。'轮选 987'较好地克服了北部冬麦品种矮秆与繁茂性、矮秆与早衰、高产与多抗（抗寒、抗病、抗穗发芽、抗吸浆虫、耐旱节水、较抗干热风）、高产与广适的矛盾，成为北部冬麦区第一个在生产上大面积推广的矮秆、多抗、超高产小麦新品种，从国家审定至今 10 多年不衰。'轮选 987'不仅高产、稳产，而且配合力好，迄今利用'轮选 987'作亲本，已经育成了 5 个国家审定小麦品种。

通过冬春杂交，构建'矮败小麦'轮选群体，育成了'淮麦'系列等高产、稳产、广适新品种。'淮麦 25'是一个产量潜力大、综合性突出、适应范围广的小麦新品种。'淮麦 25'参加国家黄淮南片冬水组区域试验，在分布于 6 省份的 42 点次试验中，平均单产 564.2kg/亩，比对照增产极显著，居各参试品种第一位，其中淮海农场试点两年平均单产高达 705.1kg/亩。'淮麦 25'抗寒性好，高抗白粉病和秆锈病，中抗纹枯病，后期叶功能期长，耐后期高温，成熟落黄好。

（二）优质高产小麦品种

利用 20 份优异种质构建优质抗病'矮败小麦'轮选群体，经过连续几轮选择-互交，使群体得到改良，从中选育出优质弱筋小麦新品种'豫麦 50'。该品种粗蛋白含量 9.98%，湿面筋含量 20.8%，吸水率 54.2%，面团形成时间 1.3min，稳定时间 1.5min，均超过国标优质弱筋小麦标准。同时，两年区域试验平均产量比对照增产 8.5%，获国家优质弱筋品种金奖。'郑麦 98'蛋白质含量在 15%以上，湿面筋含量在 35%以上，形成时间 7min，稳定时间 12min，符合国标强筋小麦标准。同时该品种产量高，比优质对照'豫麦 34'增产 17.1%。'轮选 061'蛋白质含量 15.8%，湿面筋含量 34%，吸水率 60.1%，稳定时间 16min。'轮选 061'参加河北省中南部优质组区域试验和生产试验，平均单产 493.1kg/亩，是一个推广前景广阔的优质强筋小麦品种。

（三）抗旱节水小麦品种

利用'矮败小麦'轮选技术育成了'中旱 110'等抗旱节水小麦品种。1998～2000年，甘肃省定西地区旱农中心对'中旱 110'进行了抗旱性鉴定，其在高渗溶液为 15个大气压的胁迫下，返青率在 90%以上，苗期和蜡熟期叶片未萎蔫。在该地区连续 3年春季持续 60d 大旱的情况下，其表现为叶片黄叶少，后期抗青秕，籽粒饱满。在北京、陕西、河北、山西、甘肃等地参加多点旱地试验，分别比对照'晋麦 33''长武131''丰抗 8 号''晋麦 53''咸农 4 号'增产 31.5%、15.4%、5.3%、12.5%、7.2%。'中旱 110'抗旱能力强，可在干旱条件下实现高产、稳产。

主要参考文献

邓景扬，高忠丽. 1980. 小麦显性雄性不育基因的发现和利用. 作物学报，6（2）：85-92.

刘秉华. 1993. 小麦显性矮秆基因 *Rht10* 与着丝点间遗传距离的测定. 科学通报，38（12）：1128.

刘秉华. 2001. 作物改良理论与方法. 北京：中国农业科学技术出版社.

刘秉华，邓景扬. 1986. 小麦显性雄性不育单基因 *Tal* 的染色体组定位及端体分析. 中国科学，（B 辑）：157-165.

刘秉华，杨丽，王山荭，等. 2002. 矮败小麦群体改良的方法与技术. 作物学报，28（1）：69-71.

刘庆昌. 2015. 遗传学. 北京：科学出版社.

陆维忠，赵寅槐，冯晓棠，等. 1982. 小麦"矮变一号"矮秆遗传的初步分析. 作物学报，8（1）：65-67.

陆维忠，赵寅槐，冯晓棠，等. 1985. 小麦"矮变一号"矮秆性遗传研究. 作物学报，11（1）：39-46.

孙其信. 2011. 作物育种学. 北京：高等教育出版社.

王琳清，程俊源，施巾帼. 1980. 小麦显性单基因控制的雄性不育材料'2-2-3'的研究及其利用. 中国农业科学，（2）：1-8.

王玉成，薛秀庄，唐田顺. 1982. "矮变一号"小麦株高遗传的单体分析. 作物学报，8（8）：193-198.

张天真. 2003. 作物育种学概论. 北京：中国农业出版社.

Izumi N, Sawada S, Sasakuma T, *et al.* 1983. Genetic analysis of dwarfness in tricicum-aesticum ai-bian-1. Kihara Institute for Biological Research, Yokohama City University, annual report, 31: 38-48.

Liu BH, Deng JY. 1986. Genome study and telosomic analysis of the single dominant male-sterile *Tal* gene in common wheat. Scientia Sinica (Series B), (5): 517-525.

第七章 单倍体育种的理论基础及其育种案例分析

单倍体（haploid）是指具有配子染色体组的个体。利用单倍体育种，①可以控制杂种分离，缩短育种年限；②可以提高获得纯合体的效率（图 7-1）；③可以与其他育种方法相结合，提高育种效率，节省人力、物力。

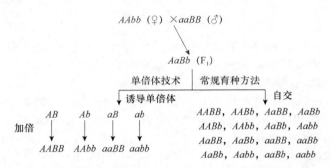

图 7-1　常规育种方法与单倍体育种方法遗传模式比较

第一节　单倍体形成机制

一、单倍体的类型

单倍体是指具有配子染色体数目的个体。根据染色体平衡与否，把单倍体分为整倍单倍体和非整倍单倍体两大类型。

1. 整倍单倍体　整倍单倍体（euhaploid）的染色体是平衡的。根据其物种的倍性水平又可分为单倍体（monoploid）、单元单倍体（monohaploid）和多倍（元）单倍体（polyhaploid）。单倍体是由二倍体物种产生的单倍体类型，如玉米、水稻等的单倍体；多倍单倍体是由多倍体物种产生的单倍体类型，如普通小麦、陆地棉等的单倍体。由同源多倍体和异源多倍体产生的多倍单倍体，分别称为同源多倍单倍体（auto-polyhaploid）和异源多倍单倍体（allopolyhaploid）。

2. 非整倍单倍体　非整倍单倍体（aneuhaploid）与整倍单倍体不同，其染色体数目可额外增加或减少，而并非物种正常染色体数目精确减半，所以其染色体是不平衡的。例如，额外染色体是该物种配子体的成员时，便称为二体单倍体（$n+1$, disomic haploid）；如果额外染色体来源于不同物种或属，便称为附加单倍体（$n+1$, addition haploid）；如果比该物种正常配子体的染色体组少一个染色体，便称为缺体单倍体（$n-1$, nullisomic haploid）；如果是用外来的一条或数条染色体代替单倍体染色体组的一条或数条染色体，便称为置换单倍体（$n-1+1'$, substitution haploid）；如果含有一些具端着丝粒的染色体或错分裂的产物如等臂染色体，便称为错分裂单倍体（misdivision haploid）。

二、单倍体产生的途径和方法

自然界单倍体的产生是在不正常受精过程中发生的，一般通过孤雌生殖、孤雄生殖或无配子生殖等方式产生。到目前为止，已在曼陀罗、玉米、小麦、水稻、烟草、棉花、黑麦、亚麻、油菜等作物中发现过自然发生的单倍体。自然界产生单倍体的频率很低，例如，孤雌生殖产生单倍体的频率约为 0.1%；孤雄生殖产生单倍体的频率仅为 0.01%。不同物种自然产生单倍体的频率也有很大差别。例如，小麦为 0.48%，玉米为 0.0005%～1%。更难以获得育种所需的具各种遗传组成的单倍体。因此，开展作物单倍体育种还应进行人工诱导。人工诱导单倍体的主要途径和方法有以下几种。

（一）组织和细胞的离体培养

1. 花药（花粉）离体培养　花药（粉）培养的原理是植物细胞组织的全能性。我国已在小麦、水稻、玉米、烟草、甘蔗、甜菜、油菜等 40 多种植物中获得花粉单倍体植株。其中小麦、玉米等 19 种作物的单倍体由我国率先培育成功。

2. 未受精子房（胚珠）培养　首例由未受精子房培养出单倍体的作物是大麦，而后在小麦、烟草、水稻、玉米等作物中也取得成功。

（二）单性生殖

1. 远缘花粉刺激　通过异种、属花粉授粉诱发孤雌生殖。远缘花粉虽不能与卵细胞受精，但能刺激卵细胞开始分裂并发育成胚。由未受精的卵发育成的胚有可能是单倍性的。远缘花粉刺激在烟草属、茄属和小麦属获得的单倍体最多。例如，用玉米作为授粉者对小麦授粉，杂交后代玉米染色体选择性消失，获得小麦单倍体。

2. 利用延迟授粉　作物去雄后延迟授粉能提高单倍体发生频率。由于延迟授粉，花粉管即使到达胚囊，也只有极核可能受精，形成三倍体的胚乳和单倍性的胚。

3. 从双生苗中选择　1 粒种子上长出 2 株苗或多株苗称为孪生苗（双胚苗）或多胚苗。从双胚种子中长出来的双生苗（twin seedling），可出现 n/n、$n/2n$、$n/3n$、$2n/2n$ 各种倍性类型，其中的单倍体（n）可能来自孤雌生殖；二倍体（$2n$）可能来自助细胞受精；三倍体（$3n$）的胚可能是无配子生殖时，$2n$ 的卵细胞受精的结果，也可能是 2 个精子和 1 个正常卵细胞结合所致，或者是由胚乳产生。

4. 利用半配合生殖　20 世纪 60 年代，Turcotte 等在海岛棉上发现棉花半配合（semigamy）生殖。这是一种特殊类型的有性生殖方式，也是一种不正常的受精类型。当精核进入卵细胞后，不与雌核结合，雌、雄核各自独立分裂，所形成的胚是由雌、雄核同时各自分裂发育而成，由这种杂合胚种子长成的植株，多为嵌合体（chimera）的单倍体。

5. 利用诱发单倍体基因及核质互作　近年来，在某些植物中发现有个别的突变基因能诱发单倍体，如大麦中的 *hap* 基因有促进单倍体形成和生存的效应。凡具有 *hap* 启动基因的，在原突变系中，其后代有 11%～14% 的单倍体。玉米中的 *ig* 基因也可产生高频率的单倍体。当用具有 *igig* 基因和显性遗传标记性状的品种作母本与具有 *IgIg* 基因和隐性遗传标记性状的父本杂交时，其后代也可获得孤雄生殖单倍体（F_1 种子没有显性性状者），比一般玉米的雄核发育频率提高 100 倍以上。

利用异种、属细胞质和核的相互作用，也可获得单倍体。据 Kihara 和 Tsunewaki（1962）报道：一个被尾状山羊草（*Aegilops caudata*）细胞质所替换的小麦品种 'Salmon'（该品种是 1B/1R 易位系），其后代产生了 30% 的单倍体，当它的合子带有 1B/1R 时，约能产生 85% 的单倍体或是 $n/2n$ 的双生苗。例如，具有尾状山羊草细胞质的小麦核替换系去雄后不授粉，经 6～9d 后所固定的胚珠中，发现有 29.8% 的单性生殖胚（胚乳未发育）；去雄后延迟 5～9d 授粉的后代植株中，也获得了 29.4% 的单倍体。用尾状山羊草细胞质组成的小麦异代换系，可产生高频率的单倍体。

6. 利用理化因素诱变　　用辐射处理过的花粉授在正常的雌蕊上，虽受精过程受到影响，但能刺激卵细胞分裂发育，从而诱发单性生殖的单倍体。到目前为止，利用理化因素诱变已在小麦、一粒小麦、烟草、棉花等作物上获得单倍体。

某些化学药物能刺激未受精的卵细胞发育形成单倍体植株。常用的化学药剂有硫酸二乙酯、2,4-二氯苯氧乙酸类（2,4-dichlorphenoxyacetic acid，2,4-D）除草剂、1-萘乙酸（1-naphthalene acetic acid，NAA）、脱落酸（abscisic acid，ABA）、二甲基亚砜、乙烯亚胺（EI）等。一般用化学药剂直接处理未授粉果穗，后代中即可出现单倍体。

7. 利用玉米单倍体诱导系　　利用单倍体诱导系，可以诱发玉米单倍体的产生。结合性状标记基因，可以将玉米单倍体选择出来。世界上第一个选育成功和目前普遍使用的母本单倍体诱导系 'Stock6'，其自交后代中可产生约 2.52% 的单倍体植株。各国育种家先后育成了一些具有单倍体诱发能力的自交系，如 'A385'、'ZMS'（Zarodyshevy Marker Saratovsky）、'KMS'（Korichnevv Marker Saratovsk）、'MHI'（Moldovian Haploid Inducer）、'农大高诱 1 号'、'吉高诱 3 号' 等。利用单倍体诱导系诱导产生单倍体，不但诱导率很高，而且方法简单，所获得的单倍体完全取决于母本基因型的随机组合，单倍体经过染色体加倍，即可成为可育的纯合二倍体。利用单倍体育种，不但可以大大缩短自交系的选育周期，加快育种进程，而且还可以实现配子选择，提高有利基因型的入选频率。近年来，国内外玉米育种家都在尝试利用单倍体诱导系进行自交系选育，以期加快育种速度，缩短杂交种培育时间。

（三）体细胞染色体有选择地消失

在普通冬小麦与球茎大麦（*Hordeum bulbosum*）的杂交后代中，科学家发现体细胞染色体有选择消失（chromosome selective elimination）的现象，并获得了类似单性生殖的种子。进一步研究发现，普通大麦或冬小麦与球茎大麦杂交时，在受精卵（合子）有丝分裂发育成胚和极核受精后发育成胚乳的过程中，由于来自球茎大麦的染色体在有丝分裂过程中不正常而逐渐消失，最后形成的幼胚只含有普通大麦或冬小麦的染色体而成为单倍体。因为这种幼胚的胚乳发育不正常，所以在授粉 10 多天后，应将幼胚取下进行离体培养才能获得单倍体植株。这种染色体有选择消失的现象，主要受球茎大麦核基因的控制，而且这些核基因位于球茎大麦 2 号染色体的两臂和 3 号染色体的短臂上。

除此之外，六倍体普通小麦与玉米杂交后代的幼胚在发育过程中，玉米花粉的染色体选择消失，最后仅剩下来自普通小麦的 21 条染色体，形成小麦的单倍体。

三、单倍体的二倍化

单倍体植株只含有配子体的染色体，在减数分裂后期 I，染色体将无规则地分配到子细胞中去，很少产生有效配子，育性很低。所以，单倍体本身没有直接利用价值，必须在其转入有性世代之前将其染色体二倍化，恢复育性，产生纯合的二倍体种子。

单倍体加倍的方法有两种：一是自然加倍，在愈伤组织期间，一些细胞常常发生核内有丝分裂而使染色体数目加倍，但自然加倍的频率很低。二是人工加倍，常用的试剂为秋水仙碱。利用秋水仙碱进行单倍体加倍，处理时间短，对植株危害小，大规模应用时易掌握、有效且方便。在用秋水仙碱处理时，禾本科中具须根系的大麦、小麦、玉米等宜用药剂浸分蘖节；具直根系的双子叶作物如棉花宜处理顶部生长点；木本植物宜处理茎尖或侧芽生长点。

第二节　玉米单倍体育种

自 20 世纪 20 年代在被子植物曼陀罗中首次发现单倍体以来，人们一直试图通过试验途径获得单倍体。直到 1964 年印度科学家 Guha 和 Maheshwari 获得毛叶曼陀罗的单倍体植株后，应用单倍体技术进行植物品种改良进入了迅速发展时期。除花药培养之外，通过孤雌生殖、孤雄生殖、远缘杂交、物理或化学诱导等途径获得单倍体的技术也先后成功建立。此后将单倍体育种技术与常规育种有机结合，作物育种家育成了一大批小麦、水稻、烟草、玉米、油菜等作物新品种，提高了作物育种的效率。

近年来，玉米单倍体育种技术已逐步成为玉米育种的关键技术。国内外种业公司均已实现单倍体育种的规模化应用，以此取代传统的二环系选育的趋势日趋明显。

我国经过 20 多年的研究，在玉米单倍体育种技术领域取得了显著进展，建立了具有自主知识产权的育种体系，总体上处于国际先进水平。在单倍体诱导技术方面，相继选育出已经大规模应用的高频孤雌生殖诱导系，包括新一代高油型孤雌生殖诱导系。新的孤雌生殖诱导材料，其孤雌生殖诱导率均可达 8%以上，有的甚至接近 20%。在单倍体筛选鉴别技术方面，我国在国际上率先研制出核磁单倍体自动分选仪。在单倍体加倍技术方面，自然加倍和高效化学加倍技术已实现工厂化、规模化应用。在单倍体育种理论方面，提出了利用油分含量鉴别单倍体、胚加倍单倍体（early doubled haploid 或 embryo doubled haploid，EH）等育种新思路。

与离体培养单倍体相比，单倍体诱导的程序简单，即用孤雌生殖诱导系作父本和希望获得单倍体的材料进行杂交，然后根据一定的标记鉴定单倍体，其诱导程序见图 7-2。

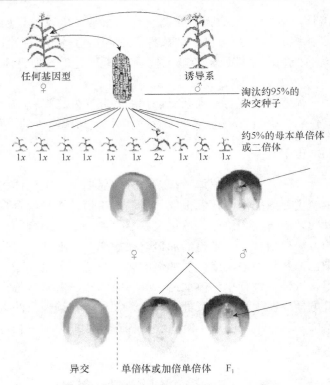

任何基因型 ♀　　　　　诱导系 ♂

淘汰约95%的
杂交种子

1x　1x　1x　1x　1x　1x　2x　1x　1x　1x

约5%的母本单倍体
或二倍体

♀　×　♂

异交　　单倍体或加倍单倍体　F₁

图 7-2　孤雌生殖单倍体诱导示意图（陈绍江等，2009）

从图 7-2 可以看出，以一种基因型玉米（无色糊粉层、无色胚芽、绿色植株）为母本，以孤雌生殖诱导系（紫色糊粉层、紫色胚芽、紫色植株）为父本进行杂交，母本果穗上可以产生一定比例的单倍体籽粒，但大部分仍为杂交籽粒，也可能出现部分自交籽粒。如果是杂交籽粒，则表现为紫色糊粉层，紫色胚芽（图 7-2 中 F₁ 籽粒。图中箭头所示），应淘汰；如果是自交籽粒，则表现为无色糊粉层，无色胚芽，也应予以淘汰（图 7-2 中自交或其他异交籽粒）；如果是单倍体籽粒，则表现为紫色糊粉层，无色胚芽（图 7-2 中的单倍体或加倍单倍体）。

玉米单倍体育种的主要内容包括单倍体诱导、单倍体鉴定和单倍体筛选等关键步骤。

一、玉米单倍体诱导

所谓单倍体诱导，即如何由二倍体获得单倍体的过程。

玉米单倍体育种技术已经成为玉米育种的核心技术，其关键之一在于玉米具有独特的单倍体诱导方法。与传统的花药培养、子房培养等方式不同，玉米单倍体诱导依赖一种特别的生物材料——单倍体诱导系，其在自交和作为父本杂交的过程中能够诱导母本产生单倍体。

Coe 最早报道了玉米单倍体诱导系 Stock6，其是一种墨西哥白粒的玉米材料，在自交后代中出现了约 3.23% 的单倍体植株。这一发现开启了玉米单倍体育种领域的研究。基于此发现，以及单倍体育种技术在玉米育种中的重要作用，不同国家的玉米育种家均开启了玉米单倍体诱导系选育及玉米单倍体育种工作。经过数十年的发展，目前，全球已经育成了 50 余个玉米单倍体诱导系。相比于 Stock6，这些新育成的玉米单倍体诱导系的诱导效率由 2%提高到 10%以上。同时，其农艺性状也获得了大大改善。

我国玉米单倍体育种事业在 20 世纪 90 年代后期开始有了较大发展。自中国农业大学育成'农大高诱 1 号'单倍体诱导系后，陆续育成了'农大高诱 2 号''农大高诱 3 号''农大高诱 4 号''农大高诱 5 号''农大高诱 6 号'等系列单倍体诱导系，以及高油型的'CHOI1''CHOI2''CHOI3''CHOI4'等系列单倍体诱导系材料。吉林省农业科学院也育成了'吉高诱 3 号'等单倍体诱导系。华中农业大学和北京市农林科学院分别育成了'HZI'系列和'京科诱'系列单倍体诱导系。这些诱导系材料的创制为我国玉米单倍体育种提供了重要的材料基础。其中'农大高诱 5 号'（'CAU5'）已经被全国 200 余家科研企事业单位引进并利用，是我国目前应用最广泛的单倍体诱导系。

近年来，单倍体诱导的生物学机制研究进展迅速。早期研究表明，玉米单倍体诱导能力受遗传控制（Aman and Sarkar，1978；Lashermes and Beckert，1988）。分子生物学与基因挖掘技术的迅速发展，使复杂数量性状基因的克隆成为可能。Röber 等率先将玉米单倍体诱导基因定位到 1 号染色体和 2 号染色体。随后，Barret 等（2008）确认了位于 1.04bin 的区域含有控制单倍体诱导能力的关键基因。中国农业大学与霍恩海姆大学研究团队合作对单倍体诱导 QTL 进行了定位，最终鉴定到 9 个与单倍体诱导效率相关的 QTL 位点，其中就包括了此前发现的 1.04bin 位点。此外，在 9 号染色体上发现了一个新的单倍体诱导效率贡献位点。随后，董昕等（2013）和刘晨旭等（2015）分别对上述两个单倍体诱导效率位点进行了精细定位，最终将定位区间缩小到 243～789kb，为相关基因的克隆奠定了重要基础。直到 2017 年，先正达公司、中国农业大学和法国里昂大学团队分别报道了玉米关键单倍体诱导基因的克隆工作，发现控制单倍体诱导的基因为磷脂酶编码基因，其基因突变使功能丧失，最终导致了单倍体诱导现象。2019年，中国农业大学克隆了位于玉米 9 号染色体的单倍体诱导基因 *ZmDMP*。进一步研究发现，该基因功能丧失后，玉米单倍体诱导效率可提高 3～5 倍。

随着玉米单倍体诱导基因的定位和克隆，陈绍江教授团队开发了系列玉米单倍体诱导关键基因的连锁分子标记，并构建了单倍体诱导系选育的双基因标记辅助选育方法，使单倍体诱导系选育效率大大提高。进一步的研究发现，克隆的两个关键单倍体诱导基因在不同物种中具有保守性，其中 *ZmPLA1* 基因在小麦和水稻中具有同源基因。通过敲除同源基因，也实现了小麦、水稻单倍体诱导。*ZmDMP* 基因在双子叶植物中存在同源基因。陈绍江教授团队通过基因编辑，敲除了拟南芥、番茄、油菜等作物中的*ZmDMP* 同源基因，发现同样可以诱导约 2%的单倍体。这些工作为建立不同作物的通用型单倍体育种技术体系奠定了基础。

二、玉米单倍体鉴定

1. 遗传标记系统　在单倍体鉴定中，通常采用籽粒标记和植株标记相结合的方法。首先，依据图 7-2 的判断标准，根据籽粒糊粉层和胚芽的颜色挑选出可能的单倍体籽粒，称为拟单倍体。其次，将拟单倍体种植于田间，再经过胚根色素或苗期叶鞘色素的有无确定单倍体植株的真伪。如果幼苗叶鞘为紫色，则予以淘汰。幼苗叶鞘为绿色的即单倍体或双单倍体。利用这种双标记系统鉴别单倍体的准确率很高。

但是这一标记系统中的籽粒标记在不同杂交组合中的表现存在很大差异。在有些组合中籽粒的糊粉层和盾状体均着色很深；在另一些组合中则着色很浅或不着色；有的材料几乎不能用该标记进行鉴定；而且不同的环境条件和籽粒发育状态对标记性状的表达也有影响。所以，以籽粒中的主要成分进行单倍体鉴定就成了新的选择。

理论上，籽粒的主要成分，如淀粉、蛋白质和油分等均可以作为单倍体筛选的化学指标。但相对而言，由于玉米籽粒 85%左右的油分存在于胚芽中，相对稳定，且高油分具有一定的花粉直感效应，因此有利于作为标记性状用于单倍体的鉴定。

2. 油分含量标记　　普通玉米籽粒油分含量一般在 4%左右。玉米籽粒含油量超过 6%即可称为高油玉米。当用高油玉米作父本与普通玉米进行杂交时，能在杂交当代显著提高籽粒的油分含量，花粉直感效应值多在 0.3%～0.5%（表 7-1）。也就是说，父本油分含量每提高 1%，可以使母本上的籽粒油分含量提高 0.3%～0.5%。例如，当选用籽粒油分含量为 8%的高油单倍体诱导系作父本对籽粒油分含量为 4%的普通玉米杂交种进行单倍体诱导时，母本上杂交籽粒的油分含量可以达到 5%～6%；而单倍体籽粒由母本雌配子单独发育，其含油量维持在 4%左右。因此，杂交籽粒和单倍体籽粒在油分含量上的差异即可成为单倍体鉴别的依据（表 7-1，表 7-2，图 7-3）。

表 7-1　高油诱导系的花粉直感效应（陈绍江和宋同明，2003）

自交系	自交粒含油量/%	杂交粒含油量/%	差值	花粉直感效应值/%
178	4.13	5.53	1.40	33.90
F135	3.75	5.30	1.55	41.33
Y331	3.28	4.51	1.23	37.50
8701	4.10	5.45	1.35	32.93
1145	4.06	5.51	1.45	35.71
平均	3.86	5.26	1.40	36.27

在玉米单倍体育种实践中，一般母本材料为杂交种。杂交种与高油孤雌生殖诱导系杂交后，其后代籽粒油分含量可能存在一定的分离。如何设定单倍体与杂交籽粒的油分含量界限成为通过油分含量鉴别单倍体需要考虑的主要因素。以'郑单 958'为例，如以籽粒油分含量为 8%左右的'CAUHOI'为父本，杂交后的籽粒油分分布较为明显的分为两类（图 7-3）：杂交籽粒的油分含量基本在 4.5%以上；而单倍体籽粒的油分含量则在 4%以下。

表 7-2　油分鉴别单倍体理论参考值

单倍体籽粒油分含量/%	杂交籽粒油分含量/%	单倍体籽粒鉴定准确率/%	油分界限值/%
4.00	6.00	60	5.14
4.00	6.00	70	5.00
4.00	6.00	80	4.85
4.00	6.00	90	4.64

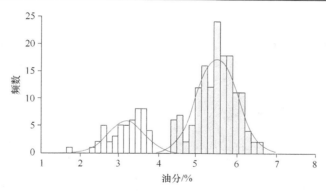

图7-3 高油单倍体诱导系作父本、普通玉米作母本，母本植株上单倍体籽粒与杂交籽粒油分含量分布图

左边白色为单倍体籽粒含油量；右边灰色的为杂交籽粒油分含量

3．分子标记 利用分子标记进行玉米单倍体鉴定也是一种有效的方法。目前应用最广泛的是插入/缺失标记（In-Del）。只要筛选到孤雌生殖诱导系和基础材料间合适的多态性 SSR 标记，就可以很容易地用来区分单倍体和非单倍体。因为理论上单倍体只有母本的条带，非单倍体都是杂合带型。随着籽粒微量 DNA 提取技术的发展，DNA提取和基因型鉴定工作已经实现了自动化，这种技术应用的可能性将会大大增加。

除此之外，还可以采用苗期单倍体与二倍体在农艺性状上的差异、近红外光谱、根尖染色体计数和细胞流式鉴别等方法鉴定。根尖染色体计数和细胞流式鉴别一般用于理论研究。近红外光谱需要建模。由于单倍体和二倍体籽粒在成分、颜色等指标上均存在差异，因此在使用近红外光谱对单倍体进行鉴定时，一般需要对单倍体和二倍体籽粒的近红外数据进行建模，再对待测籽粒进行倍性鉴定。

三、玉米单倍体筛选的自动化

玉米单倍体筛选的自动化是单倍体育种技术规模化应用的重要技术之一。目前，自动化筛选的技术主要有两种：一种是基于色素表达和胚部形态而形成的色选技术；另一种是基于籽粒化学特征而形成的核磁共振技术和近红外测试技术等。

色选技术在玉米单倍体籽粒筛选方面因色素表达不稳定而受到很大限制，尚难以进行实际应用。目前，以核磁共振和近红外测试技术为代表的单倍体鉴别技术已经成为玉米单倍体自动筛选技术发展的重要内容，其中又以核磁共振技术较为成熟。核磁共振技术可以准确地对籽粒油分进行测定。为此，国内开展了核磁共振技术的自动化研究，并在近年成功研发出可以用于单倍体全自动筛选的核磁共振仪（图 7-4）。目前，此技术已经在玉米商业化育种中得到应用。基于此

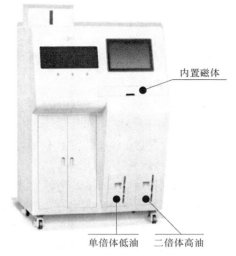

内置磁体

单倍体低油 二倍体高油

图 7-4 玉米含油量测定仪器——核磁共振仪

技术，配合已经选育成功的高油型单倍体诱导系如 CHOI1～CHOI5 等，可以使油籽粒油分测定速度达到 3～4s/粒，每天可以筛选籽粒 20 000 粒以上，且其准确率可以通过设定参数控制（表 7-2）。规模化测试表明，如以被诱导的普通玉米籽粒油分为单倍体与非单倍体筛选的分界点，准确率一般可以达到 90%左右。

四、玉米单倍体加倍方法

玉米单倍体在配子形成过程中，染色体的分离不均衡导致无法形成可育配子，在田间表现为雄性不育。因此需要对单倍体进行处理，提高单倍体形成正常雌、雄配子的能力，从而可以通过自交授粉，形成纯合的双单倍体（doubled haploid，DH）。单倍体加倍处理的方法一般可分为自然加倍和化学加倍两种。其中化学加倍根据处理方式的不同，又可以分为切芽法、组培加倍法等。

1. 自然加倍　　自然加倍即不经过任何处理，单倍体自发进行加倍，形成可育配子的过程。通常情况下，单倍体自然加倍的效率较低，一般不超过 5%。自然加倍效率的高低主要受遗传背景的影响。因此，在育种中可以选择自然加倍能力强的材料开展单倍体育种；也可以选择适宜自然加倍的地点专门用于单倍体的加倍。通常使用单倍体育种技术形成的 DH 系再作为基础材料进行 DH 创制时，单倍体自然加倍的效率会有所改善。此外，自然加倍效率还受到环境的影响，一般在西北地区或海南的自然加倍效率会高于黄淮海区域。精细化的栽培管理措施有助于提高单倍体加倍效率。

单倍体早期加倍或胚加倍是自然加倍技术的重要内容。研究表明，单倍体存在一定频率的胚加倍，即在籽粒发育过程中实现二倍化，形成早期加倍单倍体（EH），此类 EH 表现为完全可育，营养细胞中二倍体细胞占据大部分比例或者 100%完全二倍化，植株农艺性状与常规 DH 系一致。因此，EH 系可以无须经过加代繁殖直接用于下一步育种实践。EH 在单倍体群体中出现的概率较低，目前发现的最高仅为 3%左右。如能通过化学和生物学途径提高其频率，或通过自动化途径实现 EH 的快速筛选，就有可能省去传统的单倍体加倍过程，使单倍体育种技术大为简化，实现一步成系。

2. 化学加倍　　是指使用化学试剂处理，提高单倍体形成可育雌、雄配子的过程。

单倍体加倍实际上包括两个方面：一个是雄穗加倍；另一个是雌穗加倍。正常情况下，只要花粉充足，70%以上的单倍体雌穗均具有结实能力。因此，单倍体加倍的主要受限因素是雄穗加倍。与其他作物（如小麦、水稻）相比，玉米单倍体的化学加倍效率比较低。这与玉米本身的特点有关，如不具有分蘖，减少了茎尖加倍的概率；幼苗根系脆嫩，使得处理后不易成活等。

关于单倍体化学加倍的方法很多，应用物理和化学因素进行处理都可成功，但以化学药剂更为有效，如秋水仙碱、萘嵌戊烷、异生长素、N_2O 和除草剂等都可诱发玉米单倍体加倍。其中秋水仙碱效果最好，使用最广泛。一般利用 0.2%～0.4%的秋水仙碱进行 24～48h 的种子处理或利用 0.6%～0.8%的秋水仙碱进行 6～10h 的切芽苗处理可以得到较好的处理效果，一般加倍处理后的结实率可以达到 20%以上。

切芽法是目前国内应用较多的玉米单倍体加倍处理方法。这种方法需对单倍体种子进行催芽；待芽长至 1～2cm，顶端形成胚芽鞘后，用刀片将胚芽鞘切除；切除胚芽鞘后的胚芽在处理药剂中浸泡，使药物能够进入芽内。切芽法的优点是操作简便，效率高，可以实现规模化作业。切芽法的加倍效率一般可达 20%～70%。由于秋水仙碱具有一定的毒性，因此在使用过程中需要做好防护措施。为了减少秋水仙碱等有毒试剂的接触，中国农业大学设计和研发了自动化芽苗单倍体加倍处理方法。这种方法具有加注试剂、定时处理、定时定次洗脱等步骤，实现了无接触自动化处理。

组培加倍法是将诱导系授粉后 15～20d 的玉米果穗的幼胚进行分离；并将幼胚置于含有加倍化学试剂的组织培养基上培养一段时间后，将幼胚再置于生根发芽培养基上，使其形成幼苗；炼苗后，将幼苗移植大田。组培加倍法的加倍效率较切芽法又进一步得到了提高。此外，由于使用组培加倍法能够提前收获授粉后的幼穗，因此每代能够节约 20～40d 的时间，进一步缩短了单倍体创制的周期。

加倍成功的单倍体主要表现为能散粉，但有不少植株雄穗散粉太少或散粉太快难以对雌穗授粉，从而影响了加倍的成功率。因此，在实际操作过程中需要采取一些园艺化精细管理措施来提高加倍效率，如处理后直接种植，由于芽苗长势弱，需要特别注意土质和墒情，以保证成活率。为避免直接种植出现的一些问题，育苗移栽是目前应用规模较大的一种方法，通过对处理后芽苗采取营养钵缓苗等措施，可以使处理后的幼苗能够逐步恢复正常，在 4～6 叶期即可移栽。移苗之后需精细管理，必要时加盖遮阳网等，以保证幼苗正常生长。另外，单倍体育种圃应土壤肥沃，易灌易排。

在授粉过程中，单倍体不同单株的育性恢复程度也不一样，导致散粉性也大不一样。有的植株散粉性很好，雄穗所有分支都能散粉，且花粉量很大；有的则只有一两个分支能散粉；还有的有花药吐露，但不能散粉；更有甚者花药不吐露。因此，针对不同情况要采取不同的授粉策略。前两种情况一般都能正常授粉结实；但是后两种情况需要人工辅助授粉。授粉时，可以准备一把镊子将花药撕开，抖出其中的少量花粉涂抹在花丝上。这个过程要注意彼此间别串粉，每次授粉后都需要用乙醇将镊子洗干净。

获得 DH 系后，就可以在育种中进行以下工作。

1）加快纯系的选育。如果利用孤雌生殖诱导系，将杂种一代（F_1）或二代（F_2）进行单倍体诱导；然后经过单倍体加倍得到的双单倍体在一个世代就可得到纯合的重组二倍体。这种二倍体的纯合性在理论上是 100%的纯合，在遗传上是稳定的。结合在海南加代繁殖，若一年内种 2～3 季，一年内便可选育出纯系。这对于缩短育种年限、加快育种进程具有重要意义。

2）亲本保纯和高代系纯化。在玉米种子生产过程中，亲本种子的纯度是制种的关键因素之一，它将直接影响杂交种的实用价值。亲本经过多年繁殖后常出现退化和混杂现象，原来的优良性状会逐渐退化，严重时就失去了应用价值。利用单倍体技术产生单倍体；经过加倍形成 DH 系。由于 DH 系内无杂合位点，因此在种子生产中将有利于亲本纯度的长期保持及其杂交种的整齐性。单倍体技术用于高代系纯化，也可在一定程度上加快选育进程，保证参试种子的一致性。

3）用于群体改良。在用轮回选择进行群体改良时，如果个体基因型处于高度杂合状态，当选个体带入下轮群体时，除含有有利基因以外，还有大量隐性不利基因，这些不利基因只有经过多轮的选择才能被逐渐淘汰，其遗传进度非常缓慢。如果在轮回群体中诱导产生 DH 系，对改变群体的基因频率更为有效。由于 DH 系的表现型和基因型一致，因此由当选 DH 系组成的新群体将会获得更大的遗传进展。

4）用于突变体的筛选。育种的实质是创造出有利的突变体，将其培育成新品种。由于基因突变的频率很低，有时发生隐性突变从植株上不能直接表现出来，需要加大种植规模。如果结合单倍体技术，突变体鉴定时间可以大大缩短。因为在单倍体植株的表现型中不存在隐性基因被显性基因掩盖的现象，其显性突变或隐性突变都会在当代表现出来，所以发现和选择隐性突变体就容易得多。这样获得有利突变体的速度可大大加快，同时可加速形成稳定遗传的纯系。

5）用于数量性状的 QTL 定位。作物育种过程中选择的大多数目标性状为数量性状，它们受多基因控制，同时也受环境等因素影响。对这些数量性状进行遗传研究时，常常需要构建遗传作图群体。在常用的作图群体中，DH 群体可以稳定繁殖，长期使用，是一种永久性群体，既能提高 QTL 定位的准确性，又能揭示 QTL 与环境的相互作用。利用 DH 群体与双亲构建的回交群体，还可增大 DH 群体中株系基因型从纯合到杂合的概率。

五、玉米单倍体育种中的其他问题

在玉米单倍体诱导过程中，获得大量单倍体的关键是要保证杂交成功，因此需要注意以下 5 个因素。

1. 错期种植　由于父母本生育期存在差异，因此需要在对诱导基础材料和单倍体诱导系生育期详细了解的基础上合理种植材料，以保证父母本花期相遇。玉米花丝的生活力比较强，一般在吐丝 6d 后仍能保证较好的结实率。但是，很多材料若吐丝超过 8d 仍未能授粉，花丝活力会急剧降低，造成结实率很低或者不能结实。RWS、UH400、农大高诱 1 号和高诱 5 号等单倍体诱导系的生育期都比较短，一般要晚播 7～10d。CHOI3 单倍体诱导系熟期较晚，可以同期播种。为了保险起见，可将单倍体诱导系分两期种植，分别晚播 3～5d 及 8～10d。而对于一些早熟材料的单倍体诱导系，则可同期播种。

2. 诱导环境的选择　规模化诱导需要有大量的花粉，因此需要慎重考虑单倍体诱导系的种植地点和季节。例如，有的单倍体诱导系在北京春播，农艺性状较好，散粉性也很好；而夏播往往表现较差，甚至出现不能散粉的情况。但是，不同的单倍体诱导系习性不同，需要小规模试种，了解其特性后，根据其特点制定出合适的播种计划。诱导地点不仅对单倍体诱导系的散粉性影响很大，而且对单倍体诱导率也有重要影响。因此在商业化育种中，选择适合单倍体诱导的稳定环境也很有必要。

3. 授粉方式　在单倍体诱导中，需要用单倍体诱导系给母本材料（一般为单交 F₁）授粉，其授粉方式可分为人工授粉和自然授粉两种。人工授粉是指在玉米吐丝期，通过人工方式进行授粉并套袋；自然授粉则是在玉米吐丝期对母本去雄，进行开放授粉。目前，人工授粉比较普遍，其优点在于无须隔离，单倍体诱导系种子的用量少；其缺点在于需要花费一定的劳动力，不适合大规模诱导。自然授粉的优点在于节省劳动力，适合大规模诱导；其缺点在于需要种植在隔离区，需要父母本合理错期播种及田间种植规划，且所需的单倍体诱导系种子量较大。

4. 田间种植规划 在单倍体诱导中，母本材料对诱导率的影响也很大，因此需要根据所获得的单倍体数量来规划田间种植，重要的材料可多种。假设单倍体诱导率为 5%，每个果穗 300 粒，单倍体加倍率为 10%，要想获得 50 个 DH 系，则至少需要种植 35 株。总之，需要根据不同的育种策略及材料来安排田间种植，以达到效率的最优化。

5. 孤雌生殖诱导系的繁育 一般而言，诱导率越高的孤雌生殖诱导系其结实性往往较差，因此孤雌生殖诱导系种子的繁育是一个问题。不同孤雌生殖诱导系都有适合其自身容易繁殖的环境。通过多年的实践，中国农业大学陈绍江等发现海南冬季比较适合孤雌生殖诱导系种子的繁殖，这可能与海南气候湿润、温度适中、无高温天气、昼夜温差较大、有利于籽粒有机物的积累有关。

另外，在生产上还发现了孤雌生殖诱导系的退化现象，也就是说一个诱导率比较高的孤雌生殖诱导系在连续多代扩繁之后诱导率有可能会降低。这可能是由于携带诱导基因的花粉传递效率低，在自交过程中被外界常规花粉污染；非孤雌生殖诱导基因在后代群体中所占比例将会不断增高，最终造成诱导系退化。也有可能是其他原因导致诱导系退化。因此，在孤雌生殖诱导系繁育过程中，不断采取严格的自交或姊妹交等方法，并不断进行单株测验以达到提纯的目的。

六、玉米单倍体育种程序

目前，国内外所采用的玉米单倍体育种程序如图 7-5 和图 7-6 所示。

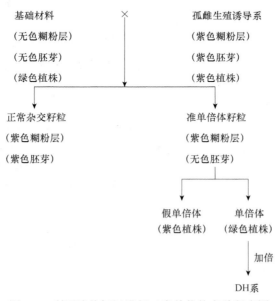

图 7-5 利用遗传标记进行玉米单倍体育种程序图

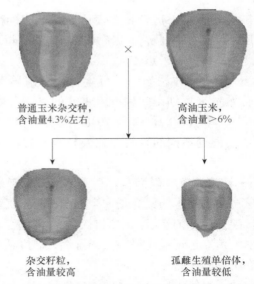

普通玉米杂交种,
含油量4.3%左右

高油玉米,
含油量>6%

杂交籽粒,
含油量较高

孤雌生殖单倍体,
含油量较低

图 7-6 利用高油孤雌生殖诱导系进行玉米单倍体育种程序图

第三节 小麦单倍体育种——'花培 5 号'的选育

河南省农业科学研究院为了选育适合黄淮南片麦区大面积种植的高产小麦品种,分析了该地区的生态条件与栽培条件,制定了小麦高产、优质育种目标。根据育种目标,选用'豫麦 18'为母本,'花 4-3'为父本进行有性杂交,利用其 F_1 进行花药培养诱导出单倍体花粉植株,经染色体加倍选育成国家审定小麦新品种'花培 5 号'。'花培 5 号'参加国家黄淮南片区域试验及生产试验产量均获第一。该品种具有分蘖力强、抗寒、抗旱和抗病性好、成穗数多、千粒重较高、高产、稳产且适应性广等优点,区域试验混合样籽粒品质指标均超过国家审定中的筋麦标准,具有较广阔的推广前景。

一、育种目标

根据河南省及黄淮麦区小麦生产状况和生态条件,将育种目标确定为选育高产、稳产、适应性广的小麦新品种。产量构成以中间偏多穗型为主;发育特性以中早熟类型为主;生长特性以抗寒性强、适播期长、春季生长稳健、抗倒春寒能力较强、后期灌浆速度快、综合抗病性强、适应性广和籽粒商品性好为主;品质以中筋为主。

二、小麦单倍体育种程序

小麦单倍体育种程序如图 7-7 所示。

图 7-7 小麦单倍体育种程序

在进行小麦单倍体育种时，首先根据育种目标选择合适的亲本材料配制杂交组合，获得杂交种子（F_1）。同年秋天种植 F_1；于第二年春季选 F_1 中花粉发育至单核中晚期的花药接种；经过花药培养，获得花粉植株。花粉植株田间自然加倍或用秋水仙碱诱导加倍形成 H_1 植株。当年秋天播种 H_2 株行。第三年再进行株行选择。入选株行于第四年进行株系比较，选择表现优良的、符合育种目标的株系升级进行产量比较试验（图 7-7）。

三、'花培 5 号'的选育过程

1．花药培养　　1999 年配制的杂交组合为'豫麦 18'×'花 4-3'，组合号为 9920；1999 年，该组合播种于郑州的河南省农业科学研究院试验田；2000 年春季，选 F_1 中花粉发育至单核中晚期的花药接种。经过花药接种、愈伤组织诱导、绿苗分化、壮苗培养、越夏、移栽大田、田间自然加倍等过程。该组合共接种 F_1 花药 5080 枚；转愈伤组织 1189 块；诱导绿苗 469 丛。其愈伤诱导率、绿苗分化率、加倍率分别达到了 23.6%、39.4%和 53.7%，远远高于平均水平，为'花培 5 号'的选育提供了一个较大的育种群体。

目前，河南省农业科学研究院小麦研究所一般每年接种花药 20 万枚左右，年际间及组合间的愈伤诱导率、绿苗分化率和花粉植株加倍率差异较大。据近 10 年统计，年平均愈伤诱导率为 3%左右；绿苗分化率为 22%左右；花粉植株加倍率约为 23%。

2．大田选择　　9920 组合共获得 469 株绿苗，全部移栽大田，种成 H_1。H_1 是分离世代，由于是试管苗移栽，生长的环境与自然环境有很大的差别，个体生长不良，性状表现不明显，因此不进行单株选择。经田间自然加倍，该组合共获得 252 个单株（其上结的种子为 H_2 种子）。次年全部种植 H_2 株行。H_2 已是稳定纯系，性状表达充分，对一些遗传力较高的性状，如冬春性、抗病性、株叶型、株高、穗长、籽粒颜色等要进行严格选择。选择的目标性状为：冬季及早春幼苗生长稳健，抗冬季冻害和早春倒春寒，分蘖适中，茎秆坚硬，弹性好，株高 80cm 左右，根系发达且活力长，耐后期干旱和高温，叶片不早衰，抗（耐）条锈病、白粉病、纹枯病等主要病害。其中'9920H-48-1'表现突出，中选，株行种子全部收获，得到 DH 系种子约 1kg。H_3 分别在郑州市和偃师市（现为偃师区）两地进行产量比较试验，同时进行 $133.3m^2$ 的大区对比试验。2003 年参加国家黄淮南片春水组预备试验。2004～2006 年参加国家黄淮南片春水组区域试验和生产试验。2006 年通过农业部国家农作物品种审定委员会审定，定名为'花培 5 号'，并获得新品种权保护。'花培 5 号'的选育从组合组配到品种审定仅用了 7 年时间，充分体现了花培育种年限短的特点。

3．'花培 5 号'的主要特点

1）农艺性状优良。'花培 5 号'属弱春偏半冬性多穗型品种，半直立，苗势壮，叶色浓绿，兼具半冬性品种抗寒性好和弱春性品种耐迟播的双重优点。该品种分蘖力强，成穗率高，亩成穗多。株高 78cm 左右，抗倒伏性中等。茎秆较细，叶片较小，长相清秀，穗色黄亮，穗长度中等偏小，不育小穗数少，结实性较好。

2）高产且适应性广。2004～2005 年，'花培 5 号'参加国家黄淮春水组区试，14 点汇总，14 点增产，平均单产 7818.3kg/hm^2，最高单产 9308.25kg/hm^2，比对照'豫麦 18-64'增产 16%，达极显著水平，居 10 个参试品种第一位；2005～2006 年，'花培 5

号'参加国家黄淮春水组区试,16 点汇总,14 点增产,平均单产 7927.5kg/hm²,比对照'豫麦 18-64'增产 5.66%,达极显著水平;同年参加国家黄淮生产试验春水组,14 点汇总,12 点增产,平均单产 7207.5kg/hm²,比对照'豫麦 18-64'增产 7.52%,居春水组第一位。

3)产量构成三要素协调,稳产性好。'花培 5 号'穗层厚,成穗数较多,一般在 640 万~705 万穗/hm²,穗粒数一般在 30 粒上下,千粒重较高,一般在 40~42g。产量构成三要素较为协调,对外界环境条件的缓冲能力较强,适合在大面积生产水平下种植。从两年多点的区域试验及生产试验来看,'花培 5 号'的成穗数、成穗率、穗粒数和千粒重较稳定,有较好的自我调节能力。2004~2005 年,在小麦生育中后期雨水较多,多数品种穗粒数和千粒重降低的情况下,'花培 5 号'成穗数增加,千粒重稳定,产量比对照增产,达极显著水平。

4)综合抗逆性好。2004~2005 年,国家冬小麦区域试验品种抗病性接种鉴定结果:'花培 5 号'高抗条锈病、赤霉病、秆锈病,中抗纹枯病,大田生产基本不发病。'花培 5 号'抗寒性较好,在 2004 年冬季—16℃的低温条件下,许多品种遭遇严重冻害,'花培 5 号'在黄淮 5 省份所有区试点均表现出很好的抗寒性;2007 年 3 月初的倒春寒使经历了暖冬的部分品种遭遇大面积冻害,'花培 5 号'在河南、安徽、江苏的大面积示范田中生长发育正常,没有发生冻害。同时该品种根系活力强,叶片功能期长,耐后期高温,落黄特别好,具有较好的抗旱、抗干热风能力。

5)品质优良,籽粒商品性好。'花培 5 号'籽粒卵圆形,半硬质,饱满度较好,千粒重稳定,黑胚率低,容重高,光泽润亮,商品外观好。馒头、面条品质测试:'花培 5 号'面条评分 85.5 分,馒头评分 82.5 分,是一个优质的面条、馒头兼用品种。

主要参考文献

陈绍江,黎亮,李浩川. 2009. 玉米单倍体育种技术. 北京:中国农业大学出版社.

陈绍江,宋同明. 2003. 利用高油分的花粉直感效应鉴别玉米单倍体. 作物学报,29(4):87-90.

康明辉,海燕,达龙珠,等. 2009. 国审小麦新品种"花培 5 号"的选育及其特征特性. 中国农学通报,25(17):98-101.

刘庆昌. 2015. 遗传学. 3 版. 北京:科学出版社.

孙其信. 2011. 作物育种学. 北京:高等教育出版社.

张天真. 2003. 作物育种学概论. 北京:中国农业出版社.

Aman MA, Sarkar KR. 1978. Selection for haploidy inducing potential in maize. Indian J Genet, 38: 452-457.

Barret P, Brinkmann M, Beckert M. 2008. A major locus expressed in the male gametophyte with incomplete penetrance is responsible for *in situ* gynogenesis in maize. Theor Appl Genet, 117: 581-594.

Dong X, Xu XW, Miao JK, *et al.* 2013. Fine mapping of qhir1 influencing *in vivo* haploid induction in maize. Theor Appl Genet, 173: 1713-1720.

Lashermes P, Beckert M. 1988. Genetic control of maternal haploidy in maize (*Zea mays* L.) and selection of haploid inducing lines. Theor Appl Genet. 76: 405-410.

Liu CX, Li W, Zhong Y, *et al.* 2015. Fine mapping of qhir8 affecting *in vivo* haploid induction in maize. Theor Appl Genet, 128: 2507-2515.

Kasha KJ. 1974. Haploids in Higher Plants: Advances and Potential. Guelph: University of Guelph.

Kihara H, Tsunewaki K. 1962. Use of an alien cytoplasm as a new method of producing haploids. Japanese Journal of Genetics, 37 (4): 310-316.

第八章　远缘杂交的理论基础及其育种案例分析

远缘杂交（wide cross 或 distant hybridization）是指亲缘关系较远的植物类型之间的杂交。通常是指不同种（species）、属（genus）甚至科间，也包括栽培植物与野生植物间或与亲缘关系更远的植物类型间所进行的杂交，所产生的杂种称为远缘杂种。

第一节　远缘杂交的理论基础

通过远缘杂交新合成的物种，按其染色体的组成主要可分为两类：一类是完全异源双二倍体，另一类是不完全异源双二倍体。除此之外，远缘杂交后代中还可出现异染色体体系，包括异附加系、异代换系和易位系等。

一、完全异源双二倍体

完全异源双二倍体是指由两个亲本、两套来源和性质不同的染色体组结合而形成的新物种，其染色体数目为双亲染色体的总和。例如，六倍体小黑麦是由四倍体小麦和二倍体黑麦合成的新物种；八倍体小黑麦是由六倍体小麦和二倍体黑麦合成的新物种等。六倍体小黑麦和八倍体小黑麦的合成过程如图 8-1 所示。它们既具有小麦的高产性，又具有黑麦的抗病性、抗逆性和适应性，已在不少国家进行了推广。

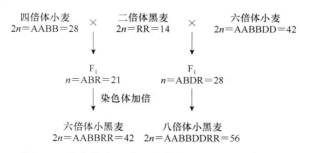

图 8-1　六倍体小黑麦和八倍体小黑麦的合成过程

二、不完全异源双二倍体

不完全异源双二倍体是指由双亲的一部分染色体组结合而成的新物种。例如，'八倍体小偃麦'是通过六倍体普通小麦（$2n = AABBDD = 42$）和六倍体中间偃麦草（*Thinopyrum intermedium*，$2n = 6x = 42 = E_1E_1E_2E_2StSt$）的杂交后代，经多次与普通小麦回交，将六倍体中间偃麦草中的一个染色体组与普通小麦的三个染色体组结合而成的（$2n = AABBDDE_1E_1$ 或 AABBDDStSt $= 56$），如'远中 2''远中 3''远中 4''远中 5''小偃 78829''山农 TE183''山农 TE185''山农 TE188''山农 TE198''山农 TE256'

'山农 TE347'等。在不完全异源双二倍体中，还有一类染色体组是由双亲之一的两个染色体组合成一个新的染色体组，再与另一个亲本的染色体组结合而成的，如'八倍体小偃麦''TAF46'是由中间偃麦草的两个染色体组 E_1 和 St 合成一个新的染色体组（$1E_1$、$2St$、$3E_1$、$4St$、$5E_1$、$6St$ 和 $7E_1$）与普通小麦的三个染色体组结合而成的。

完全异源双二倍体和不完全异源双二倍体均不能在生产上直接利用，需加以改良。

三、异染色体体系

通过远缘杂交，导入异源染色体或其片段，可创造出异附加系（alien addition line）、异代换系（alien substitution line）和易位系（translocation line）等异染色体体系（alien chromosomal system）。目前，已在小麦与黑麦、小麦与偃麦草、小麦与山羊草、小麦与簇毛麦、小麦与冰草、小麦与新麦草；水稻与高粱、水稻与狼尾草、水稻与药用野生稻；玉米与摩擦禾、玉米与类玉米属；油菜与白芥、油菜与萝卜；陆地棉与非洲异常棉、陆地棉与阿拉伯棉；高粱与苏丹草、高粱与甘蔗；谷子与狗尾草；燕麦与砂燕麦；烟草与黏烟草、烟草与蓝茉莉叶烟草等的远缘杂交中，获得了异附加系、异代换系和易位系。利用这些异染色体体系，可以改良现有作物品种。

异附加系是指在一个物种正常染色体组的基础上添加另一个物种的一对或两对染色体而形成的一种新类型。例如，普通小麦与黑麦杂交后，通过回交与细胞学筛选，获得了分别具有黑麦染色体 1R、2R、3R、…、7R 的 7 个普通小麦的黑麦异附加系。

我国科学家在小麦与偃麦草远缘杂交的基础上，培育出了'小偃 759''小偃 7231''小偃 1192''小偃 74E20''小偃蓝粒'异附加系等。

附加染色体带有许多优良基因，但不够稳定，后代往往会恢复到二倍体状态，生产上不能直接利用，但它是选育异代换系和易位系的重要亲本材料，并可作为一种特殊材料在植物杂种优势利用中发挥作用。

异代换系是指某物种的一对或几对染色体被另一物种的一对或几对染色体所取代而形成的新类型。例如，在小麦异代换系中，异源染色体与被代换的染色体在功能上有相似性，或者说它们可能由同一原始祖先的同一染色体进化而来。因此，外源染色体与被代换的染色体补偿性较好，在细胞学和遗传学上都比相应的异附加系稳定。所以，有的异代换系可以在生产上直接应用。例如，小麦-偃麦草异代换系'Weique'就曾在德国种植过。

大部分异代换系由于外源染色体携带有不利基因或补偿能力差等，不能直接用于生产。但是通过杂交或诱变处理，异代换系较容易产生易位，将外源优良基因转移到栽培作物中，从而选育出具有外源优良基因的栽培作物新品种。

我国在异代换系研究方面，主要集中在小麦异代换系上，已经得到了小麦-黑麦 4D（4R）、1B（1R）、1D（1R）、6D（6R）等异代换系；小麦-簇毛麦 V2、V3、V5、V6、V7 二体异代换系，V6 和 V7、V2 和 V7 双重异代换系，V2、V6 和 V7 三重异代换系；小麦-十倍体长穗偃麦草 4D（4E）、4D（4F）异代换系；小麦-中间偃麦草 1D、2D、3D、4D、5D、6A、7B 异代换系；小麦-山羊草 4D（4S′）异代换系等。

在小麦的易位系创制研究方面成果最多。例如，用 X 射线照射方法，Sears 创制了抗叶锈病的易位系'Transfer'；Kontt 等获得了抗秆锈病易位系；Smith 和 Sebesta 选育出了具有高度抗性的种质'Amigo'。李振声等用照射种子的方法，创造了带有标记性状的蓝粒单体小麦；陈佩度等育成了含有 *Pm21* 抗白粉病基因的小麦-簇毛麦 6VS/6AL 易位系。

目前，国内外在生产中大面积推广应用的小麦远缘杂交品种大部分都是易位系品种。例如，利用小麦-黑麦 1B/1R 等易位系培育的小麦品种是世界第一大小麦远缘杂交品种；小麦-偃麦草（包括长穗偃麦草、中间偃麦草等）易位系是第二大小麦远缘杂交品种（主要在我国）；小麦-山羊草（包括顶芒山羊草、高大山羊草、伞状山羊草、偏凸山羊草等）易位系在其他国家有一定的种植面积。

四、单倍体

虽然远缘花粉在异种母本上常不能正常授粉，但有时能刺激母本的卵细胞自行分裂，诱导孤雌生殖，产生母本单倍体。例如，利用普通大麦（*H. vulgare*）与球茎大麦（*H. bulbosum*）杂交，可获得大麦单倍体；利用普通小麦与玉米杂交，可获得小麦单倍体等。到目前为止，已有 21 个物种通过远缘杂交成功地诱导出孤雌生殖的单倍体。所以，远缘杂交也是倍性育种的重要手段之一。

五、雄性不育材料

远缘杂交是当前创造雄性不育系的主要方法。不同物种间遗传差异大，导致核质之间有一定分化。如果将一个具有不育细胞质 *S*（*MsMs*）的物种和一个具有核不育基因 *N*（*msms*）的物种杂交，并连续回交进行核置换，便可将不育的细胞质和不育核基因结合在一起，获得雄性不育系 *S*（*msms*），为在生产上利用杂种优势创造材料。小麦 T 型细胞质雄性不育系就是通过远缘杂交和连续回交，把普通小麦的核移入提莫菲维小麦的细胞质中育成的。我国籼型水稻雄性不育系是用花粉败育型的野生稻为母本、栽培稻为父本，经远缘杂交和连续回交育成的。

随着生物技术的发展和品种间杂交难以完全满足育种目标要求的情况下，远缘杂交可以解决近缘杂交不易解决的特殊问题。因此，远缘杂交愈来愈被育种家重视和广泛利用，并成为各项育种技术相互渗透的结合点。例如，栽培品种与野生植物间的基因重组、倍性育种、诱发染色体易位、杂种优势利用、核质杂种及遗传工程等研究领域，都有远缘杂交参与，并取得了较大的进展。实践证明，要使育种工作有所突破，必须打破种间界限。通过远缘杂交，可充分利用野生资源所蕴藏的、独有的特征特性，扩大基因重组和染色体间相互关系的范围，创造出更丰富的变异。

第二节　小黑麦的选育

小黑麦是由小麦和黑麦经人工杂交、染色体加倍而育成的属间杂种。它的遗传组成既不同于小麦，又不同于黑麦，因而是小麦族中的一个新物种。

根据染色体组的倍性和组成，小黑麦分为十倍体小黑麦（AABBDDRRRR）、八倍体小黑麦（AABBDDRR）、六倍体小黑麦（AABBRR）和四倍体小黑麦（AARR），它们的染色体数目和组成都不相同。其中，十倍体小黑麦和四倍体小黑麦在生产上没有应用；八倍体小黑麦和六倍体小黑麦研究和应用得较多。

根据育种和用途，小黑麦又可以分为初级小黑麦（primary triticale）、次级小黑麦（secondary triticale）和代换性小黑麦（substituted triticale）。

1. 初级小黑麦　初级小黑麦包括四倍体小黑麦、六倍体小黑麦和八倍体小黑麦，又称原始小黑麦。关于小黑麦不同类型的遗传组成和生产应用情况见表 8-1。

表 8-1　小黑麦类型及其遗传组成（孙元枢，2002）

类型		染色体组	染色体数	生产应用
初级小黑麦	四倍体小黑麦	AARR	28	无
	六倍体小黑麦	AABBRR	42	有
	八倍体小黑麦	AABBDDRR	56	有
	十倍体小黑麦	AABBDDRRRR	70	无
次级小黑麦	六倍体小黑麦	AABBRR	42	有
	八倍体小黑麦	AABBDDRR	56	有
代换性小黑麦	小麦黑麦异附加系	AABBDD（RR）	44	无
	小麦黑麦异代换系	AABBDD（RR）	42	有
	小麦黑麦易位系	（AABBDD）	42	有

注：小麦黑麦异附加系为 1～7 对染色体发生附加；小麦黑麦异代换系为 1～7 对染色体发生代换；小麦黑麦易位系为小麦某对染色体与黑麦染色体发生了易位

初级小黑麦没有经过任何选择和改良，其中小麦的 *ABD* 染色体组和黑麦的 R 染色体组不协调，所以初级小黑麦花粉母细胞减数分裂不正常，往往形成单价体和微核，造成结实率降低和种子不饱满。尽管初级小黑麦有穗大、粒多、抗病、抗逆、适应性广等优良性状，但结实率低和饱满度差的特点限制了它在生产上的应用，因而初级小黑麦只能作育种的亲本和原始材料。自 20 世纪 50～80 年代，我国通过染色体加倍共制造了上万份小黑麦原始品系，但没有一个原始品系能直接应用于生产。

2. 次级小黑麦　初级小黑麦经过杂交改良，结实率和饱满度达到正规标准的小黑麦品系称为次级小黑麦。初级小黑麦平均结实率和饱满度虽然很差，但不同品系间的结实率差异很大（20%～90%），其中结实率接近正常小麦的品系只占 2.5%，且可长期遗传下去。中国农业科学院从 20 世纪 50～70 年代开始用各种八倍体小黑麦原始品系配制了数千个杂交组合，经过多年选择，于 1978 年选育出'小黑麦 1 号''小黑麦 2 号''小黑麦 3 号''小黑麦 4 号'等新品种，并在生产上试验推广，其结实率达到 70%～90%，饱满度达到 3 级，与亲本相比，其品系大大提高。

目前，世界上主要的小黑麦品种是由次级小黑麦培育而成，如加拿大的'Rosner''Carman'，CIMMYT 的'Beagle''Juanillo'和波兰的'Lasko'，我国推广的'小黑麦 1 号''小黑麦 2 号''小黑麦 3 号''中新 830''中饲 237'等，都是通过杂交方法改进初级小黑麦后选育出来的次级小黑麦类型。

3. 代换性小黑麦　一对或若干对黑麦染色体被小麦的染色体代换的小黑麦称为代换性小黑麦。由于染色体的代换，不但可以引入新的性状，而且可以去掉黑麦的不利基因。代换性小黑麦的出现对小黑麦育种有很大的影响和作用。从某种程度上说，它为小黑麦的育种开拓了一个新途径。'阿玛迪罗'（Armadillo）是由一个六倍体小黑麦和一个矮秆普通小麦天然杂交而来的六倍体小黑麦品种，具有结实率高、矮秆、对日照长度不敏感、早熟抗病、产量高、营养品质好、遗传力强等优良特性。在 20 世纪 70 年代，'阿玛迪罗'在 CIMMYT 的六倍体小黑麦育种工作中起了重要的作用。细胞遗传研究发现，'阿玛迪罗'中第二对染色体 2R 代换了小麦 D 组的第二对染色体 2D，而 2R 染色体上带有对日照长度反应不敏感的基因和矮秆基因等。吉姆萨（Giemsa）染色体分带结果表明，CIMMYT 选育的 48 个小黑麦品系的染色体组成如图 8-2 所示。

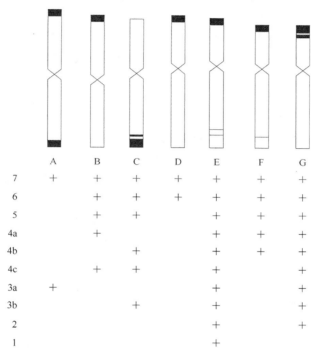

	A	B	C	D	E	F	G
7	+	+	+	+	+	+	+
6		+		+	+	+	+
5		+	+	+	+	+	+
4a		+			+	+	+
4b			+		+	+	+
4c		+	+		+		+
3a	+				+	+	+
3b			+		+		+
2					+		+
1					+		

图 8-2　六倍体小黑麦中黑麦与小麦染色体代换类型（孙元枢，2002）

A～G 表示 7 对黑麦染色体；1～7 表示黑麦染色体代换的对数

　　小黑麦是应用多倍体育种和染色体工程方法人工创造的新物种。小黑麦综合了小麦的高产和优良烘烤品质及黑麦的抗病、抗寒、抗逆性强和营养品质好的优良性状，是适合我国广大地区种植的较省肥的稳产新作物。小黑麦还可作为一种可调整农业结构、发展养殖业、提高土地利用率、提高农民收入的粮食饲料和多种用途的新作物。

第三节　'矮孟牛'的创造与利用

　　矮秆、多抗、高产小麦新种质'矮孟牛'的创造与利用，是李晴祺教授团队经过 10 年创造、16 年利用，历时 26 年（1971～1996 年）取得的重大科研成果，荣获 1997 年度国家技术发明一等奖。由中国科学院庄巧生院士、李振声院士、董玉琛院士等著名专家组成的科研成果鉴定委员会一致认为，'矮孟牛'的创造和利用是我国小麦种质创新和育种研究的一次重要突破，与国际上一度引发'绿色革命'的原始材料'农林 10 号-Brevor14'以及近年来世界各地广泛应用的 1B/1R 衍生物'洛类亲本'相比毫不逊色，而且在矮化和熟期方面更适应我国国情，达到了国际同类研究的领先水平。

一、'矮孟牛'的创造

（一）背景与思路

20 世纪 60 年代至 70 年代初，我国农业肥水条件的不断改善和小麦病菌生理小种的不断变化对小麦育种特别是冬小麦主产区——黄淮麦区的小麦育种提出了更高的要求。当时，尽管北方冬麦区的一些大面积推广的小麦品种在生产上发挥了重要作用，但也存在诸多问题：一是植株较高（90～120cm），容易倒伏；二是抗病性差，特别是条锈病抗性已经丧失或正在丧失；三是穗粒数较少（在 30 粒左右或以下）、千粒重较低（除个别品种外，都低于 40g）、丰产潜力有限；四是不少品种不抗干热风；五是新育成的小麦品种共同亲本较多，遗传基础狭窄。尽管当时种质资源较多，但它们在具有突出优良性状的同时，又具有难以克服的严重缺点，使其难以在小麦育种中应用。

因此，发掘、创造和利用突破性小麦新种质，以换抗源、补血缘，进而选育高产、稳产小麦新品种，是当时小麦生产和育种面临的重大课题。李晴祺教授团队提出的总体思路是：从解决矮秆与多抗、高产、熟期适中等优异目标难以结合的矛盾入手，选用具有突出特点的偏材与良材杂交组配，采用新方法选择偏材与良材优点的结合体，实现种质创新，并在此基础上，多途径快速利用新种质，尽快育成新品种，应用于小麦生产。

（二）方法与技术

'矮孟牛'的亲本组合方式为'矮丰 3 号'×（'孟县 201'×'牛朱特'），其名称源于三个亲本的首字。其创造过程可概括为：启用偏材——'牛朱特'与我国的良材——'孟县 201''矮丰 3 号'组配，采用大群体类型优选法处理杂种后代，选择理想种质。

1. 利用偏材和良材，创造优材

（1）偏材——'牛朱特' '牛朱特'是民主德国小麦锈病和白粉病优异抗源，为小麦-黑麦 1R（1B）双体异代换系，其 1R 染色体携带抗条锈病基因 $Yr9$、抗叶锈病基因 $Lr26$ 和抗白粉病基因 $Pm8$。除此之外，该材料还表现出茎秆粗壮、大穗多粒、丰产性较好等优异性状。但是，也具有植株较高（100～110cm）、生育期较长等明显缺点。

（2）良材'矮丰 3 号''孟县 201' '矮丰 3 号'是西北农业大学（现为西北农林科技大学）1970 年育成的我国第一代矮秆小麦品种，株高 80cm 左右，茎秆较硬，穗大粒多，抗倒伏能力强，分蘖成穗多，对条中 1、8、10、13、17、18 等条锈病生理小种表现免疫或高抗；对条中 19、20 和叶锈病、秆锈病、白粉病表现感病，年种植面积曾达 450 万亩。该品种血缘涉及著名矮源'水源 86'（含有矮秆基因 $Rht1$ 和 $Rht2$）和'赤小麦'（含有矮秆基因 $Rht8$ 和 $Rht9$），丰产抗病资源'中农 28''碧玉麦''丹麦 1 号'和我国地方品种'蚂蚱麦''关中老麦''小佛手'等，具有丰富的遗传基础。

'孟县 201'是河南省孟县（现为孟州市）农业科学研究所于 1970 年育成的小麦品

种，含有丰抗源'阿勃'（意大利种质）和'茨城1号'（日本种质）的血缘，株高90～95cm，生长健壮，茎秆较粗，穗大粒多，抗条锈病、白粉病和干热风，轻感叶锈病，年最大种植面积超过100万亩。

（3）优材'矮孟牛'　　'矮孟牛'是'矮丰3号''孟县201''牛朱特'的三交后代，其血缘可追溯到亚洲、欧洲、美洲和大洋洲的9个国家的种质，遗传基础极为丰富（图8-3），融合了三个亲本的多个优良性状，具有植株矮、茎秆壮、抗病、抗倒伏、抗干热风、分蘖能力强、成穗率高、落黄性和丰产性好、熟期适中等优点（图8-4）。

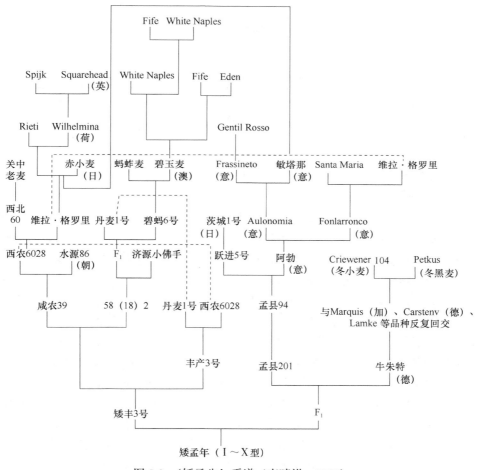

图 8-3　'矮孟牛'系谱（李晴祺，1998）

2. 克服亲本花期不遇　　在'矮孟牛'的创造过程中，亲本花期不遇是遇到的首个困难。'牛朱特'生育期较长，抽穗期较'孟县201'晚27d以上，常规种植，无法组配。为了解决这一困难，课题组通过对亲本的种子、播期、光照、肥水和分蘖等进行复合处理，多措并举（表8-2），最终在温室组配成功，获得了4粒'牛朱特'×'孟县201'F₁杂种。因受'孟县201'早熟性的影响，杂种F₁的生育期大大缩短，1972年冬季，在温室再与'矮丰3号'进行三交时就较为容易，获得了较多的三交杂种。

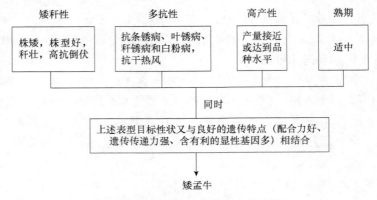

图 8-4 '矮孟牛'优异性状的融合（李晴祺，1998）

表 8-2 攻克亲本花期不育的措施

措施	亲本	
	牛朱特	孟县 201
种子处理	春化	不春化
播期处理	早播	晚播
光照处理	延长	缩短
肥水处理	控肥控水	增肥增水
分蘖处理	去掉小分蘖	剪掉大分蘖

3. 杂种后代的处理方法 如前所述，'矮孟牛'的亲本血缘复杂，涉及四大洲 9 个国家的种质，其杂交后代呈现疯狂分离，植株高矮不一，熟期千差万别，穗子五花八门。如何按照育种目标将多种优异性状组合在一起，是'矮孟牛'创造过程中的又一难题。为了攻克这一难关，课题组增大后代分离群体，按类型进行选择。仅此一个组合，便种植了5、6 亩地，共选了十大类型、112 个株系，进一步鉴定压缩为 68 个株系，再经过不断选择，将目标集中在 3 个重点类型和少数优良株系中。'矮孟牛'的选育过程见图 8-5。

李晴祺教授将这种后代处理方法称为"大群体类型优选法"，其主要特点有以下几点：一是逐代充分放大群体，保留不同分离类型，有利于优良基因重组，防止其丢失；二是按类型选择，优化主要目标性状，在不同矮化水平上筛选矮秆、多抗、高产、熟期适中等性状的优异重组体；三是按类型筛选优异表型目标性状与良好配合力的结合体，通过对类型内、类型间的优选，确定重点利用的种质类型及其代表系；四是先紧紧抓住矮秆性状，层层优化，从不同层次上逐渐实现目标性状的理想结合，阶段目标明确，便于操作。

"大群体类型优选法"结合了系谱法和混合法的优点：一是以类型为着眼点，分收分种，既具有系谱法系谱清楚、有利于早代鉴别当选基因型真正优劣的优点，又具有混合法保留变异类型多、防止有利基因丢失的优点，打破了系谱法的优化程序和种植规范，克服了混合法在杂种后代基本稳定以前优劣类型并存混种的缺点；二是根据种质创新需要，增加了测试不同类型配合力的步骤，有利于筛选出遗传特点突出、育种上好用的种质类型。

采用"大群体类型优选法"，实现了将偏材和良材的优异性状融合到优材——'矮孟牛'中。

1971年冬	温室组配单交：孟县201×牛朱特
1972年冬	温室组配三交：矮丰3号×（孟县201×牛朱特）F_1
1973年春	F_1，三交种子全部春播，F_1的株高、熟期等性状出现分离，分株全收
1973～1974年	F_2，F_1种子全部秋播，按株高差异分类种植；F_2分株收获，淘汰劣株
1974～1975年	F_3，F_2所收单株按不同株高类型分类分株种植，在不同矮化类型内选择大量单株及小部分株系
1975～1976年	F_4，收获前，在株高分类种植的基础上，结合穗型、芒性等直观形态性状进一步划分为十大类型；选出112个株系，其中矮孟牛 I 型中757318等基本稳定成系
1976～1977年	F_5，田间按十大类型及其相应的株系顺序种植；继续优化选择，纯化提高；其中矮孟牛 V 型中矮 V-31 (775-1) 等基本稳定成系
1977～1978年	F_6，矮孟牛十大类型（ I ～ X 型）基本稳定；保留68个选系；广泛组配，测试配合力；多点鉴定表型目标性状
1978～1979年	F_7，继续纯化、提高；多点鉴定表型目标性状；广泛组配，测试配合力
1979～1980年	F_8，多点鉴定表型目标性状，F_1广泛组配，测试配合力
1980～1981年	从矮孟牛十大类型及其68个选系中，确定三大重点种质型及其代表系：矮孟牛 II 型 (757318)，矮孟牛 IV 型 (80-57)，矮孟牛 V 型 (8019、矮 V-31、775-1)

图 8-5　'矮孟牛'的选育过程（李晴祺，1998）

二、'矮孟牛'的遗传分析

1. 分子细胞遗传学分析　　Qi 等（2004）对'矮孟牛' II-VII 6 个类型进行了分子细胞遗传学研究。结果表明，'矮孟牛' II-VII 6 个类型的染色体数目均为 $2n=42$（表 8-3），除III型含有 2 对随体染色体外（1B、6B），其他 5 个类型均含有 1 对随体染色体（6B）。C 分带表明，六大类型包含三种不同的染色体组成类型：III型不携带黑麦 1R 染色体片段；VII型为 1RS·1BL 简单易位；II、IV、V 和VI型均同时含有 1RS·7DL 和 7DS·1BL 两种易位。这一结果后来得到了 GISH 和 FISH 验证（Huang et al.，2018）（图 8-6）。崔法等（2010）发现，'矮孟牛' I 型与III型一样，均为正常的小麦染色体组，没有 1RS。

表 8-3　'矮孟牛'七大类型的染色体组成

类型	染色体组成
I	21″
II	19″＋1″ T1RS·7DL＋1″ T7DS·1BL
III	21″
IV	19″＋1″ T1RS·7DL＋1″ T7DS·1BL
V	19″＋1″ T1RS·7DL＋1″ T7DS·1BL
VI	19″＋1″ T1RS·7DL＋1″ T7DS·1BL
VII	20″＋1″ T1RS·1BL

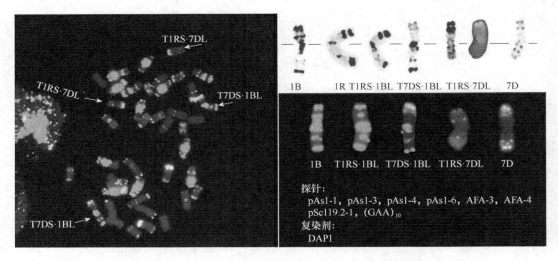

图 8-6 '矮孟牛'V 型 FISH 鉴定及相关染色体对比（Qi et al.，2004；Huang et al.，2018）

2. 复合染色体易位的遗传传递分析　　对'矮孟牛'衍生系'山农 483'（1RS·7DL＋7DS·1BL）与'川 35050'（1RS·1BL）构建的 RIL 群体进行分析，发现在 109 个株系中，除 4 个为易位杂合体外（1RS·1BL＋1RS·7DL＋7DS·1BL），69 个为 1RS·7DL＋7DS·1BL 纯合易位，36 个为 1RS·1BL 纯合易位，两种纯合易位的比例约为 2∶1，说明复合易位 1RS·7DL＋7DS·1BL 具有更高的传递频率（Qi et al.，2004）。

对 8 个'矮孟牛'衍生品种进行分析发现（表 8-4），除'鲁麦 23'含有全套小麦正常染色体、'豫麦 21'携带 1RS·1BL 外，'鲁麦 1 号''鲁麦 8 号''鲁麦 11''鲁 215953''鲁麦 15''济南 16 号'均含有 1RS·7DL＋7DS·1BL 复合易位，占供试品种的 75%（Qi et al.，2004；Huang et al.，2018）。

表 8-4　　'矮孟牛'8 个衍生品种的系谱及染色体组成（Qi et al.，2004；Huang et al.，2018）

品种	系谱	染色体组成
鲁麦 1 号	矮丰 3 号×（孟县 201×牛朱特）	19″＋1″ T1RS·7DL＋1″ T7DS·1BL
鲁麦 8 号	矮孟牛Ⅳ型×山农辐 66	19″＋1″ T1RS·7DL＋1″ T7DS·1BL
鲁麦 11	矮孟牛Ⅳ型×山农辐 66	19″＋1″ T1RS·7DL＋1″ T7DS·1BL
鲁麦 15	（Tal 扬麦 1 号×矮孟牛Ⅱ型）×104-4	19″＋1″ T1RS·7DL＋1″ T7DS·1BL
鲁麦 23	鲁麦 8 号×大粒矮	21″
鲁 215953	矮孟牛Ⅳ型×山农辐 66	19″＋1″ T1RS·7DL＋1″ T7DS·1BL
济南 16	Tal 山农辐 63×矮孟牛Ⅴ型	19″＋1″ T1RS·7DL＋1″ T7DS·1BL
豫麦 21	（百农 791×豫麦 2 号）×（鲁麦 1 号×偃师 4 号）	20″＋1″ T1RS·1BL

以上遗传分析和育种实践结果表明，'矮孟牛'中 1RS·7DL＋7DS·1BL 复合易位具有较强的遗传传递能力，这也是'矮孟牛'成为骨干亲本育成众多小麦新品种的重要原因。

3. **配合力分析**　对包括'矮孟牛'（8057）在内的 6 个供试材料进行双列杂交分析，发现'矮孟牛'含有的显性基因最多，一般配合力总效应最强，表现最突出，其丰产性、抗病性、株型、光合速率等许多性状的配合力较高，在不同杂交组合中能较整齐地将综合优良性状传递给后代，用作亲本较易改善杂种后代的综合表现水平，易选出株型结构好、抗性强、丰产潜力大的优良品种（胡延吉，1991），已被育种实践证实。

4. **特异位点及其遗传传递分析**　赵春华等（2011）利用 2210 对 SSR、EST-SSR、STS 标记对'矮孟牛' 7 个类型进行分析，共获得了 80 个特异位点。其中，源于'矮丰 3 号''孟县 201''牛朱特'的特异位点分别为 10 个、12 个和 19 个；源于'矮丰 3 号''孟县 201'，'矮丰 3 号''牛朱特'的特异位点分别为 8 个和 2 个，等位变异 29 个，并且除 V 型外，其余类型均含有来自等位变异的特异位点（表 8-5）。

表 8-5　'矮孟牛' 7 个类型的特异位点及其来源（赵春华等，2011）

类型	特异位点	来源	特异位点	来源
I	Xcfa2153-1A	等位变异	CFE274-4BL	孟县 201
	Xmag3124-1A	孟县 201	Xwmc256-6AL	矮丰 3 号
	Xwmc429-1D	矮丰 3 号或孟县 201	Xmag1865-6B	等位变异
	BARC062-1DL	孟县 201	Xmag3910-7A	孟县 201
	CFE53-2AL	矮丰 3 号或牛朱特	Xmag1986-7A	孟县 201
	BARC35-2B	矮丰 3 号	Xwmc517-7B	等位变异
	Xgwm429-2BS	等位变异	BARC050-7BL	孟县 201
	Xgwm19-2D	等位变异	SWM1-7D	牛朱特
II	Xgwm164-1A	牛朱特	SWES172-1B	等位变异
	SWES131-1A	孟县 201	SWES199-6B	孟县 201
	Xbarc323-3D	矮丰 3 号或牛朱特	Xwmc128-1B	牛朱特
	KSUM043-1B	等位变异	KSUM058-2B	牛朱特
	Xgwm169-6AL	等位变异	CFA2263-2AL	牛朱特
III	Xmwg632-1AL	等位变异	Xwmc313-4AL	矮丰 3 号
	Xbarc302-1BL	矮丰 3 号或孟县 201	Xwmc429-1D	牛朱特
	CFE23-1B	矮丰 3 号或孟县 201	BARC163-4BL	等位变异
	Xmag3733-4A	矮丰 3 号或孟县 201	BARC110-5DL	等位变异
	Xwmc658-2A	牛朱特	Xcfd18-5D	等位变异
	Xcinau175-2B	孟县 201	KSUM052-7B	等位变异
	KSUM067-2B	矮丰 3 号	Xgwm344-7B	矮丰 3 号
	Xwmc111-2D	矮丰 3 号或孟县 201	XPSP3123-7DL	牛朱特
	Xmag500-3D	等位变异	Xmag501-3D	等位变异
IV	SWES546-1B	等位变异	Xcfi3033-3BL	牛朱特
	Xmag972-1B	矮丰 3 号	BARC106-4AS	牛朱特
	Xwmc296-2A	等位变异	Xmag1865-6B	牛朱特
	Xmag4059-2D	等位变异		

续表

类型	特异位点	来源	特异位点	来源
V	*Xwmc336-1A*	牛朱特	*Xgwm261-2D*	矮丰 3 号或孟县 201
	Xmag905-3A	矮丰 3 号或孟县 201	*Xgwm124-1B*	矮丰 3 号
	Xmag912-3A	矮丰 3 号或孟县 201	*Barc1118-4D*	矮丰 3 号
	Xgwm260-7A	牛朱特	*Xmag1884-1A*	牛朱特
VI	*Xwmc41-2DL*	牛朱特	*Xwmc657-4B*	等位变异
	CFE134-3A	矮丰 3 号	*Xgwm282-7A*	孟县 201
	BE470813-3D	等位变异	*Xwmc396-7B*	牛朱特
VII	*Xwmc120-1A*	等位变异	*XBARC343-4A*	孟县 201
	Xwmc24-1AS	牛朱特	*BARC141-5AS*	等位变异
	Xcfa2292-1B	等位变异	*Xgwm499-5BL*	等位变异
	Xmag3976-2B	牛朱特	*Xbarc347-5D*	等位变异
	BARC200-2BS	孟县 201	*Xwmc105-6BS*	等位变异
	BARC164-3BL	等位变异	*Xmag828-7A*	矮丰 3 号
	BARC164-3BL	等位变异	*Xgdm67-7DL*	牛朱特
	BARC106-4AS	等位变异		

　　进一步利用 2 个 F_2 群体（'矮丰 3 号'×'牛朱特'，'孟县 201'×'牛朱特'），对'矮孟牛'V 型的 8 个特异位点进行单标记分析，在其中的 4 个特异位点附近检测到与产量相关的 QTL（表 8-6）。根据小麦基因组上已定位的与重要农艺性状相关的基因和 QTL 位点信息，发现'矮孟牛'V 型特异位点附近富集了许多与产量等重要性状相关的基因/QTL：位于标记 *Xwmc336* 附近的 *QTgw* 与千粒重相关；*Xgwm124* 附近存在与产量相关的 *QYild* 和抗条锈病基因 *Yr24*；*Xmag912* 及 *Xmag905* 附近存在与穗粒数相关的 *QGnp*；*Xgwm261* 附近存在矮秆基因 *Rht8* 和与产量、千粒重相关的 *QYild* 及 *QTgw*。另据报道，*Xgwm261* 附近还存在与穗粒数（*QGnp*）、小穗着生密度（*QCpt*）及穗长（*QPl*）相关的 QTL（Kumar et al.，2007；Ma et al.，2007；张坤普等，2009）。

表 8-6　'矮孟牛'V 型的部分特异位点/QTL（赵春华等，2011）

特异位点	QTL	性状	增效基因来源	效应/%
Xwmc336	*QPh1A*	株高	孟县 201	6.2
	QSitl1A	倒二节间长	孟县 201	7.4
Xgwm261	*QHd2D*	抽穗期	牛朱特	13.8
	QFd2D	开花期	牛朱特	13.9
	QPh2D	株高	牛朱特	23.3
	QPl2D	穗长	牛朱特	13.8
	QFiitl2D	穗下节间长	牛朱特	8.0
	QSitl2D	倒二节间长	牛朱特	16.1
	QFoitl2D	倒四节间长	牛朱特	7.8
	QGy2D	单株产量	牛朱特	4.6

续表

特异位点	QTL	性状	增效基因来源	效应/%
Xmag905	QFll3A	旗叶长	牛朱特	5.9
	QFlar3A	旗叶面积	牛朱特	5.5
	QGwt3A	千粒重	孟县201	5.0
	QGwp3A	单穗粒重	孟县201	5.0
Xmag912	QGwp3A	单穗粒重	矮丰3号	4.1
	QFd3A	开花期	孟县201	5.8

于海霞等（2012）利用 DArt 标记对'矮孟牛'七大类型及其 41 个衍生品种（系）进行分析，发现'牛朱特'的基因组在衍生后代中的遗传覆盖度最广。随机选取 7 个特异标记，在子一代、子二代、子三代和子四代中均被检测到（表 8-7），所在位点在衍生后代中的传递频率均高于理论值，遗传贡献率也较高。研究表明，上述 7 个特异标记附近存在较多重要性状位点，如 wPt-9277 与抗条锈 QTL 紧密连锁，其附近还存在与产量、千粒重、叶锈病抗性相关的 QTL；wPt-9369、wPt-7992 与产量、条锈病抗性、镰刀型赤霉病抗性相关联，其附近的 wPt-7608 和 wPt-1888 均与穗长相关联。正因如此，它们被育种家持续选择，在育种中发挥了重要作用。

表 8-7 部分特异位点在'矮孟牛'衍生后代中的传递（于海霞等，2012）

特异标记	来源	染色体	基因组比例/%				贡献率/%
			子一代	子二代	子三代	子四代	
wPt-9277	矮丰3号	2A	12.5	76.2	66.7	100.0	63.4
wPt-7614	孟县201	3B	75.0	52.4	100	33.3	65.9
wPt-9432	孟县201	3B	62.5	9.5	22.2	66.7	26.8
wPt-9369	牛朱特	3A	62.5	76.2	88.9	66.7	75.6
wPt-7992	牛朱特	3A	62.5	76.2	88.9	66.7	75.6
wPt-1562	牛朱特	3A	37.5	76.2	66.7	33.3	63.4
wPt-1708	牛朱特	4B	87.5	90.5	77.8	66.7	85.4

三、'矮孟牛'的利用

'矮孟牛'定型后，课题组通过系统育种方法从 V 型（矮 V-31）株系中优中选优，育成了'鲁麦 1 号'，先后通过山东省和国家审定。该品种一经审定便大受欢迎，1983～1996 年累计种植 9289.25 万亩，其中 1988 年高达 1032.9 万亩，在鲁西南地区示范推广长达 20 年之久，是山东省和黄淮部分地区主要当家品种之一，在生产上发挥了重要作用。

'鲁麦 1 号'的育成很快打开了'矮孟牛'利用的新局面。采用 F₁ 评价重点组合、早代加速世代、多向优化选择、多点鉴定等措施，课题组仅在'矮孟牛'×'山农辐66'组合中，便育成了 4 个各具特点的高产稳产新品种（表 8-8，图 8-7）：'鲁麦 5 号''鲁麦 8 号''鲁麦 11''鲁 215953'。1983～1996 年，4 个品种累计推广面积分别为 2585.9 万亩、1633.4 万亩、2587.2 万亩和 3060.3 万亩，年最大种植面积分别为 1032.9 万亩、

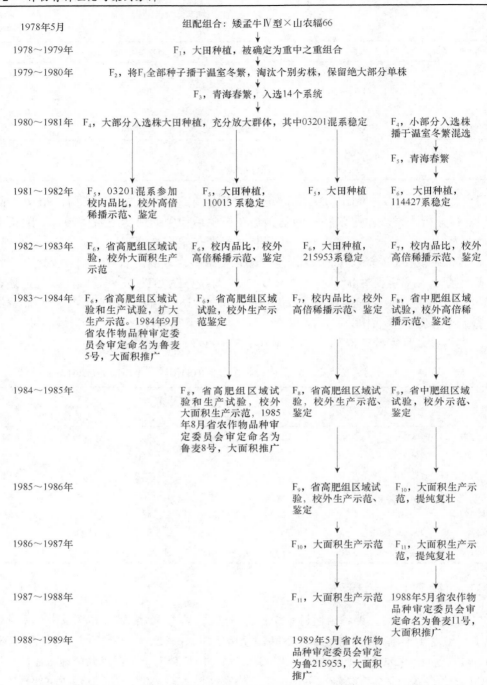

图8-7 '鲁麦5号''鲁麦8号''鲁麦11''鲁215953'的选育（李晴祺，1998）

615.15 万亩、438 万亩和 532.8 万亩。其中，'鲁麦 5 号'的选育从杂交组合配制到审定仅用了 6 年时间。'鲁 215953'作为山东省桓台县主推品种，在该县建成我国北方第一个"吨粮县"（1992 年，平均粮食亩产 1000kg）和第一个"千斤县"（1996 年，平均小麦单产 500kg/亩）中发挥了重要作用，为带动我国粮食生产和小麦大面积高产的发展做出了重要贡献。课题组仅利用 7 年时间，便审定大面积推广的小麦新品种 5 个，速度之快，效率之高，国内外罕见。截至 1996 年，课题组自育的 5 个品种，累计推广 1.92 亿亩，增产小麦 70.33 亿斤[①]，经济效益达 32.97 亿元。

表 8-8　'鲁麦 5 号''鲁麦 8 号''鲁麦 11''鲁 215953'特征特性比较（李晴祺，1998）

特征特性	鲁麦 5 号	鲁麦 8 号	鲁麦 11	鲁 212953
类型	多穗型	中间型	中间偏大穗型	中间型
粒数	30～32	28～32	33～38	28～32
千粒重/g	43	50～55	45～48	50～55
株高/cm	80±	80±	85±	75～80
株型	紧凑	偏紧凑	中间	紧凑
条锈病抗性	高抗	高抗	高抗	高抗
叶锈病抗性	中抗	中抗	高抗	中抗
白粉病抗性	高抗	中抗	中抗	中抗
干热风抗性	抗	中抗	抗	抗
落黄性	好	好	特好	好
熟期	中熟偏晚	中熟偏晚	中熟	中熟偏晚

由于综合性状突出、配合力高，'矮孟牛'被不同育种单位广泛利用。据不完全统计，含有'矮孟牛'血缘的省审或国家审定品种 28 个（表 8-9）。其中仅 1983～1998 年，育成了 13 个品种，包括国家审定品种 6 个，年种植面积 500 万亩以上的 6 个；育成品种至 1996 年累计推广 3.09 亿亩，增产小麦 107.52 亿 kg，经济效益达 50.41 亿元；'鲁麦 15''豫麦 21'等品种还荣获国家科学技术进步奖二等奖。

表 8-9　含有'矮孟牛'血缘的小麦品种

品种	选育单位	品种	选育单位
鲁麦 1 号	山东农业大学	周麦 13	河南省周口农业科学研究所
鲁麦 5 号	山东农业大学	周麦 16	河南省周口农业科学研究所
鲁麦 11	山东农业大学	周麦 18	河南省周口农业科学院
鲁麦 15	山东农业大学	周麦 22	河南省周口农业科学院
鲁麦 23	胜利油田马坊农场	周麦 23	河南省周口农业科学院
鲁 215953	山东农业大学	中育 9 号	中国农业科学院棉花研究所
济南 16	山东省农业科学院作物研究所	豫麦 67	河南省郑州农业科学研究所
豫麦 21	河南省周口农业科学研究所	金铎 1 号	山东省巨野县科学技术委员会

---

① 1 斤＝0.5kg

续表

品种	选育单位	品种	选育单位
豫麦 34	河南省郑州农业科学研究所	菏麦 13	山东省菏泽农业科学研究所
皖麦 15	安徽省涡阳农业科学研究所	山农 664	山东农业大学
皖麦 36	安徽省萧县农业科学研究所	山农优麦 2 号	山东农业大学
济核 02	山东省农业科学院作物研究所	山农优麦 3 号	山东农业大学
徐州 24	江苏省徐州农业科学研究所	泰山 23	山东省泰安农业科学研究所
小偃 22	中国科学院西北植物研究所	临麦 2 号	山东省临沂农业科学研究所

利用'矮孟牛'不仅育成了一批小麦新品种,还育成了众多小麦新品系、新种质。据不完全统计,截至 1996 年,国内 20 余个育种单位利用'矮孟牛'育成优良小麦新品系 78 个,参加各类区域试验;97 份小麦新种质被编入《中国小麦遗传资源目录》;87 份小麦新种质被收入国家长期种质库保存。通过不同地区利用不同基因型进行补充血缘、增加优良基因,'矮孟牛'得以不断改良、提高,促进了其在小麦育种中发挥更大的作用。

四、经验与启示

小麦优异种质的创造、评价和利用是实现小麦育种突破的关键。'矮孟牛'含有四大洲 9 个国家的小麦背景,遗传基础丰富,涉及两次染色体易位,有利基因多,配合力高,优良性状遗传传递能力强,将矮秆与多抗、高产、熟期适中等难以结合的目标性状融为一体,解决了矮秆与晚熟、早衰、多病、低产等性状连锁的难题,这是其作为亲本育成众多小麦新品种的原因所在。因此,育种要有突破,优异种质创新是前提和基础。

抓住主要矛盾、突出重点攻关是优异种质创新成功的关键。课题组紧紧抓住高产、稳产新品种选育所需种质的主要矛盾,从突出解决矮秆与多抗、高产、熟期适中等优异目标性状难以结合的矛盾入手,在'矮孟牛'创造的整个过程中,对每个环节均突出重点攻关。当时利用'牛朱特'组配了 5 个包含矮源、抗源和丰产源在内的杂交组合,根据 F_1 表现,确定了'矮丰 3 号'×('孟县 201'×'牛朱特')这个重点组合,扩大群体,集中精力选育新种质。

根据育种目标,创新技术路线是优异种质创造和利用成功的保证。'牛朱特'优异性状突出,但缺点也十分明显,如植株较高、成熟极晚,令众多单位望而生畏。山东农业大学多措并举,克服了交配难关,以偏材和良材创造了优材。同时,采用"大群体类型优选法"处理杂种后代,兼具系谱法和混合法的优点,克服了上述缺点。在'矮孟牛'利用过程中,确定'矮孟牛'×'山农辐 66'为重点组合后,勇于在 F_2 进行温室加代,F_3 到青海异地加代,F_4 回到当地大田选择,部分甚至连续加代到 F_6 才在大田进行选择,大大加速了育种进程。

完善育种工作体系,是提高育种成效的保障。'矮孟牛'在基本定型时,便广泛组配,测定配合力,在确定重点种质类型的同时,也组配了育种组合,"测用结合"加速了种质的有效利用。在"种质创新—品种选育—试验示范—繁育推广"的各个环节,采取边试验、边示范、边繁育、边推广的"四边"措施,与相关种子部门和农机部门协作,建立"育、繁、推"联合体,快速有效地将新品种转化为生产力。

第四节　小麦远缘杂交与'小偃6号'小麦品种的选育

李振声院士由于系统研究了小麦与偃麦草远缘杂交，并育成了在小麦生产中发挥了重要作用的'小偃6号'等高产、抗病、优质'小偃'系列品种，于2006年获得国家最高科学技术奖。'小偃6号'的选育是小麦和长穗偃麦草远缘杂交的成功范例。'小偃6号'已成为我国小麦育种的重要骨干亲本，其衍生品种有50余个，累计推广面积3亿多亩。

一、小麦远缘杂交在小麦遗传改良中的作用

根据考古学、植物分类学、细胞遗传学和小麦育种学的综合分析和实验，人类已经发现，现今种植的普通小麦的进化过程是通过两次远缘杂交、远缘杂种染色体自然加倍、自然变异和人工选择而逐渐形成的。

1. 研究物种形成、进化及亲缘关系　掌握了小麦的形成和进化规律后，就可以通过远缘杂交，突破种、属界限，充分利用现有种质资源，重演小麦进化过程（图8-8）。也可以把不同种属的优良特征特性结合起来，人工合成前所未有的新物种、新类型，加速物种的进化（李家洋，2007）。

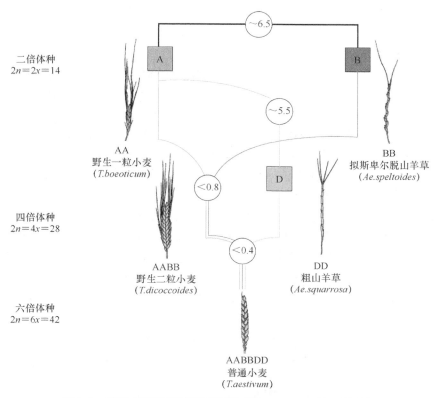

图 8-8　普通小麦进化过程示意图（Marcussen et al.，2014）

2. 利用外源基因丰富小麦育种的遗传基础　小麦的近缘野生种，由于长期自然

选择，对外界不良环境条件有很强的适应性与抗性。通过远缘杂交，可以将小麦近缘野生种中的优良基因转移到栽培小麦中，改良栽培小麦的遗传基础，使其获得抗病、抗虫、抗旱、抗倒伏等抗逆性。

在小麦种间杂交中，部分同源染色体配对与重组转移外源基因，在小麦抗病育种中起了非常重要的作用。小麦已正式命名的抗白粉病基因中有 5 个来自其近缘种属黑麦、野生二粒小麦、簇毛麦和山羊草等；抗条锈病基因中有 24 个来自其近缘种属，涉及野生二粒小麦、圆锥小麦、硬粒小麦、黑麦、山羊草属和偃麦草属等物种。迄今为止，从异源种属中导入普通小麦中的基因，以抗病基因为最多，育种成效也最大（李家洋，2007；李晴祺，1998；李振声，1985）。

3. 创造小麦及其近缘物种的异附加系、异代换系和易位系　　通过小麦远缘杂交，可以将小麦近缘种属的部分或单个染色体，或染色体片段转移到普通小麦中，创造出普通小麦-小麦近缘种属的异附加系、异代换系和易位系等中间材料，用以改良现有小麦品种。利用这些中间材料可以将人们需要的个别染色体或染色体片段控制的优良性状转移到普通小麦品种中去，同时避免了外源物种其他染色体或染色体片段上控制的不良性状的影响，选育出带有外源优良性状的新种质或新品种（李晴祺，1998；李振声，1985）。

异附加系是指在某物种染色体组的基础上，增加一对或二对其他物种的染色体，形成一个具有另一物种某些特性的新类型。小麦与其近缘物种的整套异附加系是研究小麦起源和进化、染色体组亲缘关系、基因功能的重要遗传材料，也是培育小麦异代换系、易位系和新品种的中间材料。

异代换系是指某物种的一对或几对染色体被另一物种的一对或几对染色体所取代而成的新类型。在小麦遗传改良中，异代换系是人工获得易位系的主要来源，也是研究小麦近缘物种某一染色体功能的重要材料，如携带黑麦毛颈性状的小麦-黑麦 5R（5A）异代换系、携带抗病性状的小麦-黑麦 1R（1B）异代换系等。除此之外，还有普通小麦-冰草、普通小麦-中间偃麦草、普通小麦-滨麦草、普通小麦-华山新麦草、普通小麦-簇毛麦等异代换系。

易位系是指某物种的一段染色体和另一物种的相应染色体片段发生交换后，基因连锁群也随之发生改变而产生的新类型。利用染色体易位可以将携带有益基因的外源染色体小片段转移给栽培品种，选育出更多的优良新品种。创制易位系，特别是携带目的基因的小片段易位系，是远缘杂交育种中最重要的部分，也是培育远缘杂交品种最关键的部分。除此之外，系列易位系的选育还是研究染色体片段遗传效应、克隆外源有利基因的重要材料。目前生产上推广的小麦品种大部分与易位系有关，如携带抗病基因 *Pm18*、*Lr19*、*Sr31*、*Yr9* 的普通小麦-黑麦 1RS·1BL 易位系、携带抗白粉病基因 *Pm21* 的普通小麦-簇毛麦 T6VS·6AL 易位系、携带抗叶锈病基因 *Lr9* 的普通小麦-小伞山羊草小片段易位系 T6BS·6BL-6UL 等，大大缓解了抗病育种中抗源不足的困难，在小麦生产中发挥了重要作用（李家洋，2007；李晴祺，1998；李振声，1985；钟冠昌，2002；云锦凤，2014）。

二、'小偃'系列小麦品种的选育

李振声院士及其科研团队系统研究了小麦与偃麦草远缘杂交，并选育了'小偃'系列小麦品种，其中的'小偃 4 号''小偃 5 号''小偃 6 号'等高产、抗病、优质小麦品种在小麦生产中发挥了重要作用。

（一）小麦与偃麦草远缘杂交

1．小麦族　　小麦族（Triticeae）是禾本科（*Gramineae*）植物中最重要的一大类群，全世界约有 20 属 325 种，包括普通小麦（*Triticum aestivum*）、大麦（*Hordeum vulgare*）、黑麦（*Secale cereale*）以及具有重要生态价值的多年生植物。其中多年生牧草约占小麦族植物的 3/4，广泛分布于欧亚大陆的温带和寒温带地区，成为天然草地的构成成分。小麦族中的很多种类既是优良的饲用植物、人工栽培牧草，又是重要的水土保持植物，具有抗旱、耐寒、抗病虫害、耐盐碱、耐瘠薄等优异的特性，是禾本科牧草及麦类作物品种改良的种质基因库。因此，开展普通小麦与小麦族多年生牧草的远缘杂交研究，选育抗逆、优质新品种均具有重要意义。

2．长穗偃麦草　　长穗偃麦草（*Thinopyrum ponticum*）为多年生植物。长穗偃麦草再生能力强、分蘖多、根系强大，具有短地下茎，能够储藏丰富养分；抗寒、抗旱能力强；抗病性强，对小麦叶锈病、秆锈病、白粉病、条纹花叶病和腥黑穗病等免疫；对条锈病免疫至高抗；对赤霉病有较强的抵抗能力；未发现小麦叶枯病；株高 1.5～2m，茎秆粗壮，基部实心，抗倒伏能力很强；穗长 30cm 左右，在良好的栽培条件下，穗长可达 40～50cm，每穗小穗数为 30 个左右，每小穗小花数 3～10 个，每穗结实粒数 100 粒左右；种子与内外颖黏着，千粒重 4g 左右；其中许多特性小麦没有，而它又可与小麦杂交，因此成为小麦育种的重要亲本，也是小麦抗病育种的重要抗源之一（李晴祺，1998；云锦凤，2014）。

长穗偃麦草有三种类型，即二倍体（$2n=14$）、四倍体（$2n=28$）和十倍体（$2n=70$）。远缘杂交育种中使用的主要是十倍体长穗偃麦草，染色体组成为 BBEEEEFFFF。

3．小麦与偃麦草远缘杂交历史　　苏联 H. B. 齐津院士首次在小麦与偃麦草（又称冰草）杂交中取得成功，曾育成了小麦-冰草杂种‘599’和‘186’等新品种，在小麦远缘杂交的理论与实践方面做出了卓越贡献。在其指导下，A. C. 阿尔吉莫娃和 A. B. 稚科夫烈夫育成了一些春小麦、冬小麦的小麦-冰草杂种。

其他国家的科学家在小麦和偃麦草杂交方面也做了不少工作，如美国在小麦抗锈病育种方面、加拿大在牧草育种方面、印度在瘠薄地小麦育种方面，都取得一定成果。

在国内，关于小麦和偃麦草杂交的研究是在新中国成立后学习苏联先进经验基础上开展的（李晴祺，1998）。

4．‘小偃麦’育种研究背景与目标　　1951～1956 年，李振声院士在北京工作期间曾经收集、种植过 800 多种牧草，主要用于改良土壤研究。1956 年，李振声院士调入位于陕西关中小麦主产区的杨凌。当时，生产上的主要问题是小麦条锈病大流行。条锈病生理小种条中 1 号的出现，导致我国黄淮和北方冬麦区以‘碧蚂 1 号’为代表的多数小麦品种丧失抗锈性，造成小麦严重减产。

据 25 个国家统计，小麦条锈病病菌平均 5.5 年出现一个新的毒性更强的生理小种。而育成一个小麦新品种至少需要 8 年时间。所以，小麦育种面临的困难是新品种选育速度赶不上病菌变异速度。在这种情况下，李振声院士考虑到在禾本科牧草中有丰富的抗源，提出了通过远缘杂交，将牧草中的抗病基因转移给小麦，选育具有持久抗病性小麦品种的设想。这个设想得到了植物病理学家李振岐、植物学家闻洪汉的支持，于是，李振声院士团队于 1956 年开始了小麦远缘杂交研究（李晴祺，1998）。

（二）新物种 '小偃麦' 的创制

1. 小麦与野生远缘植物的试探性杂交与筛选　　1956 年起，李振声团队首先以小麦与若干野生远缘亲本植物进行了试探性杂交与筛选。他们选择了 6 属的 12 个物种的植物与小麦进行杂交，其中有三个物种获得成功，均为偃麦草属，即长穗偃麦草、天蓝偃麦草和茸毛偃麦草。他们对这三类杂种进行了各种性状的观察和综合评价，其中以小麦与长穗偃麦草杂种最优，不仅抗病性强，而且许多性状都有明显的杂种优势。因此选定以小麦与长穗偃麦草杂种为主攻对象，进行了系统的研究。

2. 小麦远缘杂交中三大困难的克服　　小麦与长穗偃麦草杂交中有三大困难。①长穗偃麦草开花期比小麦晚一个多月，两者花期不遇。前期试验已证明长穗偃麦草是长日照植物，故采用了夜间补充光照，给予 18～24h 长光照处理，促使其提前开花；同时，将小麦亲本分期播种，延长其开花期，使两者花期相遇，就可进行人工杂交了。在杂交授粉时，采用重复授粉可提高杂交结实率。②杂种不育。小麦与长穗偃麦草的杂种后代多数是雄花败育或雌雄败育的。通过对杂种逐一检查，选择雌蕊发育比较正常的杂种，用小麦的正常花粉对它进行回交，克服了杂种不育，获得了一定数量的一次回交一代（BC_1F_1）种子。③杂种疯狂分离。疯狂分离是指没有规律的分离。比如说，选择了一株性状优良的杂种，而其后代分离的性状却多式多样了。经过对这类杂种的表型和其细胞学行为相结合的观察，发现主要是杂种含有较多单价染色体，在其花粉母细胞减数分裂时单价染色体随机分配的结果。通过采取连续优中选优，就会使不配对的单价染色体被甩掉，剩下能正常配对的染色体，杂种性状就稳定了（李晴祺，1998；钟冠昌，2002；云锦凤，2014）。

3. 小麦与长穗偃麦草杂交程序　　李振声院士团队根据多年的育种实践，总结了普通小麦与长穗偃麦草的杂交育种程序：[（普通小麦×长穗偃麦草）×普通小麦]×普通小麦。

第一步：普通小麦×长穗偃麦草

普通小麦（AABBDD）与长穗偃麦草（BBEEEEFFFF）杂交，获得杂种一代（F_1）。F_1 非常像长穗偃麦草，穗型、外颖、种子等均为长穗偃麦草性状，生育期等性状也是中间偏向长穗偃麦草类型。由于 F_1 染色体组型为 BBEEFFAD（图 8-9），故杂种 F_1 表现长穗偃麦草性状，占绝对优势。为了选育具有某些偃麦草优良特性的小麦新类型或新品种，继续用普通小麦与 F_1 回交，以加强小麦的遗传基础和特性。

第二步：（普通小麦×长穗偃麦草）×普通小麦

用普通小麦与 F_1 回交，获得一次回交一代杂种（BC_1F_1）。BC_1F_1 的普通小麦特性明显增强了。在 BC_1F_1 中，可能得到 4 种整倍性的染色体组型：BBEFAD、AABBEFD、BBDDEFA 和 AABBDDEF（图 8-9）。其中 BBEFAD 只有一组同源染色体能正常配对，基本不能发育；AABBEFD 和 BBDDEFA 分别只有两组同源染色体能正常配对，发育不够正常，结实率很低；AABBDDEF 具有三组同源染色体能正常配对，植株发育正常，且能部分结实。由于 AABBDDEF 具有普通小麦的三组能正常配对的染色体，小麦的特性占了优势，在育种中具有重要价值。但在 BC_1F_1 中，具有 AABBDDEF

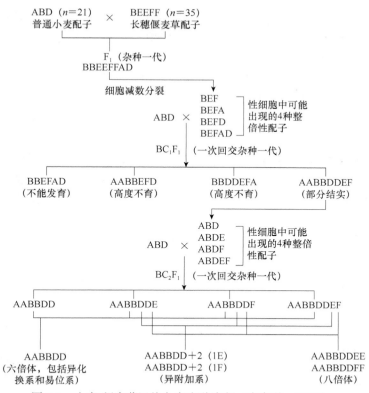

图 8-9 小麦-偃麦草远缘杂交育种流程（李家洋，2007）

染色体组型的杂种出现概率较低，因此第一次回交的数量要大，在较大的杂种群体中，才能选出这种在育种上具有重要价值的单株。AABBDDEF 的主要特征有两点：一是外部形态为中间偏小麦类型或中间型；二是有部分结实能力。

第三步：[（普通小麦×长穗偃麦草）×普通小麦]×普通小麦

用普通小麦对 BC_1F_1 回交，得到二次回交一代杂种（BC_2F_1）。BC_2F_1 的特性更像普通小麦了。在 BC_2F_1 中，可能得到 4 种整倍性的染色体组型：AABBDD、AABBDDE、AABBDDF 和 AABBDDEF（图 8-9）。其中最有价值的是 AABBDDE 和 AABBDDF，它们将偃麦草的两个染色体组分离出来，并与普通小麦染色体组结合起来。AABBDDE 和 AABBDDF 通过自交，即可得到纯合的 AABBDDEE 和 AABBDDFF '八倍体小偃麦'（不完全异源双二倍体）。此外，还可以通过染色体的附加、代换、易位等方式形成普通小麦-偃麦草的异附加系、异代换系和易位系等各种新类型和普通小麦新品种（李晴祺，1998）。

4．新物种'八倍体小偃麦'的创制与利用　　通过图 8-9 的杂交程序创造的 AABBDDEE 和 AABBDDFF '八倍体小偃麦'的染色体数为 $2n=56$，其花粉母细胞有 28 个正常配对的二价染色体。'八倍体小偃麦'具有许多普通小麦所不具有的优良特性。有的具有大穗特性，有的具有分枝大穗特性，还有的具有抗多种病害的特性，这些优良性状都是小麦育种的主要目标性状。但'八倍体小偃麦'有茎秆较高，易倒伏；结实率低、籽粒不饱满；外壳不易剥离、面粉质量不太好等缺点，所以'八倍体小偃麦'可以作为小麦育种的亲本材料对小麦进行遗传改良。

　　'八倍体小偃麦'最重要的作用在于将长穗偃麦草中带有优良基因的两组异源染色体（EE 和 FF）分离开来，与小麦染色体组 AABBDD 融为一体，形成两个稳定的人工合成新物种。'八倍体小偃麦'是培育小麦-长穗偃麦草异附加系、异代换系和易位系等的好材料。为研究长穗偃麦草中抗病基因与抗逆基因的定位与利用提供了简易、稳定、易利用的原始材料（庄巧生，2003）。

　　（三）'小偃 6 号'品种的选育与推广

　　1.'小偃 6 号'系谱分析　　在小麦育种中，亲本的选配至关重要。从'小偃 6 号'的系谱可以看出（图 8-10），'小偃 6 号'继承了国内多个小麦地方品种和国外资源的优良基因，包括'碧玉麦''中农 28''西农 6028''St2422/464'等。

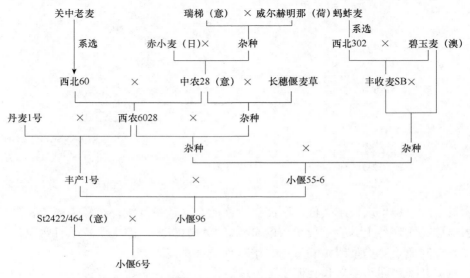

图 8-10　'小偃 6 号'品种系谱（李家洋，2007）

　　'碧玉麦'引自澳大利亚，茎秆粗壮、抗倒伏、粒大、外观品质极好、抗条锈病，20 世纪 50 年代前，在河南（南部）等省种植多年。

　　'中农 28'引自意大利，植株较矮、秆硬、抗倒伏、穗大多花、结实性好，对条锈病高抗至免疫，较抗吸浆虫，20 世纪 60 年代前，是四川等地种植多年的品种。

　　'西农 6028'是以'西北 60''中农 28'为亲本选育的品种。'西农 6028'综合两个亲本的优点，穗大、丰产性好；株高和茎秆强度属于中间型；可抗锈病与吸浆虫。但其籽粒品质稍差。'西农 6028'种植面积较广，同时也是很好的杂交亲本。

　　'St2422/464'是 1965 年引自意大利的品种，矮秆、抗倒伏、穗较多、穗头长方形、码密多花，除对条锈病免疫之外，对叶锈病、秆锈病也有一定的抵抗能力。但成熟较晚，熟相不够好。该品种具有许多突出优点，被广泛用作杂交亲本。'小偃 6 号'育种过程中，也因这些优点将其选为杂交亲本（庄巧生，2003）。

　　2.'小偃 6 号'的选育过程　　'小偃 6 号'是以易位系'小偃 96'为亲本，与'St2422/464'小麦杂交后选育成的小麦品种。

　　'小偃 96'是由普通小麦与长穗偃麦草远缘杂交中选择出的'小偃 55-6''丰产 1号'杂交选择出的优良材料。'小偃 55-6'的选择颇为特殊：1964 年，小麦成熟前 40d 连续的阴雨，到 6 月 14 日天气突然暴晴，一天的时间让几乎所有的小麦、小麦与长穗偃麦草远缘杂交后代材料青干死亡，只有 1 个株系生长正常，穗子仍保持金黄色，且籽粒饱满，但植株较高，其他性状一般。从熟相看，这个株系是一个非常难得的好材料，它具有耐强光、高温和干热风等特点，最终被命名为'小偃 55-6'。用它与'丰产 1号'杂交育成了'小偃 96'。虽然'小偃 96'继承了'小偃 55-6'的主要优点，但因其成熟时口松落粒，未得到推广。

　　通过对'小偃 96''St2422/464'杂交后代的选择，发现到 F_5 仍有育性不稳定的问题。于是用红宝石激光对杂交后代进行处理，轻微改变了染色体结构，使其育性稳定。继续对杂交后代进行选择，到 F_7 出现一株特优单株。对这一单株采取破格处理，直接升入品种比较试验。结果发现，这一单株的后代株系整齐一致。又经过一年多点试验和两年省区域试验，均增产显著。1981 年 3 月通过陕西省农作物品种审定委员会审定，定名为'小偃 6 号'（图 8-11）（李晴祺，1998）。

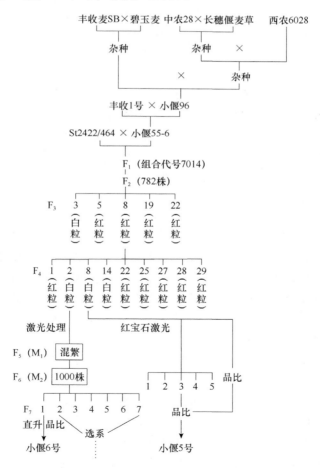

图 8-11　'小偃 5 号''小偃 6 号'育种流程（李家洋，2007）

3. '小偃 6 号'的特点　在小偃系列品种中，'小偃 6 号'表现最为突出。其幼苗匍匐，叶色深绿，株高较矮抗倒伏，叶片较小且挺直，穗纺锤形，白壳，白粒，籽粒饱满。更重要的是'小偃 6 号'具有较强的和较长时间的抗条锈病能力。'小偃 6 号'育成后，在陕西关中地区作为骨干品种种植了 16 年。

'小偃 6 号'抗病性属于慢锈型，感病后的严重度较低，粒重损失少，无小种专化型，因此，能抵御我国北方 20 世纪 80 年代和 90 年代存在的所有条锈病生理小种，说明其具有较持久和广谱的抗病能力。'小偃 6 号'还具有很好的抗旱性与抗干热风能力。在陕西关中地区，部分地区水资源严重缺乏，无法供给灌溉。但'小偃 6 号'仍可保持 300kg/亩以上的产量，这与其根系发达和冠层温度较低等优良性状有关。抗干热风能力与'小偃 55-6'亲本的抗强光胁迫能力有关，其能在高强光下大幅度提升有关酶的活性，从而大幅度加速叶黄素循环对过多光能的耗散过程。综合以上两点和其自身高产性状，使'小偃 6 号'具有很好的丰产性和稳产性（主要原因是抗病性好、抗逆性强、适应性广、产量构成三要素协调等）。'小偃 6 号'还具有优良的面粉品质，用它制作的面包、面条、馒头均表现优良，非常适合我国广大人民生活的需求（李晴祺，1998；庄巧生，2003）。

综上所述，'小偃 6 号'成了陕西省骨干小麦品种，持续种植 16 年以上。到 1985年，推广面积达 603 万亩。到 20 世纪 80 年代末，累计推广面积为 1.2 亿亩，增产粮食 60 亿斤，年最大推广面积超过 66.6 万 hm^2，至 20 世纪 90 年代后期，在关中地区仍有一定的推广面积。

4. '小偃 6 号'在小麦育种中的应用　由于'小偃 6 号'具有上述许多优良特性，被陕西、河南、河北、山东、安徽、江苏和北京等省市的小麦育种家用作小麦育种的亲本。用它作为骨干亲本或直接系统育成的大面积推广品种有'小偃 22''郑麦 9023''PH82-2-2''陕优 225'等（图 8-12），其中'郑麦 9023'累计推广面积达 1 亿多亩，成为我国推广面积最大的小麦品种之一（庄巧生，2003）。

三、'小偃 6 号'选育的案例分析

1. 细致的观察和珍贵的一手资料　1951～1956 年，李振声院士在中国科学院北京遗传选种实验馆栽培组从事牧草改良土壤研究，负责牧草种质资源的收集、种植与生物学物性观察。他对 800 多种牧草进行了较为深入的观察与研究，获得了珍贵的一手资料，发现小麦族中大量牧草的抗病性很好。提出了通过远缘杂交，将牧草中的抗病基因转移给小麦，选育具有持久抗病性小麦品种的设想。这为他在'小偃 6 号'培育过程中的育种思路和亲本选配做了很好的铺垫。

2. 野生亲本的筛选与小麦亲本的选配　在 20 世纪 50 年代的条件下，有必要对育种材料进行广泛测交，选定合适的远缘杂交亲本。进行远缘杂交初期，李振声院士团队主要是利用野生禾本科草与各种小麦进行属间杂交，共用了 6 个属 12 个种及几个不同的类型，包括鹅观草、冰草、沙生冰草、天蓝偃麦草、长穗偃麦草等。根据广泛测交与杂种表现，确定将长穗偃麦草作为主要杂交亲本。之后多配一些不同类型小麦的杂交组合非常重要。他们的研究结果表明，普通小麦、密穗小麦、硬粒小麦、圆锥分枝小麦与长穗偃麦草的杂交结实率差异很大（最低为 0.35%，最高为 76.92%）。在普通小麦与

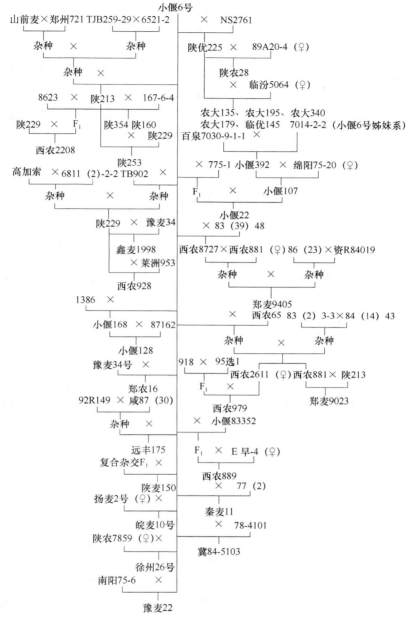

图 8-12 '小偃 6 号'衍生品种系谱图（李家洋，2007）

　　长穗偃麦草的远缘杂交中，多选一些普通小麦品种为亲本进行杂交，可以选出适宜与长穗偃麦草杂交的亲本。

　　在进行杂交时，分析杂交亲本的系谱也很重要。通过分析'小偃 6 号'的系谱，可以发现，'小偃 6 号'中既有我国关中地方品种'蚂蚱麦'的遗传成分，也有欧洲小麦（意大利的'中农 28'和'St2422/464'）和美国的'碧玉麦'等的血统，遗传基础广泛，适应性较广。

3．杂交后代的选择与细胞学鉴定相结合　长穗偃麦草（$2n=70$）含有 3 个来源不同的染色体组（*BBEEEEFFFF*）。对于长穗偃麦草和小麦的亲缘关系，在当时有两种不同的说法。一种说法认为长穗偃麦草的 *B*、*E* 和 *F* 染色体组与小麦的 *A*、*B* 和 *D* 染色体组有一定的同源性；另一种说法认为 *E* 和 *F* 染色体组与小麦染色体组不同源。李振声院士团队从自己的育种实践和细胞遗传学分析，支持后一种说法。因此，他们扩大了第一次回交一代群体，在 BC_1F_1 群体中，特别注意选择中间偏小麦、兼有偃麦草优良性状的植株。这些植株经过细胞学鉴定，就有可能是八倍体（*AABBDDEE*、*AABBDDFF* 或 *AABBDDEF*）杂种。对这类杂种进行第二、三次回交后，即可获得异附加系、异代换系和易位系。

杂交后代种植的环境条件是对其进行鉴定和选择的重要因素。1964 年，小麦成熟前 40d 连续的阴雨和突然暴晴，为特殊材料的选择提供了很好的环境条件。李振声院士曾说：对杂种后代的鉴定与筛选，有时要靠机遇与细心的工作。

总之，无论做什么，科学的道路上没有捷径可走，需要脚踏实地工作。著名小麦育种家布劳格也曾说过："Well，you go to the field. You go to the field again，and then you go to the field. When the wheat plants start to talk to you，you know you have made it."

4．短期育种目标与长期育种目标相结合　高产、抗病、抗逆、优质是小麦育种的主要目标。20 世纪 50 年代，在育种水平较低和育种条件较差的情况下，李振声院士团队针对小麦生产中的主要问题：倒伏、抗病性差、产量不高等，开始了小麦与偃麦草远缘杂交研究，确定育种目标为培育大穗、抗倒、抗病的高产小麦品种。

在小麦与偃麦草远缘杂交育种过程中，对于回交后代，除选择具有育种目标性状的植株外，还从八倍体小偃麦中选育异附加系、异代换系和易位系，这样就在选育品种的同时创造一系列有育种价值的中间材料，为实现高产、抗病、抗逆、优质小麦品种的长期育种目标奠定了材料基础。

四、经验与启示

"小偃麦"系列育成后，李振声院士并没有停止脚步。自 20 世纪 80 年代末回到北京后，他的团队又育成了'小偃 81''小偃 60'等耐盐小麦良种，推动了"渤海粮仓"计划实施。同时利用八倍体小偃麦与小麦杂交，结合 γ 射线处理、荧光原位杂交鉴定以及南繁北育等措施，建立了一套快速选育易位系的新方法，现已创造出抗秆锈病Ug99、抗条锈病、抗白粉病、耐盐、耐旱等新的易位系，为我国小麦育种增添了新的种质资源。

粮食生产是一个永恒的主题。展望未来，小麦远缘杂交还有很大的潜力可以挖掘。在禾本科植物中，已有 5 属的植物（偃麦草属、黑麦草属、滨麦草属、山羊草属、簇毛麦属）32 物种与小麦杂交成功（李家洋，2007），这是可用于小麦改良的一个庞大的基因资源库。随着种质资源的深入研究，新基因的发掘及远缘杂交障碍的不断克服，将会实现更多物种或种质资源之间的基因交流，创造更为广泛的变异，达到种质资源的深度创新、杂交种的间接和直接利用的目标。

再进一步，将远缘杂交染色体工程育种与分子标记技术、基因编辑与蛋白质等各种组学、生物信息学等结合起来，运用于杂交亲本选配、杂种鉴定、功能基因定位和杂种筛选利用等方面，可使远缘杂交的基因转移更具有目的性、方向性和准确性，会有更多新的外源有益基因被发现、利用，并缩短育种进程，提高远缘杂交育种效率，道路宽广，前景光明。青年学子接过远缘杂交育种的接力棒，勇于创新、攻坚克难，必将创造出更加辉煌的成果，为我国的小麦增产和世界粮食的需求做出新贡献。

第五节　小麦-簇毛麦 6VS/6AL 易位系在小麦育种中的应用

在作物品种演化过程中，随着作物生产的集约化和现代化，栽培作物的遗传基础日趋狭窄。作物品种资源贫乏已经成为作物育种取得突破性进展的主要瓶颈。要使作物品种改良有突破性进展，迫切需要从古老栽培种、野生供体种和亲缘物种中搜集、发掘、转移具有突出潜在利用价值的基因资源。从具有与栽培作物品种相同染色体组的物种中转移目标基因，可以通过有性杂交、染色体交换和基因重组来实现。从亲缘关系稍远的携有部分同源染色体组的亲缘物种中转移目标基因，需通过采用远缘杂交（有性或无性）、染色体操作等方法创造双倍体、异附加系、异代换系和易位系的途径来实现。由于外源染色体与受体染色体在通常情况下不发生配对、交换和重组，整条外源染色体的导入不可避免地会带入一些不利的多余基因，因此异附加系和异代换系在作物育种中难于直接利用。选育和应用携有亲缘种属突出优异基因的小麦与亲缘种属的染色体易位系（尤其是小片段易位系），是作物育种取得突破性进展的有效途径。

簇毛麦是原产地中海沿岸的小麦亲缘植物（*Haynaldia villosa*，*Dasypyrum villosum*，$2n=14$，染色体组 VV），具有抗锈病、白粉病、黄花叶病毒病、全蚀病、眼斑病等特性，还具有耐寒、耐旱、籽粒蛋白质含量高等优良性状。南京农业大学刘大钧、陈佩度等自 20 世纪 70 年代中期开始开展了将簇毛麦优异种质转入普通小麦的研究，获得了四倍体小麦和六倍体小麦分别与簇毛麦杂交的远缘杂种及由不减数雌、雄配子融合产生的硬粒小麦-簇毛麦双二倍体，并将簇毛麦的抗白粉病基因定位在 6V 染色体短臂上。

在获得抗白粉病的硬粒小麦-簇毛麦双二倍体、异附加系和异代换系的基础上，南京农业大学陈佩度等以 6V 二体异附加系和 6V（6A）二体异代换系与农艺性状较好的普通小麦杂交，获得分别为单体异附加系和单体异代换系的 F_1，将含有单个整条 6V 染色体的株系再进行辐射处理，诱导簇毛麦与小麦染色体之间易位。1991 年，从 M_3 中选出了数十个抗白粉病株系；1992 年，以簇毛麦基因组 DNA 为探针，进行分子原位杂交，从中鉴定出抗白粉病的 6VS/6AL 整臂易位系（当年编号分别为 '92R89' '92R90' '92R137' '92R139' '92R141' '92R143' '92R149' '92R171' '92R178' 等，它们均含有一对 6VS/6AL 易位染色体，在株高、穗子大小等农艺性状上略有差异）。经四川省农业科学院植物保护所、西北农林科技大学和中国农业科学研究院植物保护所等单位连续多年鉴定，'92R' 系列小麦-簇毛麦 6VS/6AL 易位系不仅高抗白粉病，而且高抗条锈病。经进一步研究发现，抗条锈病基因与抗白粉病基因不连锁，来自簇毛麦的抗白粉病基因（*Pm21*）位于易位染色体 6V 短臂中部，抗条锈病基因（*Yr26*）位于 1B 染色体近着丝粒处，推测抗条锈病基因来自与簇毛麦杂交的原初四倍体小麦亲本圆锥小麦'γ-80-1'。自 1993 年起，这批'92R'系列小麦-簇毛麦 6VS/6AL 易位系被国内 50 多个小麦育种单位利用，选育了包括'南农 9918''扬麦 18''内麦 8 号''内麦 9 号''内麦 10 号''内麦 11''内麦 836''内麦 316''蜀麦 375''蜀麦 482''川麦 54''石麦 14''石麦 15''金禾 9123''中育 9 号''远丰 175''中梁 29 号''兰天 17 号''兰天 24 号''云麦 52''云杂 5 号'在内的 30 多个抗白粉病小麦品种（部分品种系谱和审定年份见表 8-10）。

表 8-10　以小麦-簇毛麦 6VS/6AL 易位系作亲本已通过审定的品种

品种名称	选育单位	审定年份	审定编号	系谱
南农 9918	南京农业大学	2002	苏审麦 200204	（扬 158×92R137）×扬 158
扬麦 18	江苏省里下河地区农业科学研究所	2008	皖麦 2008001	宁麦 9 号×［扬 158×（88-128
		2009	苏审麦 200901	×南农 P045)]
石麦 14	石家庄市农业科学研究院	2004	冀审麦 2004005 号	（石 4185×92R137）×石 4185[4]
石麦 15	石家庄市农业科学研究院	2005	冀审麦 2005003 号	（冀麦 38×92R137）×冀麦 38[4]
		2007	冀审麦 2007009 号	
		2007	国审麦 2007017	
			国审麦 2009025	
金禾 9123	河北省农林科学院	2008	国审麦 2008012	（石 4185×92R137）×石 4185[5]
中育 9 号	中国农业科学院棉花研究所	2004	豫审麦 2004020 号	豫麦 21×92R139
远丰 175	西北农林科技大学	2005	陕审麦 2005006	［92R149×咸 87（30）］ ×小偃 6 号
内麦 8 号	四川省内江市农业科学研究所	2003	川审麦 2003 003	绵阳 26×92R178
内麦 9 号	四川省内江市农业科学研究所	2004	川审麦 2004 005	绵阳 26×92R178
		2006	国审麦 2006001	
内麦 10 号	四川省内江市农业科学研究所	2004	川审麦 2004 008	绵阳 26×92R178
内麦 11	四川省内江市农业科学研究所	2007	川审麦 2007 002	品 5×94-7
内麦 836	四川省内江市农业科学研究所	2008	国审麦 2008001	5680×92R133
川麦 54	四川省农业科学院	2009	川审麦 2009 008	（92R171×98 间 335）×DH1523
蜀麦 375	四川农业大学	2007	川审麦 2007 005	（绵阳 93-7×94R141） ×绵阳 96-324
蜀麦 482	四川农业大学	2008	川审麦 2008 004	（绵阳 93-7×94R141） ×绵阳 96-324
云麦 52	云南省农业科学院	2007	滇审小麦 200704 号	92R149×963-11185
云杂 5 号	云南省农业科学院	2004	滇审小麦 200401 号	K78S×云麦 52
兰天 17 号	甘肃省天水农业学校	2005	甘审麦 2005011	92R137×兰天 6 号
兰天 24 号	兰州商学院小麦研究所	2009	甘审麦 2009014	92R137×87-121
中梁 29	甘肃省天水农业科学研究所	2009	甘审麦 2009013	92R137×938-4

　　分析这些品种的系谱和选育过程可以看出，大多数品种是通过将小麦-簇毛麦 6VS/6AL 易位系作亲本之一，与当地推广品种（如'石麦 4185''绵阳 26''扬麦

158'）杂交、再与其回交 1 次到多次，或者用 F₁ 再与另一个当地新品系或新品种杂交，经连续多年多点抗病性鉴定、综合农艺性状选择、产量和适应性试验选育出来的。为加速育种进程，普遍采用异地夏繁或温室加代、病害人工接种诱发鉴定后选抗病株回交、高代品系多年多点大群体鉴定等方法，因而选育的新品种（系）抗性突出、丰产性和适应性好。近年来，6VS/6AL 易位系抗白粉病基因 *Pm21* 被定位克隆，抗条锈病基因 *Yr26* 也被精细定位，开发了多个易位染色体或抗病基因特异分子标记，分子标记辅助育种被广泛应用加速了易位系及其衍生品种在育种中的利用。在育种实践中，育种家还发现，在以春性和弱冬性品种为主的长江中下游麦区、西南麦区，与当地品种（系）杂交、回交 1~2 代后或在三交的后代中，可选出兼抗白粉病、条锈病，且综合丰产性和适应性较好的品种（如‘内麦 8 号’‘内麦 9 号’‘内麦 10 号’‘内麦 11’‘南农 9918’‘扬麦 18’等）；但在生态类型差异较大的以冬性品种为主的黄淮冬麦区，常常需要与当地品种（系）杂交多次或回交多代才能选出适合当地的高抗、丰产、优质新品种（如‘石麦 14’‘石麦 15’‘全禾 9123’等）。

由于外源基因常以显性或上位性方式遗传，在回交选育过程中，只要严格选用抗病株回交，目标性状就不易丢失。云南省农业科学院在选出双抗高产品种‘云麦 52’后，还利用它作恢复系与温光敏型“两系”核不育系配制杂交小麦，选育出高产、多抗的“两系”杂交小麦‘云杂 5 号’。

6VS/6AL 易位是补偿性易位，在纯合的 6VS/6AL 易位系中，易位染色体稳定性较好，且传递力基本正常。但在它与正常普通小麦的杂种 F₁ 中（即杂合易位），含有易位染色体的雌、雄配子的传递率比不含外源染色体片段的正常雌、雄配子的传递率要低，因此在良种繁育和种子生产过程中，对表现感病的少数株系和植株要注意剔除，以保证外源抗性的稳定遗传和长时间利用。对 6VS/6AL 易位系在不同小麦背景中遗传效应研究发现，该易位染色体可以提高株高，增加粒重，对其他产量、品质性状无明显不利影响，在育种利用时，需要注重株高改良。

近年来，为更加快速、有效地利用小麦亲缘种属中的优异基因资源，进一步利用辐射、中国春 *ph1b* 突变体，创造了抗白粉病的外源小片段中间插入易位系，已经将它们与各生态麦区的主栽品种、骨干亲本、有苗头的新品系进行“滚动回交”，创制出了更便于各育种单位利用的“育种元件”，并已经发放给育种家利用。

主要参考文献

崔法，赵春华，鲍印广，等. 2010. 冬小麦种质矮孟牛第一部分同源群染色体遗传差异分析. 作物学报，36（9）：1450-1456.

胡延吉. 1991. 普通小麦‘矮孟牛’等的主要经济性状配合力分析. 山东农业大学学报，22（4）：361-368.

李家洋. 2007. 李振声论文选集. 北京：科学出版社.

李晴祺. 1998. 冬小麦种质创新与评价利用. 济南：山东科学技术出版社.

李晴祺，李安飞，包文翔，等. 2001. 冬小麦新种质‘矮孟牛’的创造及研究利用的进展. 21 世纪小麦遗传育种展望——小麦遗传育种国际学术讨论会文集：465-469.

李振声. 1985. 小麦远缘杂交. 北京：科学出版社.

刘庆昌. 2015. 遗传学. 北京：科学出版社.

陆懋曾. 2007. 山东小麦遗传改良. 北京：中国农业出版社.

孙其信. 2011. 作物育种学. 北京：高等教育出版社.

孙其信. 2016. 作物育种理论与案例分析. 北京：科学出版社.

孙其信. 2019. 作物育种学. 北京：中国农业大学出版社.

孙元枢. 2002. 中国小黑麦遗传育种研究与应用. 杭州：浙江科学技术出版社.

于海霞，肖静，田纪春. 2012. 小麦骨干亲本矮孟牛及其衍生后代遗传解析. 中国农业科学，45（2）：199-207.

云锦凤. 2014. 中国小麦族内多年生牧草远缘杂交研究. 北京：科学出版社.

张坤普，徐宏斌，田纪春. 2009. 小麦籽粒产量及穗部相关性状的 QTL 定位. 作物学报，35（2）：270-278.

张天真. 2003. 作物育种学概论. 北京：中国农业出版社.

赵春华，崔法，李君，等. 2011. 冬小麦种质‘矮孟牛’姊妹系遗传差异. 作物学报，37（8）：1333-1341.

钟冠昌. 2002. 麦类远缘杂交. 北京：科学出版社.

庄巧生. 2003. 中国小麦品种改良及系谱分析. 北京：中国农业出版社.

Huang X, Zhu M, Zhuang L, et al. 2018. Structural chromosome rearrangements and polymorphisms identified in Chinese wheat cultivars by high-resolution multiplex oligonucleotide FISH. Theoretical and Applied Genetics, 131: 1967-1986.

Kumar N, Kulwal PL, Balyan HS, et al. 2007. QTL mapping for yield and yield contributing traits in two mapping populations of bread wheat. Mol Breed, 19: 163-177.

Ma ZQ, Zhao DM, Zhang CQ, et al. 2007. Molecular genetic analysis of five spike-related traits in wheat using RIL and immortalized F_2 populations. Mol Genet Genomics, 277: 31-42.

Marcussen T, Sandve SR, Heier L, et al. 2014. Ancient hybridizations among the ancestral genomes of bread wheat. Science, 345: 6194.

Qi ZJ, Chen PD, Liu DJ, et al. 2004. A new secondary reciprocal translocation discovered in Chinese wheat. Euphytica, 137: 333-338.

Tsen CC. 1974. Triticale: First Manmade Cereal. Minnesota: American Association of Cereal Chemists.

第九章　分子生物学技术及其育种案例分析

分子生物学技术（molecular biotechnology）也称生物工程，是指应用生命科学研究成果，以人们意志来设计，对生物或生物的成分进行改造和利用的技术，包括基因工程、细胞工程、发酵工程和酶工程等。现代分子生物学技术已发展到多组学（multi-omics）芯片技术、基因与基因组人工设计与合成等系统生物技术。到目前为止，应用于作物育种的分子生物学技术主要有细胞工程、基因工程和分子标记辅助选择、基因组选择、基因编辑技术、合成生物学技术等。

第一节　分子生物学技术辅助育种的理论基础

无论是作物细胞工程，还是转基因工程或分子标记辅助选择，其在育种中的利用主要包括两个方面：一是可诱导作物发生遗传变异；二是可以从染色体水平或分子水平选择遗传变异。它们辅助育种的理论基础是创造新基因，或者是重组基因。

一、作物细胞工程辅助育种的理论基础

作物细胞工程是以作物组织和细胞培养技术为基础，以细胞为基本单位，在体外进行培养、繁殖或人为地使细胞某些生物学特征按人们的意愿生产某种物质的过程。主要包括单倍体培养技术、体细胞无性系变异技术、细胞融合（体细胞杂交）技术和染色体操作技术等。

作物体细胞在离体条件下，以及在离体培养之前，会发生各种遗传和不遗传的变异。在这些变异中，通常把可遗传的变异称为无性系变异。无性系变异已成为人们获得遗传变异的重要来源。

染色体数目变异是组织培养中比较常见的变异类型，可分为整倍性变异和非整倍性变异。多数情况下，体细胞再生植株具有正常的 $2n$ 染色体数。在水稻、大麦、烟草等作物的组织培养过程中，都获得过染色体数目不同的再生植株。在组织培养过程中发生染色体整倍性变异，为人工获得多倍体提供了新的途径。

染色体结构变异是组织培养中另一类比较常见的变异类型，包括染色体缺失、倒位、重复和异位。在普通小麦、一粒小麦等作物的组织培养中，都曾观察到过双着丝粒染色体、无着丝粒染色体、环状染色体，以及后期的染色体桥等染色体结构变异现象。

除染色体数目变异和结构变异外，组织培养过程中还存在着较高频率的基因突变。其中一类是在培养基中加入化学诱变剂产生的诱发突变，使得基因序列产生插入、缺失或者单碱基突变，甚至还可以产生基因表达水平的改变。

在离体培养中，细胞会产生各种类型的变异体，其中一种是抗性突变体，即通过细

胞筛选获得抗病、抗除草剂、耐盐、抗重金属等的突变体。除此之外，还有形态性状突变体，如矮化、胚乳缺陷、多分枝等，雄性不育突变体，产量和品质性状突变体等，下面仅介绍其中几种。

1．抗病突变体 利用病原菌分泌的毒素制作选择培养基，可以筛选出抗病突变体。近年来，国内外科学工作者在烟草、玉米、水稻、大麦、小麦、燕麦、马铃薯、油菜、番茄等作物中，用病原菌诱导产生的毒素筛选抗病突变体都已获得成功。

2．抗除草剂突变体 选择抗除草剂突变体的目的在于获得能抗某种除草剂的作物新品种。通过组织培养技术，已获得烟草抗磺酰脲类除草剂的突变体、小麦抗锈去津的突变体等。

3．耐盐突变体 在组织培养条件下进行耐盐细胞变异体的筛选开展得较早，也比较广泛，涉及的作物种类已达 40 余种。研究表明，多数变异体的耐盐性是生理适应的结果，仅有少数是真实遗传的突变体。到目前为止，获得的真实耐盐突变体主要包括耐盐烟草突变体、耐盐燕麦突变体、耐盐水稻突变体等。

4．雄性不育突变体 雄性不育在作物杂种优势利用中具有重要的价值，可以免去人工去雄，降低杂交种子的生产成本。到目前为止，在棉花、小麦、水稻等作物上，通过组织培养均有筛选出雄性不育株系的案例。此外，耐寒、耐热、耐旱等突变体的筛选在作物改良中也具有潜在的重要意义。

花培育种是组织培养在育种上应用的成功典范。我国利用花培育种技术已育成农作物新品种几十个，有的已在生产上大面积推广并发挥着重要的作用。例如，‘中花 8 号’‘中花 9 号’‘中花 10 号’‘中花 11 号’等 10 余个水稻品种，累计推广面积 90 多万 hm²；‘京花 1 号’‘花培 5 号’等 10 余个小麦花培品种，推广面积达 116 万 hm²；‘桂三 1 号’玉米花培杂交种、‘H090’花培油菜品系等也有较大的推广面积。

作物细胞工程因其在创造新基因型方面的独特作用，已成为传统育种的重要补充和发展。作物细胞工程技术与常规育种技术的有效结合在作物遗传改良上已显示出巨大的发展潜力。到目前为止，我国利用细胞工程技术育成的农作物新品种总数已超过 30 个。这些品种的推广应用为我国农业及粮食增产做出了积极贡献。特别是 1996 年以来，在水稻、小麦、玉米、油菜和大豆等作物上，借助细胞组织培养技术，育成了一批高产、优质品种，对我国的农业生产起到重要作用。

二、作物转基因技术

作物转基因技术是指利用现代植物基因工程技术将某些与作物高产、优质和抗逆性状相关的基因导入受体作物中，以培育出具有特定优良性状的新品种。其遗传原理主要为基因重组。近年来，随着分子生物学技术的迅猛发展，作物转基因育种已成为常规育种技术的有效补充。

自 20 世纪 80 年代初首例转基因作物诞生以来，作物转基因的研究和应用得到了迅猛发展，各种类型的转基因作物不断问世，一大批转基因作物已进入产业化生产阶段。自 1996 年转基因玉米在美国开始商业化种植，到 2018 年全球转基因作物的种植面积每年均以两位数的百分比稳步增长，2018 年达到 1.917 亿 hm²，较 1996 年增长了近 112 倍（新华社，2019）。

从全球转基因作物的种类来看，主要包括转基因大豆、玉米、棉花和油菜。这 4 种转基因作物的种植面积占转基因作物种植总面积的 99%以上，其中转基因大豆的种植面积最大。

从转基因作物的特性来看，耐除草剂转基因作物占的比例最大。2018 年，耐除草剂转基因大豆、玉米、油菜、棉花、甜菜和苜蓿的种植面积占全球转基因作物种植总面积的 47%；转基因抗虫作物的种植面积占转基因作物种植总面积的 12%（新华社，2019）。近年来，用于作为工业生产原料的转基因作物也有很大发展，如转基因玉米、大豆和油菜用于生产生物燃料等。

转基因作物日益明显的特点是复合性状，2018 年世界上种植的转双基因或多基因的转基因作物占转基因作物种植总面积的41%。

三、分子标记辅助选择育种

如何提高作物育种中选择的准确度和效率，是育种工作成败的关键。传统的育种选择主要依赖于对育种群体内植株个体或家系表现型的选择（phenotypical selection）。由于植株的表现型受基因型、环境条件、基因互作、基因型与环境互作等多种因素的影响，因此仅靠表现型鉴定植株性状有一定偏差，影响育种选择的效率。遗传标记是表示遗传多样性的有效手段，其种类和数量随着分子生物学和遗传学的发展而发展，尤其是分子标记的诞生和发展可以大幅提高选择效率，加速育种进程。

目前应用于分子标记辅助育种的主要有限制性内切酶片段长度多态性（restriction fragment length polymorphism，RFLP）、简单重复序列（simple sequence repeat，SSR）、扩增片段长度多态性（amplified fragment length polymorphism，AFLP）、序列标志位点（sequence-tagged site，STS）、表达序列标签（expressed sequence tag，EST）、单核苷酸多态性（single nucleotide polymorphism，SNP）等。

分子标记辅助选择育种的理论基础是分子标记与目标基因的连锁遗传。利用分子标记进行标记辅助育种（marker assisted selection，MAS）可以实现对目标性状基因型的直接选择，从而显著提高育种效率。

开展 MAS 育种，必须具备如下条件：①分子标记与目标基因共分离或紧密连锁，一般要求两者间的遗传距离小于 5cM。②具有在大群体中利用分子标记进行大规模检测和筛选的有效手段。③筛选技术在不同实验室间重复性好，且具有经济、易操作的特点。④应有实用化程度高并能协助育种家做出抉择的计算机数据处理软件。

MAS 不仅针对主基因有效，而且针对数量性状位点也有效；不仅针对异交作物有效，而且针对自花授粉作物也有效。常见的 MAS 育种方法有 MAS 回交育种、SLS-MAS 和 MAS 聚合育种等 3 种。

1. MAS 回交育种　　回交育种一般应用于将供体亲本（一般为地方品种、特异种质或育种中间材料等）中的有利基因（即目标基因）转移或渗入受体亲本（一般为优良品种或杂交种亲本）的遗传背景中，从而达到改良受体亲本个别性状的目的。在回交过程中，将供体亲本与受体亲本杂交，然后以受体亲本为轮回亲本进行多代回交，直到除来自供体亲本的目标基因之外基因组的其他部分全部来自受体亲本。

由单基因或寡基因等质量性状基因控制的农艺性状，利用 MAS，针对每一回交世代，筛选出含目标基因的优异单株、株系和品系，进一步将其培育成新品种。

在回交育种过程中，尤其是当野生种作供体时，尽管一些有利基因已成功导入，但同时带来一些与目标基因连锁的不利基因，成为连锁累赘。利用与目标基因紧密连锁的分子标记可直接选择在目标基因附近发生重组的个体，从而避免或显著减少了连锁累赘，加快了回交育种的进程。模拟结果显示，利用 MAS，通过二次回交所缩短的渗入区段在不用标记辅助时需 100 次回交才可达到同样效果（图 9-1）。

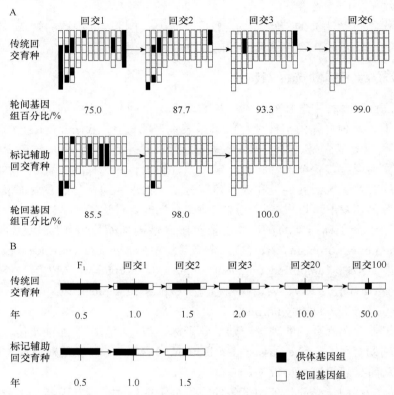

图 9-1 回交育种中传统方法与标记辅助选择效率的计算机模拟比较（张天真，2003）

A. 轮回亲本基因组在回交后代中的恢复速率；B. 轮回亲本基因组在目标基因邻近区域的恢复速率。回交后代的基因组组成用黑框和白框分别表示来自供体基因组和轮回基因组

2. SLS-MAS SLS-MAS（single largescale-MAS）的基本原理是在一个随机杂交的混合大群体中，保证中选的植株在目标位点纯合，而在目标位点以外的其他基因位点上保持较大的遗传多样性，最好仍呈孟德尔式分离。这样分子标记筛选后，仍有很大的遗传变异供育种家通过传统育种方法选择，产生新的品种和杂交种。这种方法对质量性状或数量性状基因的 MAS 均适用。该方法可采用以下步骤。

第一步：利用传统育种方法结合 DNA 指纹图谱选择用于 MAS 的优异亲本，特别是对于数量性状而言，不同亲本针对同一目标性状具有不同的 QTL，即具有更多的等位基因多样性。

第二步：确定该重要农艺性状 QTL 标记。利用中选亲本与测验系杂交，将 F₁ 自交产生分离群体，一般为 200～300 株，结合 F$_{2:3}$ 单株株行田间调查结果，确定主要 QTL 的分子标记。

表现型数据必须是在不同地区种植获得，以消除环境对目标基因表达的影响。标记的 QTL 不受环境改变的影响，且占表现型方差的最大值（即要求该数量性状位点必须对该目标性状贡献值大）。确定 QTL 标记的同时将中选的亲本杂交，其后代再自交 1～2 次产生一个很大的分离群体。

第三步：结合 QTL 标记的筛选，对上述分离群体中的单株进行 SLS-MAS。

第四步：根据中选位点选择目标材料，由于连锁累赘，除中选 QTL 标记附近外，其他位点保持很大的遗传多样性；通过中选单株自交，基于本地生态需要进行系统选择，育成新的优异品系，或将优异品系与测验系杂交产生新杂种。若目标性状位点两边均有 QTL 标记，则可降低连锁累赘。

3. MAS 聚合育种　　基因聚合（gene pyramiding）是指通过聚合杂交将分散在不同品种中的多个有利目标基因累积到同一品种材料中培育成一个具有多种有利性状的品种的技术。例如，聚合多个抗性基因的品种。但是在实际育种工作中，导入的新基因的表现常被预先存在的基因掩盖，或者许多基因的表现型相似难以区分，隐性基因需要测交检测或接种条件要求很高等，导致许多抗性基因不一定在特定环境下表现出抗性，造成基于表现型的抗性选择将无法进行。MAS 可利用分子标记跟踪新导入的有利基因，将超过观测阈值外的有利基因高效地累积起来，为培育含有多抗、优质基因的品种提供重要的途径。

MAS 技术在快速聚合基因方面表现出巨大的优越性。农作物中有许多基因的表现型是相同的，通过经典遗传育种研究无法区分不同基因效应，从而不易鉴定一个性状的产生是由一个基因还是多个具有相同表现型的基因共同作用的。借助分子标记，可以先在不同亲本中将基因定位，然后通过杂交或回交将不同的基因转移到一个品种中去，通过检测与不同基因连锁的分子标记有无来推断该个体是否含有相应的基因，以达到基因聚合的目的。

南京农业大学细胞遗传所与扬州市农业科学研究所合作，借助于 MAS 完成了 *Pm4a+Pm2+Pm6*、*Pm2+Prn6+Pm21*、*Pm4a+Pm21* 等小麦白粉病抗性基因的聚合，从而拓宽了现有育种材料对白粉病的抗谱，提高了抗性的持久性。南京农业大学棉花研究所在多目标性状聚合的修饰回交育种基础上，提出了 MAS 的修饰回交聚合育种方法。修饰回交是将杂种品系间杂交和回交相结合的一种方法，即回交品系间的杂交法。将各具不同优良性状的杂交组合分别和同一轮回亲本进行回交，获得各具特点的回交品系，再把不同回交品系进行杂交聚合。

目前利用分子标记技术除可对目标性状进行前景选择外，还可对轮回亲本的遗传背景进行背景选择，以达到快速打破目标性状间的负相关，获得聚合多个目标性状新品系的目的（图 9-2）。

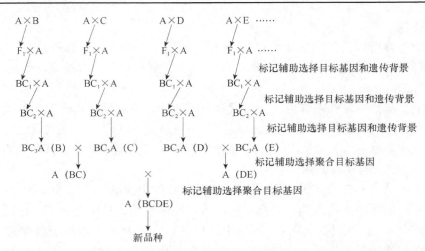

图 9-2　分子标记辅助选择的修饰回交聚合育种示意图（张天真，2003）

A. 表示轮回亲本；B～E. 分别代表不同育种目标的目标性状基因的种质系或品系

第二节　转基因抗虫杂交棉——'鲁棉研 15 号'

'鲁棉研 15 号'是山东省农业科学院经济作物研究所（原山东棉花研究中心）、中国农业科学院生物技术研究所，利用棉花高效转基因抗虫育种技术体系选育出的转基因抗虫棉品种。'鲁棉研 15 号'具有高产、稳产、品质优良、适应性广、抗逆性强等突出特性，实现了高抗棉铃虫性与多个优良性状的良好结合，在连续 5 年的山东省和国家区域试验中产量均居第一位，大面积种植表现突出，是我国棉花育种上的又一重大突破。

一、'鲁棉研 15 号'的特征特性

全生育期为 129d，单铃重 5.6～6.1g，衣分 40.7%～41.9%，子指 10.1～10.3g，衣指 8.9g。出苗好，前期发育搭架快，长势旺而稳健，叶片中等大小，叶色深绿，果枝节位较高，果枝略上冲，茎秆粗壮坚韧，赘芽少，易管理，株型清秀，通透性好，耐阴雨，结铃性强，开花结铃集中，铃呈卵圆形，大而均匀，铃壳薄，烂铃轻，吐絮畅而集中，易收摘，霜前花率高，早熟不早衰，高产，稳产。在 1997～2001 年连续 5 年的山东省与全国黄河流域抗虫棉区域试验和生产试验中，皮棉和霜前皮棉产量均居第一位，分别比对照抗虫杂交棉'中棉所 29 号'增产 9.0%～12.5%；比对照抗虫杂交棉'中棉所 38 号'增产 22.5%～25.0%；比美国岱字棉公司提供参试的'新棉 33B'增产 24.4%。国家区域试验对 9 个同期参试品种的 16 个性状进行综合评判，'鲁棉研 15 号'两年均名列第一。'鲁棉研 15 号'大田表现如图 9-3 所示。

图 9-3　'鲁棉研 15 号'大田长相

'鲁棉研 15 号'抗黄萎病，高抗棉铃虫，纤维品质优良：2.5%纤维跨长 30.5mm，比强度 21.0cN/tex，麦克隆值 4.2，气纱品质 1889，各项品质指标均优于对照'中棉所 19 号'。

二、'鲁棉研 15 号'的选育思路

1. 选育背景　1992 年棉铃虫在我国北方棉区持续特大暴发，1992～1993 年山东省棉花平均单产骤降至 30.3kg/亩和 35.9kg/亩，分别为 1991 年的 52.7%和 62.4%，造成了极为严重的经济损失，棉花生产急剧下滑。自美国在世界上率先培育出转 *Bt* 基因抗虫棉新品种，1995 年始在美国大面积推广种植后，1996 年河北省成立了冀岱棉种技术有限公司，将转基因抗虫棉品种引进我国推广种植。与此同时，中国农业科学院生物技术研究所郭三堆等于 1992 年首次人工合成了 *GFMCry1A* 杀虫基因，并将该基因导入我国当时大面积推广的'中棉所 12 号''泗棉 3 号'等品种中，使我国成为世界上人工合成杀虫基因、获得转 *Bt* 基因抗虫棉的第二个国家。当时国内外转基因抗虫棉品种虽高抗棉铃虫，但同时也存在一些缺陷，主要表现在铃小、衣分低、抗逆性较差等。生产上迫切需要综合性状优良的国产转基因抗虫棉新品种。

2. 总体思路　以国产转 *Bt* 基因抗虫种质 'GK-12' 为骨干抗虫亲本，利用棉花杂交种选育时间短、见效快、易于聚合优良性状等特点，有针对性地大量选配杂交组合，边选育、边提高、边鉴定、边制种，实现棉花高抗棉铃虫性与高产、优质、抗病、早熟等多个优良性状的同步改良，培育出高产、优质、抗病、广适性的转基因抗虫杂交棉新品种，尽快用于生产。

3. 亲本选配　除遵循杂种优势利用亲本选配原则外，特别注意针对转基因抗虫棉种质的缺点，选择前期发育快，开花结铃集中，铃大，衣分高，生产潜力大的材料作亲本，尤其是根据杂交后代的表现筛选具有利于 *Bt* 基因表达的遗传背景的材料作骨干亲本。

4. 杂交方式　采用多个非抗虫亲本与抗虫亲本杂交、F_1 间复交、修饰性回交等杂交方式，并结合轮回选择，以抗虫中间材料为抗虫亲本，将其有针对性地与另一亲本继续进行复合杂交或进行抗虫中间材料间的相互交配，以扩大有利基因间重组和交换的机会，聚合优良性状，以综合性状优良的常规品种或中间材料作母本。

5. 杂交后代的处理　对与抗虫亲本直接杂交的 F_1 进行田间抗虫性鉴定、产量比较和室内 Bt 晶体蛋白测定，淘汰 Bt 晶体蛋白含量低、田间表现抗虫性差、产量低的组合，筛选 *Bt* 基因表达量高的组合，对重点组合加大 F_2 群体。分离世代在间定苗时，注意选留具有抗性单株苗期形态特征的棉苗，去大、去小、去弱留中间，按系谱法进行单株选择，重点从抗性株分离比例高的组合中选抗株，连续选抗选优，直至稳定，升入高一级比较试验。

6. 比较鉴定　对当选品系的丰产性、抗虫性、适应性、抗病性等尽早进行全面鉴定。由于品系间在 *Bt* 基因的表达量上仍存在差异，仅靠田间自然感虫鉴定难以分辨。可通过以下方法鉴定：①尽量安排多点鉴定试验，检验在不同自然感虫条件下的抗性表现；②进行室内饲喂鉴定和网室鉴定；③测定 Bt 晶体蛋白的含量，加大抗虫鉴定力度，选择抗虫性较强的品系。

三、'鲁棉研 15 号'的选育经过

1995 年：从'GK-12'初始系选单株。

1995 年冬：所选单株在海南种植株行，编号'55'株行（后定为'鲁 R55 系'）综合表现较优，以此作为骨干抗虫亲本，大量选配杂交组合。针对'GK-12'等转基因抗虫棉种质的缺点，选择前期发育快，开花结铃集中，铃大，衣分高，生产潜力大的品种（系）作母本与其配制组合。

1996 年：在内地进行杂交 F_1 比较试验。在全生育期不防治棉铃虫的情况下，25 个抗虫组合平均霜前皮棉单产 64.96kg/亩，而不抗虫对照'中棉所 12 号'受棉铃虫危害严重，平均单产只有 20.67kg/亩，抗虫对照'鲁 R55 系'平均单产为 44.69kg/亩。25 个抗虫组合平均分别比不抗虫和抗虫对照增产 214.3%和 45.4%。其中以'鲁 R55 系'作

图 9-4　'鲁棉研 15 号'与父本

亲本杂交的 16 个组合平均霜前皮棉单产 71.32kg/亩，分别比不抗虫和抗虫对照增产 245.0%和59.6%。尤以'H9513'组合表现最为突出，霜前皮棉单产 100.30kg/亩，分别比不抗虫和抗虫对照增产 385.2%和 124.4%，单铃重 5.7g，衣分 39.8%，2.5%纤维跨长 31.2mm，比强度 20.9cN/tex，麦克隆值 4.0，综合性状优良。'鲁棉研 15 号'及父本表现如图 9-4 所示。

1997～1998 年：为最大限度地加快育种进程，1996 年在进行杂交 F_1 比较试验的同时，根据此前对杂交亲本的研究和对所配制组合的预期，以'鲁 613''鲁棉 14 号''中棉所 12 号'等骨干亲本为母本，以'鲁 R55 系'为父本进行杂交制种（少量杂交制种），主要是探索抗虫棉大面积杂交制种的方法，更重要的是通过 F_1 比较试验筛选出优良组合后，翌年即可推荐参加区域试验。以综合性状优良的'鲁 613 系'作母本、'R55 系'为父本的杂交组合'H9513'表现最为突出。1997 年将该组合推荐参加山东省抗虫棉区域试验。

1999～2001 年：'鲁棉研 15 号'参加全国黄河流域抗虫棉区域试验，山东省和全国黄河流域杂交棉生产试验。

'鲁棉研 15 号'2001 年通过山东省农作物品种审定委员会审定；2003 年通过河南省农作物品种审定委员会审定；2004 年获国家农业转基因植物安全证书；2005 年通过农业部国家农作物品种审定委员会审定。'鲁棉研 15 号'被农业部确定为黄河流域主导棉花品种，被选为全国黄河流域和山东省杂交棉区域试验对照品种。

四、'鲁棉研 15 号'的育种理念

'鲁棉研 15 号'的选育关键在于亲本的选择。其父本'鲁 R55 系'保留了'GK-12'的高抗棉铃虫性和结铃性较强等特点，综合抗性有了较大改进；母本'鲁 613 系'选自'石远 321'。'石远 321'为多亲本远缘杂交后代，遗传基础丰富，综合性状优良。'鲁 613 系'较'石远 321'在综合抗性方面又有了较大改进，几年的育种应用与研究表明，该品系前期发育快，开花结铃集中，铃大，衣分高，抗逆性较强，营养生长与生殖

生长协调，丰产、稳产性好，而且一般配合力较高，符合育种目标要求，是一个优良亲本。双亲在主要农艺性状和经济性状上的互补性较强。后期的研究还表明，'鲁 613'具有利于 *Bt* 基因高效表达的遗传背景。'鲁棉研 15 号'很好地结合了双亲的优良性状。

五、'鲁棉研 15 号'的推广前景

以'鲁棉研 15 号'F₁、父本、母本为材料，以当时生产上大面积推广的'中棉所 12 号'为对照，研究了'鲁棉研 15 号'的优势表现与产量构成。在正常治虫条件下，'鲁棉研 15 号'皮棉和霜前皮棉单产分别为 122.05kg/亩和 97.51kg/亩，具有较强的超亲优势。在全生育期不防治棉铃虫的条件下，'鲁棉研 15 号'皮棉和霜前皮棉单产分别为 105.38kg/亩和 80.89kg/亩，分别比其抗虫亲本增产 64.02%和 82.02%，增产幅度高于正常治虫条件下的增幅。无论是在正常治虫条件下，还是不治虫条件下，'鲁棉研 15 号'的霜前花率都是最高的，具有超亲优势。'鲁棉研 15 号'总蕾量大，上桃快。最终平均单株成铃 18.3 个，亩总铃数 7.145 万个，单铃重 6.1g，均高于双亲和对照'中棉所 12 号'，衣分介于双亲之间，与'中棉所 12 号'相当。说明'鲁棉研 15 号'皮棉产量的强优势主要来自单株结铃性的提高和铃重的增加。分析'鲁棉研 15 号'和其双亲的产量构成可以看出，其父本'鲁 R55 系'虽然单株成铃和总铃数均较高，但由于衣分低，铃重中等，导致皮棉产量较低；母本尽管总成铃和单株成铃都较低，但由于衣分最高，铃也较大，皮棉产量仍居第二位；'鲁棉研 15 号'正是很好地结合了双亲的优点，从而表现出较强的杂种优势。'鲁棉研 15 号'花期、铃期及吐絮期特征见图 9-5。

图 9-5 '鲁棉研 15 号'花期（A）、铃期（B）、絮期长相（C）

'鲁棉研 15 号'在连续 5 年的山东省和国家区域试验中产量均居第一位，大面积种植表现突出，是我国棉花育种上的又一重大突破。'鲁棉研 15 号'大面积高效制种技术体系大幅度提高了制种产量和效率，使山东一度成为全国最大的棉花杂交制种基地，最大年制种面积占全国的 50%以上，带动和促进了我国棉花杂交制种产业的发展，使黄淮流域棉区大面积种植棉花杂交 F₁成为可能。1999～2005 年，在山东及江苏、河南、安徽、湖北、江西、河北、天津 8 省份累计推广 2366 万亩，皮棉增产 4.1 亿 kg，直接经济效益增加 47.9 亿元。该品种是推广面积最大、取得经济效益最高的转基因抗虫杂交棉品种，极大地推动了我国抗虫杂交棉的发展。

第三节　甘薯体细胞杂交方法创制甘薯育种新材料

甘薯 [*Ipomoea batatas*（L.）Lam.] 是重要的粮食、饲料、工业原料及新型能源用块根作物。甘薯遗传背景复杂，有效基因资源匮乏等，直接导致品种遗传改良缓慢。根据同甘薯的杂交亲和性，甘薯组植物被分为同甘薯杂交亲和的第 I 群和同甘薯杂交不亲和的第 II 群两个群。研究表明，甘薯近缘野生种中存在很多甘薯所不具有的抗病虫、抗逆等优异基因，但大多数甘薯近缘野生种属于第 II 群，使得这些优良的基因资源长期以来一直不能被有效利用于甘薯的遗传改良中。植物体细胞杂交也称原生质体融合，是指将不同种、属甚至科间的植物原生质体经过人工诱导融合，然后离体培养获得杂种植株的过程。它是以原生质体培养技术为基础，在动物细胞融合技术的基础上发展起来的。植物体细胞杂交为克服植物有性杂交不亲和、打破物种之间的生殖隔离和扩大遗传变异等提供了一种有效的手段。因此，通过体细胞杂交的方法，利用甘薯及其近缘野生种创制中间材料，可将甘薯近缘野生种中的优良基因应用于甘薯品种改良。

中国农业大学刘庆昌和翟红等以甘薯品种'高系 14 号'和甘薯近缘野生种 *Ipomoea triloba*（$2n=2x$）为材料，通过原生质体融合，创制了一系列甘薯育种新材料。

一、原生质体融合

1. 甘薯品种胚性悬浮细胞原生质体的分离和纯化　　甘薯品种'高系 14 号'胚性悬浮细胞原生质体分离参照郭建明（2006）和 Liu 等（2001）的方法。将继代培养 2～3d 的 1g 悬浮细胞移入 10mL 酶溶液 II 中（表 9-1），在（27 ± 1）℃、黑暗条件下，以 50r/min 振荡处理 6～8h。然后将分离的原生质体和酶液混合溶液过滤，将滤液用吸管小心地转移到 20% 蔗糖溶液上，在 $350\times g$ 下离心 10min，收集原生质体。再将所得原生质体用 W_5 液洗涤 1 次（$200\times g$ 下离心 4min），将得到的原生质体悬浮于 W_5 液中（表 9-2），使原生质体密度约为 10^6 个/mL。

表 9-1　酶溶液的组成

组成	酶溶液 I	酶溶液 II
Macerozyme R-10	0.2%	—
Cellulase Onozuka R-10	0.4%	2.0%
Pectolyase Y-23	—	0.1%
$CaCl_2 \cdot 2H_2O$	0.5%	0.5%
D-mannitol	0.6mol/L	0.5mol/L
MES	5.0mmol/L	5.0mmol/L
pH	5.8	5.8

表 9-2　W_5 液的组成

组成	浓度	组成	浓度
$CaCl_2 \cdot 2H_2O$	125.0mmol/L	Glucose	5.0mmol/L
NaCl	154.0mmol/L	MES	5.0mmol/L
KCl	5.0mmol/L	pH	5.8

2. 甘薯近缘野生种原生质体的分离和纯化 甘薯近缘野生种 *Ipomoea triloba* 原生质体的分离和纯化采用郭建明（2006）的方法。用手术刀将幼嫩植株的 1g 叶柄切成细丝，移入过滤灭菌的 10mL 酶溶液 I 中（表 9-1），在（27±1）℃、黑暗条件下于恒温箱中静置处理 18～20h。酶解后，用 0.4mm 孔径的不锈钢网筛过滤原生质体酶解液，然后将滤液小心地置于 20%蔗糖溶液上，在 350×g 下离心 10min。将收集到的原生质体先用 W$_5$ 洗涤 2 次（200×g 下离心 4min）（表 9-2），再用原生质体培养基 P$_1$ 洗涤 1 次（200×g 下离心 4min）（表 9-3），最后将得到的原生质体悬浮于培养基 P$_1$ 中。

表 9-3 原生质体培养基的组成

组成及 pH	P$_1$	P$_2$	P$_3$
NH$_4$NO$_3$/（mg/L）	0	0	1650
KNO$_3$/（mg/L）	950	950	1900
KH$_2$PO$_4$/（mg/L）	85	85	170
MgSO$_4$·7H$_2$O/（mg/L）	185	185	370
CaCl$_2$·2H$_2$O/（mg/L）	220	220	440
MnSO$_4$·4H$_2$O/（mg/L）	11.15	11.15	22.30
ZnSO$_4$·7H$_2$O/（mg/L）	4.3	4.3	8.6
H$_3$BO$_3$/（mg/L）	3.1	3.1	6.2
KI/（mg/L）	0.415	0.415	0.830
Na$_2$MoO$_4$·2H$_2$O/（mg/L）	0.125	0.125	0.250
CuSO$_4$·5H$_2$O/（mg/L）	0.0125	0.0125	0.0250
CoCl$_2$·2H$_2$O/（mg/L）	0.0125	0.0125	0.0250
Na$_2$EDTA/（mg/L）	18.7	18.7	37.3
FeSO$_4$·7H$_2$O/（mg/L）	13.9	13.9	27.8
Inositol/（mg/L）	100.0	100.0	100.0
Thiamine-HCl/（mg/L）	0.5	0.5	0.5
Glycine/（mg/L）	2.0	2.0	2.0
Nicotinic acid/（mg/L）	0.5	0.5	0.5
Pyridoxine-HCl/（mg/L）	0.5	0.5	0.5
Casein hydrolysate/（mg/L）	50.0	50.0	0
2,4-D/（mg/L）	0.05	0.05	0.05
Kinetin（KT）/（mg/L）	0.5	0.5	0.5
D-mannitol/（mg/L）	0.6	0.3	0
Sucrose/%	1.0	2.0	3.0
pH	5.8	5.8	5.8

3. 原生质体融合 原生质体融合采用郭建明（2006）的方法。将甘薯品种'高系 14 号'的胚性悬浮细胞原生质体与 *I. triloba* 的叶柄原生质体以 2∶1 的比例进行混合（图 9-6A），然后将原生质体混合液滴于无菌干燥的培养皿底部，在其上迅速滴加 PEG 融合液（表 9-4）进行融合处理，10～15min 后，将融合原生质体（图 9-6B）用 W$_5$ 液轻轻洗涤 1 次，再用原生质体培养基 P$_1$（表 9-3）轻轻洗涤 2 次后，进行培养。

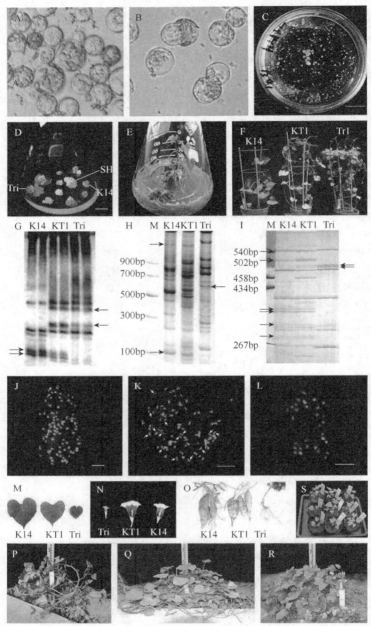

图 9-6 '高系 14 号' ＋*I. triloba* 融合原生质体的植株再生及特性鉴定（Yang et al.，2009）

A. '高系 14 号'胚性悬浮细胞原生质体和 *I. triloba* 叶柄原生质体的混合物；B. '高系 14 号'和 *I. triloba* 原生质体的融合；C. 培养 9 周后增殖得到的小细胞团；D. 在增殖培养基上快速增殖的愈伤组织；E. 在 MS 基本培养基上再生出的完整植株；F. 'KT1'及其亲本的植株形态；G. 杂种 'KT1'的过氧化物同工酶图谱；H. 体细胞杂种 'KT1'及其亲本植株的 RAPD 分析，引物为 S1（*GTTTCGCTCC*）；I. 体细胞杂种 'KT1'的 AFLP 扩增图谱，引物组合为 *EcoR* I -AGG/*Mse* I -CAT，G～I 中箭头表示 'KT1'具有双亲的特征条带；J～L. 体细胞杂种 'KT1'及其亲本的 GISH 核型分析，J 为 '高系 14 号'与自己的 GISH 分析，K 为 '高系 14 号'与 'KT1'的 GISH 分析，箭头表示重组染色体，L 为 '高系 14 号'与 *I. triloba* 的 GISH 分析，以 '高系 14 号'的基因组 DNA 为探针，红色表示来自 '高系 14 号'的染色体或染色体片段，绿色表示来自 *I. triloba* 的染色体或染色体片段，J～L 中白色线条表示 5μm 的长度；M. 'KT1'及其亲本的叶部形态；N. 'KT1'及其亲本的花形态；O. 'KT1'及其亲本的地下部结薯性；P～R. 干旱处理 50d 后的 '高系 14 号'（P）、'KT1'（Q）和 *I. triloba*（R）的植株；S. 'KT1'与亲本 '高系 14 号'的回交后代种子形成的幼苗；tri.*I. triloba*；K14. '高系 14 号'；M. Marker

表 9-4　PEG 融合液的组成

组成	浓度	组成	浓度
PEG 6000	30.0%	D-mannitol	0.5mol/L
Ca（NO$_3$）$_2$·5H$_2$O	0.1mol/L	pH	9.0

二、融合原生质体培养及植株再生

原生质体分离纯化后，悬浮培养在含原生质体培养基 P$_1$ 的直径为 60mm 的玻璃培养皿中，原生质体的培养密度约为 10^6 个/mL。（27±1）℃、黑暗条件下静置，采用液体浅层法进行培养。每隔 20～30d，将培养物依次转移到原生质体培养基 P$_2$ 和 P$_3$（表9-4）中，在相同条件下继续培养。

在原生质体培养 10～12 周后，将增殖得到的愈伤组织转移到添加 2.0mg/L BAP 的 MS 培养基上，在（27±1）℃，每日 13h、3000lx 光照下培养诱导愈伤组织分化，随后诱导植株再生（图 9-6C～图 9-6E）。

三、再生植株的杂种性鉴定

过氧化物酶同工酶分析、RAPD 分析和 AFLP 分析表明，在'高系 14 号'与 *I. triloba* 体细胞杂交所得到的再生植株中，有 91 株具有两个亲本所共有的特征酶带，说明这些再生植株为体细胞杂种（图 9-6G～图 9-6I）。

对体细胞杂种植株'KT1'进行基因组原位杂交（genomic in situ hybridization，GISH）分析，可以进一步将杂种中分别来自双亲的染色体明显地分开，从而使杂种植株的遗传组成更详细和直观。在'KT1'的 GISH 分析中，以'高系 14 号'的基因组 DNA 为探针（红色），分别同自己、'KT1'和 *I. triloba* 的染色体进行原位杂交。结果显示：'高系 14 号'与自己的杂交，每条染色体都有信号（图 9-6J）；与'KT1'的杂交，'KT1'共有 88 条染色体，其中 49 条来自'高系 14 号'，25 条来自 *I. triloba*（绿色），14 条为两者的重组或易位（图 9-6K）；而'高系 14 号'与 *I. triloba* 的杂交则无红色信号（图 9-6L），说明'高系 14 号'与 *I. triloba* 的亲缘关系较远。

四、体细胞杂种植株的形态鉴定

将所有的杂种植株种植于大田。结果发现，大多数体细胞杂种植株的生长状态倾向于野生种茎细且蔓生的特性；而'KT1'体细胞杂种植株的生长与其栽培种亲本类似（图 9-6F，M，　N）。'KT1'种入大田，能够得到正常的薯块，其薯皮颜色为白色，不同于'高系 14 号'的红色（图 9-6O）。

五、体细胞杂种植株的抗旱性鉴定

将'KT1'植株和'高系 14 号'种入大田，2 周后所有植株均移栽成活，且长势旺盛。干旱处理 50d 后，'KT1'抗旱性介于两个亲本之间；而'高系 14 号'受干旱影响最大（图 9-6P～图 9-6R）。分别测定'KT1'及其亲本的叶片相对含水量（RWC）、过氧化氢酶（CAT）活性和脯氨酸含量（proline）等与甘薯抗旱密切相关的指标（钮福祥等，1996；张明生等，2001）。结果显示，水分胁迫后，'KT1'变化幅度均在两个亲本之间（表 9-5），且显示出比'高系 14 号'强、而趋向于 *I. triloba* 的抗旱性，说明'KT1'遗传了 *I. triloba* 的抗旱性状。

表 9-5 体细胞杂种'KT1'与其亲本'高系 14 号'和 *I. triloba* 的抗旱性鉴定结果

	高系 14 号		KT1		*I. triloba*	
	对照	干旱胁迫	对照	干旱胁迫	对照	干旱胁迫
RWC/%	86.37±1.61b	83.99±1.12c	88.49±0.91ab	87.08±0.72ab	89.92±1.47a	89.78±1.45a
CAT/（U/g·min）	156.72±5.02c	119.15±1.14e	169.40±4.76ab	148.76±3.53d	175.25±4.97a	162.69±5.38bc
Proline/（μg/g FW）	24.77±1.05d	25.26±0.86d	23.98±1.05d	27.37±1.00c	35.52±1.54b	40.10±0.52a

注：表中数值为平均值±标准差，同一列中不同字母表示在 $P<0.05$ 水平有显著差异

六、体细胞杂种薯块的产量与品质鉴定

'KT1'的干物率比'高系 14 号'低，但不具有显著差异。'KT1'的可溶性糖含量显著高于'高系 14 号'（表 9-6）。

表 9-6 '高系 14 号'与体细胞杂种'KT1'的产量及主要品质性状

基因型	干物率占鲜重比例/%	可溶性糖占鲜重比例/%
高系 14 号	30.17±1.73a	1.80±0.11b
KT1	27.92±1.47a	2.11±0.16a

注：表中数值为平均值±标准差，同一列中不同字母表示在 $P<0.05$ 水平有显著差异

从甘薯及其近缘野生种的种间体细胞杂种植株中，筛选得到具有良好膨大块根的体细胞杂种'KT1'。对'KT1'进行 GISH 分析、抗旱性鉴定、品质分析，结果表明，'KT1'比其甘薯亲本具有更好的抗旱性和品质。将其同亲本进行回交，获得了一批有膨大块根的回交后代（图 9-6S）。这些甘薯种间杂种新种质可望应用于甘薯育种。

主要参考文献

曹孜义，刘国民. 2001. 实用植物组织培养技术教程. 兰州：甘肃科学技术出版社.

方宣钧，吴为人，唐纪良. 2001. 作物 DNA 标记辅助育种. 北京：科学出版社.

郭建明. 2006. 甘薯组种间体细胞杂种植株的获得及其特性评价. 北京：中国农业大学博士学位论文.

郭世华. 2006. 分子标记与小麦品质改良. 北京：中国农业出版社.

哈弗德·N. 2008. 遗传工程作物. 薛庆中，等译. 北京：科学出版社.

胡道芬. 1996. 植物花培育种进展. 北京：中国农业科学技术出版社.

林栖凤. 2004. 植物分子育种. 北京：科学出版社.

刘庆昌. 2015. 遗传学. 3 版. 北京：科学出版社.

刘庆昌，吴国良. 2010. 植物细胞组织培养. 北京：中国农业大学出版社.

钮福祥，华希新，郭小丁，等. 1996. 甘薯品种抗旱性生理指标及其综合评价初探. 作物学报，22（4）：392-398.

孙其信. 2011. 作物育种学. 北京：高等教育出版社.

王关林，方宏筠. 1998. 植物基因工程原理与技术. 北京：科学出版社.

王旭静，贾士荣. 2008. 国内外转基因作物产业化的比较. 生物工程学报，24（4）：541-546.

吴乃虎. 2001. 基因工程原理（下册）. 2 版. 北京：科学出版社.

肖尊安. 2005. 植物生物技术. 北京：化学工业出版社.

许智宏，卫志明. 1997. 原生质体的培养和遗传操作. 上海：上海科学技术出版社.

杨育峰. 2009. 用体细胞杂交法创造甘薯组种间杂种新种质的研究. 北京：中国农业大学博士学位论文.

张明生，谈锋，张启堂. 2001. 快速鉴定甘薯品种抗旱性的生理指标及方法的筛选. 中国农业科学，3：260-265.

张天真. 2003. 作物育种学概论. 北京：中国农业出版社.

周延清. 2005. DNA 分子标记技术在植物研究中的应用. 北京：化学工业出版社.

新华社. 2019-09-02. 全球转基因作物种植面积持续增长. https://baijiahao.baidu.com/s?id=1643545915280546551&wfr=spider&for=pc

Liu QC, Kokubu T, Sato M. 1990. Plant regeneration in stem, petiole and leaf explant cultures of *Ipomoea triloba* L. Jpn J Breed, 40: 321-327.

Liu QC, Kokubu T, Sato M. 1991. Plant regeneration from *Ipomoea triloba* L. protoplasts. Jpn J Breed, 41: 103-108.

Liu QC, Kokubu T, Sato M. 1992. Shoot regeneration from protoplast fusions of sweetpotato and its related species. Jpn J Breed, 42 (Suppl 1): 88-89.

Liu QC, Zhai H, Wang Y, et al. 2001. Efficient plant regeneration from embryogenic suspension cultures of sweetpotato. In vitro Cell Dev Biol Plant, 37: 564-567.

Yang YF, Guan SK, Zhai H, et al. 2009. Development and evaluation of a storage root-bearing sweetpotato somatic hybrid between *Ipomoea batatas* (L.) Lam. and *I. triloba* L. Plant Cell Tiss Organ Cult, 99: 83-89.